现代应用物理学丛书

磁电阻传感器

钟智勇　编著
张怀武　审

科学出版社
北京

内 容 简 介

本书介绍了三种磁电阻（AMR、GMR 和 TMR）传感器的工作原理以及使用要点，共5章。第1章主要介绍与磁电阻传感器有关的磁学与磁性材料基础知识；第2章在概述磁传感器的检测原理与应用的基础上，系统地论述了各种磁电阻效应以及作为磁传感器的工作原理，特别介绍了在应用中需要的转移特性曲线建模与特征；第3章和第4章主要介绍磁电阻传感器设计与应用时涉及的关键技术，第3章介绍作为磁通聚集器和屏蔽器的软磁体，以及作为偏置磁体或辅助磁体的永磁体的设计；第4章讨论磁电阻传感器的噪声来源与抑制技术；第5章举例介绍磁电阻传感器在角度、转速、电流测量、无损检测与地磁探测等领域中的应用。

本书可作为磁性传感器领域的研究生和高年级本科生的教材，也可作为相关领域的教学、科研和工程技术人员的参考书。

图书在版编目（CIP）数据

磁电阻传感器/钟智勇编著. —北京：科学出版社，2015.3
（现代应用物理学丛书）
ISBN 978-7-03-043651-1

Ⅰ.①磁… Ⅱ.①钟… Ⅲ.①磁性传感器 Ⅳ.①TP212

中国版本图书馆 CIP 数据核字（2015）第 045642 号

责任编辑：鲁永芳 / 责任校对：邹慧卿
责任印制：赵 博 / 封面设计：耕者设计工作室

科学出版社出版
北京东黄城根北街 16 号
邮政编码：100717
http://www.sciencep.com

北京天宇星印刷厂印刷
科学出版社发行 各地新华书店经销
*

2015 年 3 月第 一 版 开本：720×1000 1/16
2025 年 2 月第九次印刷 印张：13 1/4
字数：255 000

定价：78.00 元
（如有印装质量问题，我社负责调换）

前　言

广义地说，磁传感器就是把磁场、电流、应力应变、温度、光等外界因素引起敏感元件磁性能变化转换成电信号的器件. 狭义地讲，磁传感器仅指磁场传感器，即将各种磁场及其变化的量转变成电信号输出的器件. 本书采用后一种说法，有时将磁传感器与磁场传感器混用.

磁传感器与人类的生活息息相关，已经广泛地应用在航空航天、汽车、工业、消费以及军事等许多领域. 其中汽车领域是磁传感器应用的主要市场，大约有 70% 的份额，主要应用于车速、倾角、角度、距离、接近、位置等参数检测以及导航、定位等方面的应用，比如车速测量、踏板位置、变速箱位置、电机旋转、助力扭矩测量、曲轴位置、倾角测量、电子导航、防抱死检测等. 最近，磁传感器的应用领域已迅速被拓展到物联网与智能电网领域. 在物联网中，磁传感器已经被尝试应用于环境保护和智能交通，如在交通管制、道路的车流检测中；在智能电网中磁传感器可应用于电力系统的电压、电流、功率等参数的监测和交流变频调速器、逆变器、整流器、通信电源、信号监测、故障定位检测等许多方面.

世界范围内，磁传感器芯片及其次级产品的年产值超过千亿人民币，并以 8% 的年增长速度持续增长. 目前主流的磁传感器仍然是半导体霍尔器件，但其本身存在的灵敏度低、容易受应力和温度影响、响应频率低以及功耗大等缺点，使其主导地位正不断受到新型磁传感器的冲击. 基于磁电阻效应的传感器由于其高灵敏度、小体积、低功耗及易集成等特点正在逐步进入磁传感器市场，其中各向异性磁电阻 (AMR) 传感器已经大规模应用，巨磁电阻 (GMR) 传感器方兴未艾，快速发展. 隧道结磁电阻 (TMR) 传感技术集 AMR 的高灵敏度和 GMR 的宽动态范围优点于一体，得到广泛关注.

据 IHS iSuppli 公司估计，到 2016 年 70% 的磁性传感器市场营业收入将来自霍尔传感器，其余的 30% 将主要来自以磁电阻传感器为主的新型磁传感器. 目前国内仅有由电子科技大学的过壁君教授编著、福建科技出版社于 1993 年出版的《薄膜磁阻传感器》一书，较系统介绍了各向异性磁电阻传感器的设计、指标与应用，而磁电阻传感器的新发展与应用，只是不系统地散见于有关磁电子学或自旋电子学方面的专著和文献. 在这种情况下，撰写一部关于磁电阻传感器的专著，对相关教学、科研、工程技术人员了解磁电阻传感器的原理与应用就显得尤为必要.

本书尽可能避免从量子力学理论出发介绍相关效应与原理，力求从唯象理论角度以简练方式介绍相关效应与原理，拓展读者对象. 本书的内容安排如下. 第 1 章主要介绍与磁电阻传感器有关的磁学与磁性材料基础；第 2 章在概述磁传感器的检测原理与应用的基础上，系统地论述了三种磁电阻 (AMR、GMR 和 TMR) 效应及作为磁传感器的工作原理，特别介绍了在应用中需要的转移特性曲线建模与特征；第 3 章和第 4 章主要介绍磁电阻传感器设计与应用时涉及的关键技术，第 3 章介绍作为磁通聚集器和屏蔽器的软磁体，以及作为偏置磁体或辅助磁体的永磁体的设计；第 4 章讨论磁电阻传感器的噪声来源与抑制技术；第 5 章主要举例介绍磁电阻传感器在角度、转速、电流测量、无损检测与地磁探测等领域中的应用.

本书由电子科技大学钟智勇教授编著，电子科技大学张怀武教授审阅了全文. 作者感谢研究生，特别是博士研究生王棋，为本书的出版做了大量的工作.

尽管磁电阻传感器已经商品化，但远没有霍尔传感器技术成熟，而且许多新结构、新方法与新应用不断涌现，受作者学术水平的限制，书中取材难免挂一漏万，难免有错误或不妥之处，真诚地希望读者给予批评指正.

作　者
2014 年 10 月

目 录

前言

第1章 磁学基础 ··· 1
1.1 基本磁学量 ··· 1
1.1.1 磁矩 ··· 1
1.1.2 磁化强度 ·· 1
1.1.3 磁场强度 ·· 2
1.1.4 磁感应强度 ··· 2
1.1.5 磁通 ··· 2
1.2 磁性材料的磁特性参数 ··· 2
1.2.1 饱和磁化强度 ·· 2
1.2.2 居里温度 ·· 2
1.2.3 磁晶各向异性常数 ·· 3
1.2.4 磁致伸缩系数 ·· 3
1.2.5 比饱和磁化强度 ··· 3
1.3 物质的磁性 ··· 3
1.3.1 铁磁性 ·· 4
1.3.2 反铁磁性 ·· 4
1.3.3 亚铁磁性 ·· 4
1.3.4 抗磁性 ·· 5
1.3.5 顺磁性 ·· 5
1.4 磁性材料的磁化 ··· 5
1.4.1 磁化曲线 ·· 5
1.4.2 磁滞回线 ·· 7
1.5 磁化状态下磁体中的能量与磁畴 ··· 8
1.5.1 自发磁化与磁畴 ··· 8
1.5.2 铁磁体及磁性薄膜系统中的能量 ··· 12
1.6 磁学单位值的转换关系 ··· 18

第2章 磁电阻传感器工作原理 ··· 20
2.1 磁场传感器概述 ·· 20

- 2.1.1 磁场测量的历史回顾 ·················· 20
- 2.1.2 磁场测量的对象 ···················· 22
- 2.1.3 常用的磁场测量方法 ·················· 23
- 2.1.4 磁传感器的选择要点 ·················· 32
- 2.2 磁电阻效应概述 ························ 33
- 2.3 各向异性磁电阻传感器原理 ···················· 37
  - 2.3.1 各向异性磁电阻效应 ················· 37
  - 2.3.2 各向异性磁电阻效应的产生机理 ············ 38
  - 2.3.3 各向异性磁电阻传感器的工作原理及转移特性曲线 ·· 41
  - 2.3.4 各向异性磁电阻传感器的偏置技术 ··········· 46
  - 2.3.5 各向异性磁电阻传感器的置位与复位技术 ······· 51
  - 2.3.6 各向异性磁电阻传感器的垂直轴效应 ·········· 52
- 2.4 巨磁电阻传感器原理 ······················ 55
  - 2.4.1 巨磁电阻效应的发现 ················· 55
  - 2.4.2 巨磁电阻效应的唯象解释 ··············· 57
  - 2.4.3 多层薄膜的巨磁电阻效应 ··············· 62
  - 2.4.4 自旋阀结构的巨磁电阻效应 ·············· 68
  - 2.4.5 颗粒膜的巨磁电阻效应 ················ 77
  - 2.4.6 巨磁电阻传感器的转移特性曲线 ············ 80
  - 2.4.7 多层膜 GMR 传感器的磁滞与减小措施 ········ 84
- 2.5 隧道结磁电阻传感器原理 ···················· 89
  - 2.5.1 自旋相关隧穿过程与隧穿磁电阻效应 ·········· 89
  - 2.5.2 隧穿磁电阻效应的理论模型 ·············· 91
  - 2.5.3 磁性隧道结传感单元的典型结构 ············ 93
  - 2.5.4 TMR 的磁性层和势垒层材料 ············· 94
  - 2.5.5 转移特性曲线 ···················· 98
  - 2.5.6 TMR 传感器的输出信号与偏压之间的关系 ······ 103
- 2.6 磁电阻传感器的性能指标 ···················· 106

第 3 章 软/硬磁体在磁电阻传感器中的应用 ············ 110
- 3.1 高磁导率软磁材料 ······················· 110
- 3.2 磁通聚集器 ·························· 112
  - 3.2.1 高磁导率磁体对磁通的聚集与导向作用 ········· 112
  - 3.2.2 影响磁通聚集器增益因子的因素 ············ 114
  - 3.2.3 磁通聚集器的应用举例 ················ 115
- 3.3 磁屏蔽体 ··························· 117

3.4 永磁体的设计 ··· 119
　　3.4.1 永磁材料的退磁曲线 ·· 119
　　3.4.2 常见永磁体材料 ··· 120
　　3.4.3 永磁体在磁电阻传感器中的典型应用 ························· 124

第 4 章 磁电阻传感器的噪声 ·· 127
4.1 磁电阻传感器的噪声来源 ··· 127
　　4.1.1 热噪声 ·· 128
　　4.1.2 散粒噪声 ··· 128
　　4.1.3 $1/f$ 噪声 ··· 129
　　4.1.4 随机电报噪声 ·· 129
4.2 磁电阻传感器的 $1/f$ 噪声特征与影响因素 ······························ 129
　　4.2.1 $1/f$ 噪声模型 ··· 130
　　4.2.2 磁电阻薄膜材料及影响 $1/f$ 噪声的因素 ······················ 131
4.3 $1/f$ 噪声的抑制方法 ·· 134
4.4 $1/f$ 噪声的测量 ·· 138

第 5 章 磁电阻传感器的应用 ·· 141
5.1 角度测量 ··· 141
　　5.1.1 角度传感器概述 ·· 141
　　5.1.2 磁电阻角度传感器的工作原理 ···································· 143
　　5.1.3 永磁体对磁电阻角度传感器性能的影响 ······················· 149
5.2 转速测量 ··· 150
　　5.2.1 转速传感器概述 ·· 150
　　5.2.2 磁电阻转速传感器的测量原理与梯度磁电阻传感器 ········ 151
　　5.2.3 磁电阻转速传感器的装配 ··· 156
5.3 电流测量 ··· 157
　　5.3.1 电流传感器的分类与基本原理 ··································· 157
　　5.3.2 XMR 传感器在电流测量中的应用 ······························· 161
5.4 无损检测 ··· 166
　　5.4.1 基于磁电阻传感器的涡流检测技术的工作原理 ·············· 166
　　5.4.2 基于磁电阻传感器的涡流检测技术的影响因素 ·············· 168
　　5.4.3 磁电阻涡流传感器探头的设计 ··································· 169
5.5 地磁测量 ··· 172
　　5.5.1 地磁场 ·· 172
　　5.5.2 磁电阻传感器在地磁测量中的应用举例 ······················· 174

参考文献 ·· 180

附录 1　各种磁电阻传感器的性能及应用领域 ·············· 187
附录 2　各种电流传感器性能比较与选型指南 ·············· 188
附录 3　部分磁电阻传感器生产厂商的产品与性能 ·············· 190
索引 ·············· 201

第 1 章 磁 学 基 础

1.1 基本磁学量

1.1.1 磁矩

电流之间或运动电荷之间的相互作用是磁现象的物理基础,例如电流或运动电荷可以在其周围空间产生磁场. 从广义的角度来说,可以将产生磁场的 "源" 都称作磁体. 从这种概念出发,磁体既可以是任何电流回路,也可以是原子中带电粒子的轨道运动或自旋运动,或者是它们的任意组合. 从狭义的角度来看,磁体则是一个被外磁场磁化了的物体. 一个磁体的两端具有极性相反而强度相等的两个磁极. 磁极是磁体外部磁力线的出发点和汇集点. 磁体可以分割成许多具有两个磁极的小磁体,当磁体被分割成无限小的单元时,就成为一个磁偶极子. 它们产生的外磁场与同一位置上的一个无限小面积的电流回路产生的外磁场等效. 因此,磁偶极子是一个可用无限小的电流回路来代表的磁体.

磁矩(或称磁面积矩)$\boldsymbol{\mu_m}$ 是用来表征磁偶极子磁性强弱和方向的一个物理量,其值等于磁偶极子等效的平面回路的电流强度 i(安 [培]) 和回路面积 A(米 ^{2}) 的乘积,即

$$\boldsymbol{\mu}_m = iA \tag{1.1}$$

磁矩的方向按右手螺旋法则确定,并且垂直于电流回路的平面. 磁矩的单位为安 [培]·米 ^{2}(A·m^2). 物质某一部分的合成磁矩是磁偶极子磁矩的矢量和,磁矩的大小可以直接用磁强计测量.

1.1.2 磁化强度

磁化强度 M 是表征描述宏观磁性体磁性强弱的物理量. 它的定义是单位体积磁体内磁偶极子具有的磁矩矢量和,即

$$M = \frac{\sum \boldsymbol{\mu}_m}{V} \tag{1.2}$$

对于一个不均匀磁化的物体,内部各点的磁化强度不相同,物体内任一点的磁化强度可以通过对该点的一个微小体积求和而得到. 磁化强度 M 的单位是安[培]/米 (A/m).

1.1.3 磁场强度

磁场强度 H 是表示磁场中各点"磁力"大小和方向的物理量. 单位是安[培]/米 (A/m), 它是用两根载流导体之间产生的力来定义的.

1.1.4 磁感应强度

磁感应强度 B 是描述空间某点磁场的大小和方向的物理量. 对于一个在磁化场中感应出磁化强度 M 的磁体, 它的磁感应强度可以看作由两个分量所组成. 其一是由磁化场所产生的 $\mu_0 H$, 另一个是由磁体所引起的 $\mu_0 M$, 所以

$$B = \mu_0(H + M) \tag{1.3}$$

式中, μ_0 为真空中的磁导率, 其值为 $4\pi \times 10^{-7}$. B 的单位为韦[伯]/米^2(Wb/m^2), 或特[斯拉](T).

1.1.5 磁通

磁感应强度 B 及与之相垂直面积 A 的乘积称为该面积的磁通, 单位为韦[伯](Wb).

$$\Phi = BA \tag{1.4}$$

1.2 磁性材料的磁特性参数

磁性材料的磁特性可以分为两大类, 其一是仅与材料的化学成分和微观晶体结构有关的本征特性, 另一类称为技术磁特性, 它除了与上述因素有关外, 还与晶粒大小、晶粒取向及应力分布等宏观结构因素有关. 本征磁特性反映了关于与磁性材料的化学成分和结构转变有关的信息. 对于各种类别的磁性材料, 它们都是非常重要的参数. 本小节只介绍本征参数, 技术特性参数在 1.4 节中介绍.

1.2.1 饱和磁化强度

磁性体受到足够强的外磁场作用, 磁化强度基本上不再随外磁场而增加, 这种现象称为"磁饱和". 磁饱和状态下的磁化强度称为饱和磁化强度 M_s.

1.2.2 居里温度

铁磁材料高于某一温度 T_c 时, 自发磁化强度为零. 这一温度叫做居里温度, 亦称居里点, 即铁磁材料 (或亚铁磁材料) 由铁磁状态 (或亚铁磁状态) 转变为顺磁状态的临界温度.

1.2.3 磁晶各向异性常数

磁性单晶体由于晶体结构上的各向异性,沿不同方向磁化时,存在难易之分,当沿着晶体的不同方向磁化而得到饱和磁化强度时,需要不同的能量,这种现象称为磁晶各向异性. 这种各向异性的强弱可以用一个常数来衡量,这个常数叫磁晶各向异性常数. 单位为焦 [耳]/米 $^3(\text{J}/\text{m}^3)$.

1.2.4 磁致伸缩系数

磁性体由磁中性状态磁化到饱和时,在磁化方向上的长度 L 将发生增长或缩短的纵向变化 ΔL, 这种长度的相对变化量即称为磁致伸缩纵向系数,表示如下:

$$\lambda_s = \Delta L/L \tag{1.5}$$

1.2.5 比饱和磁化强度

磁性体的单位质量的磁矩称为比磁化强度, 即

$$\boldsymbol{\sigma} = \frac{\sum \boldsymbol{\mu}_m}{P} \tag{1.6}$$

式中, P 是磁性体的质量. 当磁性体磁化到饱和时的比磁化强度称为比饱和磁化强度 σ_s. 单位为安 [培]· 米 ^{2}/千克 $(\text{A·m}^2/\text{kg})$.

从磁化强度 M 和比磁化强度 σ 的定义式可以得如下关系:

$$\boldsymbol{\sigma} P = \boldsymbol{M} V \tag{1.7}$$

所以

$$\boldsymbol{\sigma}_s = \boldsymbol{M}_s/d \tag{1.8}$$

式中, d 为磁性体的密度, 即 $d = P/V(\text{kg}/\text{m}^3)$.

1.3 物质的磁性

磁性是物质的一种基本属性. 所谓磁性, 是指物质中相邻原子或离子的磁矩由于它们的相互作用而在某些区域中大致按同一方向排列, 当所施加的磁场强度增大时, 这些区域的合磁矩定向排列程度会随之增加到某一极限值的现象. 磁体被置于外磁场中, 它的磁化强度将发生变化, 磁化强度和磁场强度的关系为

$$\boldsymbol{M} = \chi \boldsymbol{H} \tag{1.9}$$

上式中 χ 称为磁体的磁化率. 磁化率是单位磁场强度在磁体中所感生的磁化强度, 是表征磁体磁性强弱的参量. 磁性可以按磁体的磁化率或磁导率 $\mu = 1 + \chi$ 大小和符号分类, 分为抗磁性、顺磁性、铁磁性、亚铁磁性和反铁磁性等五种[1,2].

1.3.1 铁磁性

铁磁性的物质只要在很小的磁场作用下就能磁化到饱和,其磁化率大于零,达到 $10^1 \sim 10^6$ 数量级,其磁化强度 M 与磁场强度 H 之间的关系是非线性的复杂函数关系,反复磁化时出现磁滞现象. 铁磁性物质内部的原子磁矩是按区域自发平行取向的. 当铁磁性物质的温度比居里温度高时,铁磁性将转变为顺磁性.

铁磁性的元素有铁、镍、钴. 铁磁性物质中轨道磁矩 m_0 基本为零,然而由于自旋磁矩 m_s 的作用,铁磁性物质有大的磁矩. 因此在铁磁性材料中,$m_s \gg m_0$. 晶格中的磁畴的相邻磁矩之间存在一种特殊的量子效应,即一种强的交换作用,使磁矩平行排列. 这种作用促使了原子磁矩的线性排列,在一个区域内磁矩成严格的平行结构. 因此,铁磁材料具有很大的正的磁化率 $\chi = M/H$,其范围从 1 到 1000000,这使 $\mu_r \gg 1$. 铁磁材料中的自旋磁矩平行排列,如图 1.1(a) 所示.

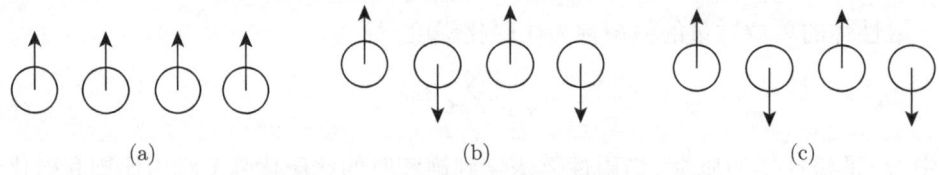

图 1.1 在无外加磁场下自旋磁矩的结构
(a) 铁磁性材料; (b) 反铁磁性材料; (c) 亚铁磁性材料

1.3.2 反铁磁性

由于电子自旋反向平行排列. 在同一子晶格中有自发磁化强度,电子磁矩是同向排列的; 在不同子晶格中,电子磁矩反向排列. 在无外加磁场下,反铁磁性材料中,相邻磁矩大小相等且反平行排列,因此,即使在外加磁场下净磁矩也几乎为零. 外加磁场对磁矩影响很小,但是会导致相对磁化率 μ_r 略有增加. 图 1.1(b) 展示了反铁磁性中自旋磁矩的结构.

1.3.3 亚铁磁性

亚铁磁性的宏观磁性与铁磁性相同,但磁化率的数量级低一些,为 $10 \sim 10^3$ 数量级. 它们的内部磁结构与反铁磁性的相同,但相反排列的磁矩不等量. 从这个角度可以认为亚铁磁性是未抵消的反铁磁性结构的铁磁性.

铁氧体是典型的亚铁性物质. 亚铁磁性元素有铬和锰,在元素周期表中与铁元素相邻. 它们有相近的原子序数,相邻原子偶极矩间的作用力强,但是这种相互作用导致了电子自旋的反平行排列. 在无外加磁场时,不同原子的自旋磁矩在数值上很大且不相等,但从原子到原子的磁矩方向不同,因此宏观上看没有净磁矩. 在外加磁场作用下,大小不等的原子磁矩方向交替排列,从而使净磁矩为非零,如图 1.1(c)

所示. 由于磁矩之间部分的抵消, 因此亚铁磁性材料的磁感应强度远远低于铁磁材料. 相对磁导率远远大于 $1 (\mu_r \gg 1)$. 当铁磁材料的温度超过居里温度时, 自旋方向将随机排列, 材料变成顺磁性.

1.3.4 抗磁性

当物质受到外磁场 $\boldsymbol{H}$ 作用后, 感生出与 $\boldsymbol{H}$ 方向相反的磁化强度, 这种物质称为抗磁性物质. 抗磁性元素有铋、铜、金刚石、金、铅、汞、银和硅. 抗磁性材料的磁性很弱, 在无外加磁场作用下, 轨道和自旋磁矩相互抵消净, 磁矩为零. 在外加磁场作用下, 自旋磁矩将略大于轨道磁矩 $(m_s > m_0)$, 产生了一个很小的净磁矩. 小的磁矩将引起一个弱的偶极子, 偶极子产生一个很小的磁场, 方向与外加磁场方向相反. 如果将抗磁性材料放在棒状磁铁南极或北极, 它们之间将相互排斥.

抗磁性材料的磁化率很小且为负 $\chi = \boldsymbol{M}/\boldsymbol{H} \approx -10^{-5}$, 因此相对磁导率 $\mu_r < 1$. 例如铜的相对磁导率 $\mu_r = 0.99999$, 银的相对磁导率 $\mu_r = 0.99998$, 金的相对磁导率 $\mu_r = 0.99996$. 抗磁性材料的相对磁导率是一个与外加磁场无关的常数.

1.3.5 顺磁性

顺磁性物质的主要特征是, 不论外加磁场是否存在, 原子内部存在永久磁矩. 但在无外加磁场时, 由于顺磁物质的原子做无规则的热振动, 这些原子磁矩是杂乱分布的, 宏观看来, 没有磁性; 在外加磁场作用下, 这些原子磁矩比较规则地沿外磁场方向取向, 物质显示极弱的磁性.

顺磁性元素有铝、钙、铬、镁、铌、铂、钛和钨. 在顺磁性材料中, 磁化率主要有自旋磁矩引起 $m_s > m_0$. 电子只占据了部分的核外轨道. 由于自旋磁矩间相互作用较弱, 自旋电子没有完全平行排列. 在外加磁场下, 磁偶极子沿外加磁场方向平行排列. 高温时顺磁性材料中的自旋磁矩消失. 顺磁性物质会被强磁性的棒状磁铁吸引.

顺磁性物质磁化率为正且很小 $\chi = \boldsymbol{M}/\boldsymbol{H} \approx 10^{-5}$, 因此相对磁导率 $\mu_r > 1$. 例如铝的相对磁导率 $\mu_r = 1.00002$, 钛的相对磁导率 $\mu_r = 1.00002$, 铂的相对磁导率 $\mu_r = 1.00003$.

1.4 磁性材料的磁化

磁性材料对外磁场的响应过程称为磁化过程. 该过程可以由磁化曲线与磁滞回线来表征[3,4].

1.4.1 磁化曲线

磁化曲线是表征物质磁化强度或磁感应强度与磁场强度的依赖关系的曲线. 处

于磁中性状态的样品在磁化时，可以有下列几种磁化曲线：

(1) 初始磁化曲线：处于磁中性状态的磁体，当受到一方向不变数值做单调增大的磁场作用时得到的磁化曲线.

(2) 基本（正常或换向）磁化曲线：从磁中性状态开始，在由小到大，不同大小的正负磁场的反复作用下，可得到一系列由小到大的正常磁滞回线. 这些正常回线的顶点的轨迹称为基本（或正常或换向）磁化曲线，如图 1.2 所示. 它和起始磁化曲线基本重合，但略陡.

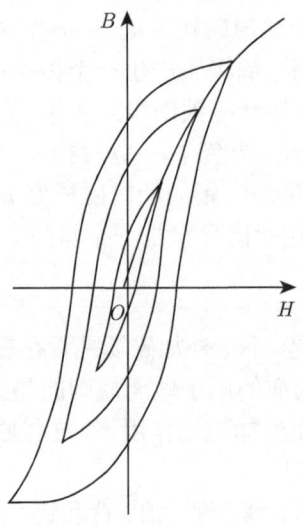

图 1.2　基本磁化曲线

初始磁化曲线受到许多偶然因素（例如：机械振动、温度变化、磁场强度 H 的大小等）的影响是不稳定的. 正常磁化曲线是材料经过交替反复磁化过程而得到的，所以它是最稳定的磁化曲线. 若不作特别说明，磁化曲线就是基本磁化曲线.

上面提到，测试磁化曲线是需要样品处于磁中性态. 磁体的中性化，一般采用两种方法：①交流场退磁法，即对磁体通过一个其峰值由相应的饱和值减至零的交流场，使磁体处于磁中性状态；②热退磁法，即在无任何外磁场的情况下，使磁体从高温（高于居里温度）逐渐降低至室温，而得到磁中性状态.

磁化曲线可以划分为四个区域，如图 1.3 所示. Ⅰ 为起始段，这是在弱磁场范围内，磁感应强度增长较缓慢，磁化曲线基本上为直线，在这部分曲线上 M 与 H 或 B 与 H 的关系为线性关系；Ⅱ 为第二段，曲线向上弯曲，在这个区域内磁感应强度 B 随着磁场强度 H 的增加而很快上升，但 B 与 H 的关系不再呈线性关系；Ⅲ 为第三段，当磁场的强度再增大，磁化曲线的增势减小，此阶段称为趋近饱和阶段；Ⅳ 为顺磁阶段，在某一磁场强度下磁体被磁化到饱和以后，磁场的强度增大到很强的值, 磁化曲线将出现顺磁磁化部分.

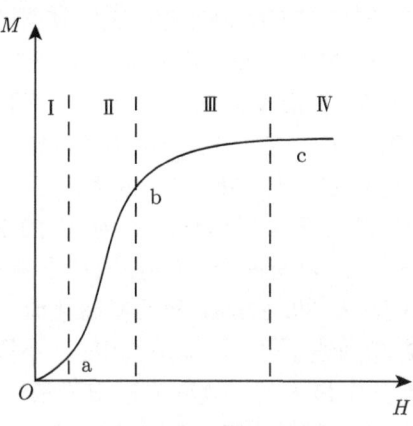

图 1.3　磁化曲线的分区

1.4.2　磁滞回线

当磁体达到磁饱和状态后, 如果减小磁化场 H, 磁体的磁化强度 M(或磁感应强度 B) 并不沿着起始磁化曲线减小, M(或 B) 的变化滞后于 H 的变化, 这种现象叫磁滞. 在磁场中, 铁磁体的磁感应强度与磁场强度的关系可用曲线来表示, 当磁化磁场作周期的变化时, 铁磁体中的磁感应强度与磁场强度的关系是一条闭合线, 这条闭合线叫做磁滞回线, 如图 1.4 所示.

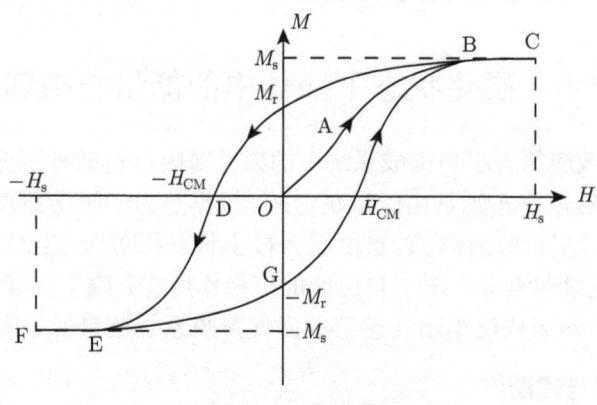

图 1.4　磁滞回线

一般说来, 铁磁体等强磁物质的磁化强度 M 或磁感应强度 B 不是磁场强度 H 的单值函数而依赖于其所经历的磁状态的历史. 以磁中性状态 ($H = M = B = 0$) 为起始态, 当磁状态沿起始磁化曲线 $OABC$ 磁化到 C 点附近 (图 1.4) 时, 此时磁化强度趋于饱和, 曲线几乎与 H 轴平行. 将此时磁场强度记为 H_s, 磁化强度记为

M_s. 此后若减小磁场,则从某一磁场 (B 点) 开始,M 随 H 的变化偏离原先的起始磁化曲线,M 的变化落后于 H. 当 H 减小至零时,M 不减小到零,而等于剩余磁化强度 M_r. 为使 M 减至零,需加一反向磁场 $-H_{CM}$ 称为矫顽力. 反向磁场继续增大到 $-H_s$ 时,强磁体的 M 将沿反方向磁化到趋于饱和 $-M_s$,反向磁场减小并再反向时,按相似的规律得到另一支偏离反向起始磁化曲线的曲线. 于是当磁场从 H_s 变为 $-H_s$ 再从 $-H_s$ 变到 H_s 时,强磁体的磁状态将由闭合回线 CBDEFEGBC 描述,其中 BC 及 EF 两段相应于可逆磁化,M 为 H 的单值函数. 而 BDEGB 为磁滞回线. 在此回线上,同一 H 可有两个 M 值,取决于磁状态的历史. 这是由不可逆磁化过程所致. 若在小于 H_s 的 $\pm H_{CM}$ 间反复磁化时,则得到较小的磁滞回线,称为小磁滞回线或局部磁滞回线 (minor loop). 相应于不同的 H_{CM},可有不同的小回线. 而上述 BDEGB 为其中最大的. 故称为极限磁滞回线或主磁滞回线 (major loop). H 大于极限回线的最大磁场强度 H_s 时,磁化基本可逆;H 小于此值时,M 为 H 的多值函数. 通常将极限磁滞回线上的 M_r 及 H_c 定义为材料的剩磁及矫顽力,为表征该材料的磁特性的重要参量.

磁滞回线较窄 (或矫顽力较小) 的材料就是软磁材料 (或导磁材料);磁滞回线较宽的材料就是硬磁 (或永磁) 材料. 软磁材料的特点是磁导率高、矫顽力低 (一般在 1000A/m 以下),磁化后材料保留的磁性很小、磁滞损耗小,如硅钢片、电工用纯铁等材料. 硬磁材料 (也称永磁材料) 的特点是矫顽力高,一般 H_c 在几千 A/m 以上,也即磁化后可以保留很高的磁性,如硬磁铁氧体等材料. 它适合作磁场源提供恒定磁场,如永磁发电机内的永久磁钢.

1.5 磁化状态下磁体中的能量与磁畴

各种磁电阻效应的大小与构成系统中的磁性薄膜材料的磁矩分布密切相关,而磁性薄膜材料的磁矩分布则是由能量决定的. 根据热力学平衡原理,稳定的磁矩分布,即磁状态,一定与铁磁体内总自由能为极小状态相对应. 当温度远低于居里温度时,一般磁体的能量包括:电子自旋间的交换作用能、磁各向异性能、外磁场能以及退磁场能等,对组成磁电阻传感器的磁性薄膜系统还包括层间耦合能等.

1.5.1 自发磁化与磁畴[5]

铁磁体的基本特征之一就是存在自发磁化. 自发磁化指的是原子或分子的磁矩之间,依靠自身内部的作用,按一定的方式有序排列的现象. 1907 年法国科学家外斯系统地提出了铁磁性假说,解释了自发磁化的原因. 其主要内容有:铁磁物质内部存在很强的"分子场",在"分子场"的作用下,原子磁矩趋于同向平行排列,即自发磁化至饱和,称为自发磁化;铁磁体自发磁化分成若干个小区域 (这种自发磁化至饱和的小区域称为磁畴, 如图 1.5 所示), 由于各个区域 (磁畴) 的磁化方向各不相同, 其磁性彼此相互抵消, 所以大块铁磁体对外不显示磁性. 磁畴的大小从 0.001 mm³ 到 1 mm³. 每个磁畴中包含了电子自旋产生的磁偶极子, 它们在相邻偶极子之间的强作用力下平行排列. 典型的磁畴包含 10^{16} 到 10^{19} 个原子, 它们的磁矩都平行排列. 磁畴和磁畴之间的过渡层称为畴壁, 它大约为 100 个原子厚度, 原子的磁矩在畴壁中改变方向. 根据畴壁中磁矩的变化形式, 分为奈尔 (Néel) 壁和布洛赫 (Bloch) 壁, 如图 1.6 所示. 在奈尔壁中, 原子磁矩的方向变化就是在和样品表面平行的平面进行的, 这种畴壁往往出现在较薄的薄膜材料中. 而布洛赫壁中, 磁矩的过渡方式是始终保持平行于畴壁平面, 因而在畴壁的内部和平面上无磁荷出现, 这种畴壁往往出现在大块材料或较厚的薄膜材料中.

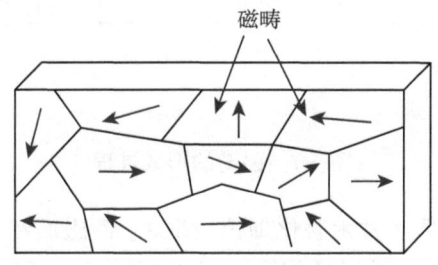

图 1.5 磁畴

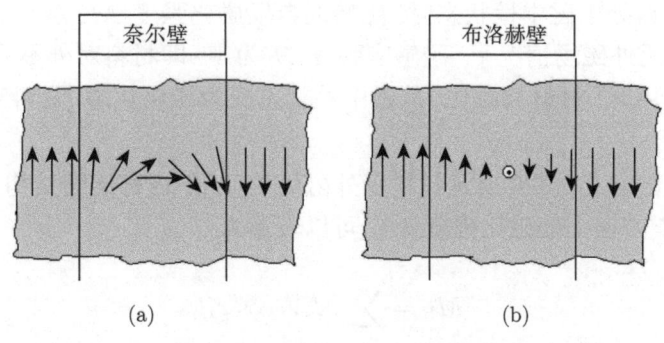

图 1.6 奈尔壁 (a) 与布洛赫壁 (b)

磁畴的存在是能量极小化的后果. 假设一个铁磁性长方体是单独磁畴[6](图 1.7 (a)), 则会有很多正磁荷与负磁荷分别形成于长方块的顶面与底面, 从而拥有较强的磁能 (退磁能). 假设铁磁性长方块分为两个磁畴 (图 1.7(b)), 其中一个磁畴的磁矩朝上, 另一个朝下, 则会有正磁荷与负磁荷分别形成于顶面的左右边, 又有负磁荷与正磁荷相反地分别形成于底面的左右边, 所以, 磁能较小, 大约为图 1.7(a) 的一半. 进一步假设铁磁性长方块是由多个磁畴组成, 如图 1.7(c) 所示, 则由于磁荷不会形成于顶面与底面,所有的磁场都包含于长方块内部,磁能更微弱. 这种组态称为 "封闭磁畴", 是最小能量态.

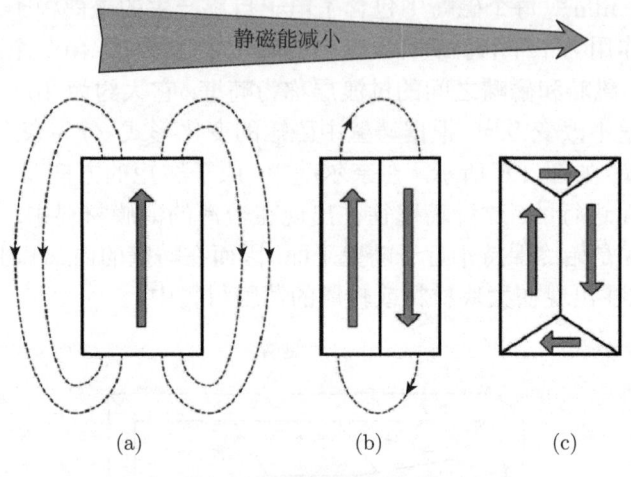

图 1.7　磁畴的形成过程

利用磁畴的概念发展了技术磁化理论, 即关于铁磁质在整个磁化过程中磁化行为的机理, 该理论阐明了在外磁场作用下, 磁畴是通过何种机制逐渐趋向外磁场方向的. 下面从磁畴的角度描述磁化过程, 即技术磁化过程.

当磁性材料处于磁中性状态时, 磁畴的自发磁化强度 M_s 各分布于自己的平衡方向上. 在无外磁场情况下, 磁感应强度 B 为零, 即材料对外不显示宏观磁性. 当有外磁场作用时, 材料被磁化, 从磁中性状态变为磁化状态, 材料对外显示出宏观磁性.

磁性材料的磁化, 其实质是材料受外磁场的作用, 内部磁畴结构发生变化. 沿外磁场强度 H 方向上的磁化强度 M_H 可以表示为

$$M_H = \sum_i M_s V_i \cos\varphi_i \tag{1.10}$$

式中, V_i 为材料内第 i 个磁畴的体积, φ_i 为第 i 个磁畴的自发磁化强度 M_s 与外磁场强度 H 方向间的夹角, $\sum$ 表示对整块材料内所有磁畴都沿外磁场强度方向求和.

当外磁场强度 H 改变 ΔH 时, 而与 ΔH 相对应的磁化强度的改变为 ΔM_H. 由式 (1.10) 看出, 磁化强度的改变只可能来源于三个方面: ①磁畴的体积 V_i 发生变化 ΔV_i 对 ΔM_H 作出的贡献; ②磁畴的自发磁化强度 M_s 与磁场强度 H 方向间的夹角 φ_i 发生的变化 $\Delta \varphi_i$ 引起 ΔM_H 的变化; ③磁畴内自发磁化强度 M_s 本身的

1.5 磁化状态下磁体中的能量与磁畴

大小改变 ΔM_s 导致 ΔM_H 的变化. 因此, 磁化过程引起磁化强度的改变为

$$\Delta M_H = \sum_i [M_s \cos\varphi_i \Delta V_i + M_s V_i \Delta(\cos\varphi_i) + V_i \cos\varphi_i \Delta M_s] \quad (1.11)$$

式 (1.11) 中, 等式右边第一项表示各个磁畴内的 M_s 的大小和取向 φ_i 均不变, 仅由于磁畴体积的改变而导致的磁化. 接近于外磁场强度 H 方向的磁畴体积长大, 而与外磁场强度 H 反向或远离 H 方向的磁畴体积缩小. 磁畴体积发生变化, 相当于磁畴间的磁壁发生位移, 所以被称为畴壁位移磁化过程. 第二项表示各个磁畴内 M_s 的大小和磁畴的体积 V_i 不变, 而磁畴中 M_s 与 H 间的夹角 φ_i 发生了变化, 即磁畴的 M_s 相对于 H 的取向发生了改变, 从而对磁化作了贡献, 称为磁畴的转动磁化过程. 第三项表示 V_i 和 φ_i 都不变化, 只有磁畴内本身的自发磁化强度 M_s 的大小发生变化, 从而引起 ΔM_H 变化. 这种情况即为顺磁磁化过程, 又叫内禀磁化强度的增长过程. 顺磁磁化过程对磁化的贡献很小, 只能在外磁场强度很强时才会显示出来. 按照以上分析, 磁化过程的磁化机制有三种: 磁畴壁位移磁化过程; 磁畴转动磁化过程; 顺磁磁化过程.

技术磁化过程的实质是外磁场作用下铁磁体内部磁畴结构变化的过程, 一般情况下技术磁化过程不会发生顺磁磁化过程. 故对于技术磁化过程, 磁化机制只包括磁畴壁位移磁化过程和磁畴转动磁化过程. 由大多数铁磁体的磁化曲线表明, 从磁中性状态磁化到技术饱和, 整个磁化过程要经历磁畴壁位移磁化过程和磁畴转动过程. 在低磁场强度下, 一般是以位移磁化为主, 而在高磁场强度下则以磁畴移动为主. 根据磁化曲线的变化规律, 技术磁化过程在一般情况下可以分为三个阶段: ①弱磁场范围是可逆畴壁位移; ②中等磁场范围是不可逆畴壁位移, 即有巴克豪生跳跃发生, 这是磁器件的噪声来源之一; ③较强的磁场范围, 是可逆的磁畴转动过程, 随着磁场增加而逐渐趋于技术饱和, 其对应关系如图 1.8 所示.

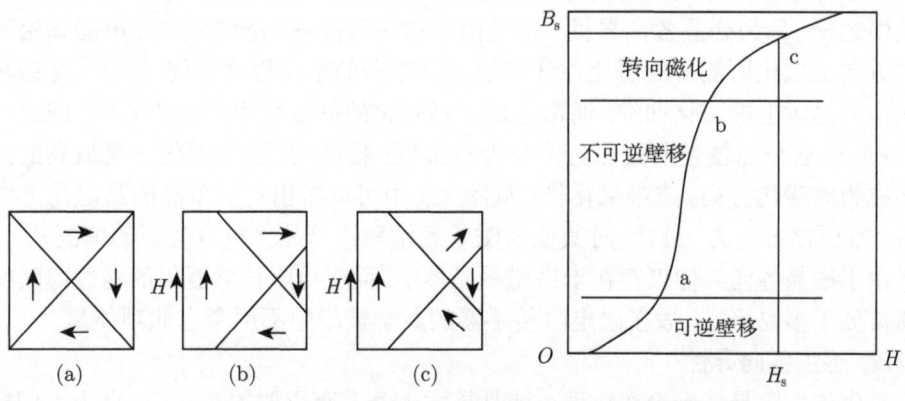

图 1.8 技术磁化曲线与磁化机制的对应关系

1.5.2 铁磁体及磁性薄膜系统中的能量[7]

1. 交换作用能

自发磁化的原因是由于相邻原子中电子之间的交换作用, 这一作用直接与电子自旋之间的相对取向有关. 设 i 原子的总自旋角动量为 $\boldsymbol{S}_i$, j 原子的总自旋角动量为 $\boldsymbol{S}_j$, 则根据量子力学, 对于 N 个电子系统的的交换作用能量为

$$E_{\text{ex}} = -\sum_{i<j} 2A_{ij} \boldsymbol{S}_i \cdot \boldsymbol{S}_j \tag{1.12}$$

其中, A_{ij} 为第 i 个电子与第 j 个电子间的交换积分. 由于交换作用是一种近程作用, 上式中的求和应限于近邻原子对. 进一步假设 $A_{ij} = A$, 则有

$$E_{\text{ex}} = -2A \sum_{\substack{i<j \\ (\text{近邻})}} \boldsymbol{S}_i \cdot \boldsymbol{S}_j \tag{1.13}$$

由上式可见, 当 $A > 0$ 时, s_i 与 s_j 平行排列时交换能最小.

2. 磁各向异性能

磁各向异性是指物质的磁性随方向而变的现象. 主要表现为弱磁体的磁化率及铁磁体的磁化曲线随磁化方向而变. 铁磁体的磁各向异性尤为突出, 是铁磁体的基本磁性之一, 表示饱和 (或自发) 磁化在不同晶体方向时自由能密度不同. 磁各向异性也是在磁电阻器件用磁性薄膜的研究和应用中非常重要的基本磁特性之一. 磁性薄膜中常见的各向异性一般包括磁晶各向异性、感生各向异性、磁弹性各向异性、表 (界) 面各向异性, 及交换偏置各向异性等, 以下做简单介绍.

(1) 磁晶各向异性

单晶体中原子排列的各向异性会导致许多物理、化学性能的各向异性, 磁性就是其中之一, 称为磁晶各向异性. 正是由于这种磁晶各向异性存在, 单晶体沿不同晶轴方向上磁化所测得的磁化曲线和磁化到饱和的难易程度不同. 图 1.9 是铁单晶体在不同晶轴上的磁化曲线. 通常把最容易磁化的晶轴称为易磁化方向, 或易磁化轴, 表明沿这个晶轴方向磁化到饱和能量最低; 相反, 把饱和磁化能量最高的晶轴方向称为难磁化方向, 或难磁化轴. 从图 1.9 中可以看出对铁单晶的易磁化方向为 $\langle 100 \rangle$, 难磁化方向为 $\langle 111 \rangle$. 对其他铁磁单元钴和镍单晶体也有类似的情况.

由于磁晶各向异性仅存在于铁磁单晶体中, 而磁电阻传感器用的磁性薄膜或单元通常处于多晶形态, 故在磁电阻传感器的数学模型中不用考虑此项能量.

(2) 感生各向异性

感生磁各向异性无论在物理上或是技术上都具有重要的意义, 一直为人们极为重视研究的课题. 感生各向异性是反映磁性原子对的方向有序或磁性离子对于某一

方向上的晶位的从优占据的特性. 感生各向异性按其产生的方法, 主要分为三种: 磁场或应力热处理感生各向异性; 生长感生各向异性; 轧制感生各向异性.

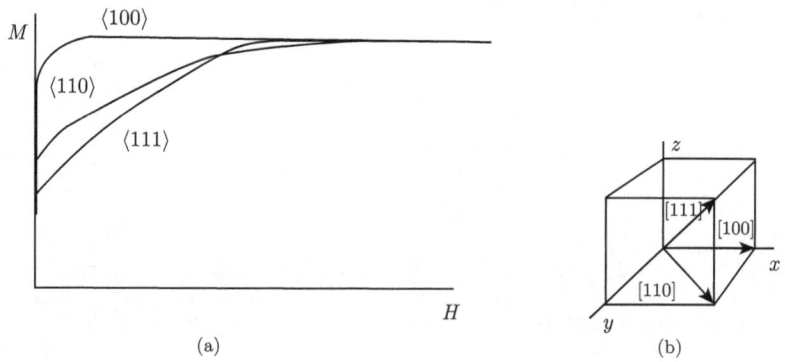

图 1.9 铁单晶体在不同晶轴上的磁化曲线
(a) 沿不同晶轴的磁化曲线; (b) 晶轴方向示意图

对于在磁电阻应用的低磁晶各向异性的晶态软磁材料及宏观磁晶各向异性为零的非晶磁性材料, 感生各向异性是磁各向异性的主要来源. 对磁性薄膜来说可以在有磁场的情况下制备得到感生各向异性, 也可以在制备完薄膜后, 采用磁场或应力热处理工艺 (小于居里温度) 感生出磁各向异性. 感生各向异性具有单轴性 (所谓单轴性是指只有一个易磁化轴, 其能量可以写为

$$E_k = K_u \sin^2 \theta \tag{1.14}$$

式中, θ 为磁矩方向与易磁化方向的夹角, K_u 为等效磁各向异性常数.

由于有感生各向异性的存在, 无外场时磁畴内的磁矩倾向于沿易磁化方向取向, 这好像在易磁化方向有一个磁场, 把磁矩拉了过去. 这个来源于各向异性的场, 就称为单轴等效磁场或各向异性场. 通过计算可以得到单轴各向异性的等效磁场强度为

$$\boldsymbol{H}_k = \frac{2K_u}{\mu_0 \boldsymbol{M}_s} \tag{1.15}$$

(3) 交换各向异性

交换各向异性又称为单向各向异性, 来源于铁磁和反铁磁界面上的交换作用. 交换偏置现象于 1956 年被 Meikleijohn 和 Bean 在 CoO 外壳覆盖的 Co 颗粒中首次发现. 当系统加磁场冷却到 77 K 时, Co 的磁滞回线沿冷却场方向反向偏离原点, 并同时伴随着矫顽力的增加. 人们把这种现象称为交换偏置, 它相对原点的偏移量被定义为交换偏置场. 图 1.10 给出了 CoO/Co 体系中交换偏置的基本特征. CoO/Co 颗粒的顺时针和逆时针转矩曲线之间有明显的磁滞效应, 两个方向的转矩

曲线并不相重合，如图 1.10(a) 所示，而对于均匀的铁磁材料，高场下转动磁滞趋于零. 如图 1.10(b) 所示，当外场沿着冷却场的方向测量时，磁滞回线将向负磁场方向偏离，样品的磁滞回线出现不对称性.

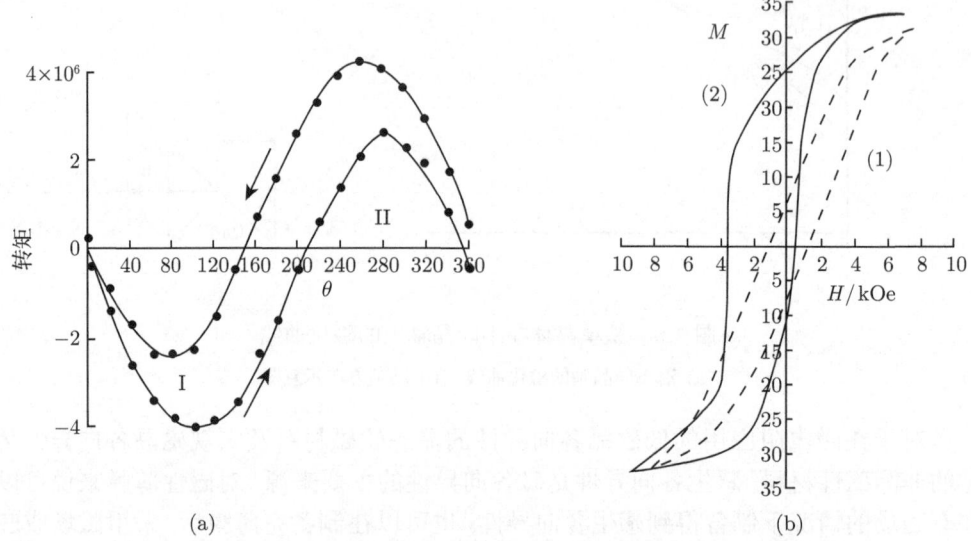

图 1.10 CoO/Co 系统经场冷却后在 $T = 77\text{K}$ 时的转矩曲线和磁滞回线

交换各向异性能量为

$$E_{\text{ex}} = -K_{\text{ex}} \cos\theta \tag{1.16}$$

式中，K_{ex} 为交换各向异性常数，θ 为磁化强度与交换各向异性轴的夹角. 由上式可见，在 360° 的范围，只有 $\theta=0°$ 时交换各向异性能量才处于极小，因此称为单向各向异性，它不同于单轴 (两个方向) 各向异性. 另外，交换偏置作用受限于反铁磁层的截止温度 (blocking temperature, T_{B})，当样品温度超过 T_{B} 时，反铁磁层不再对铁磁层有交换偏置作用，偏置场减小为零.

铁磁/反铁磁系统在磁电阻效应中，特别是巨磁电阻和隧道结磁电阻传感器中得到了广泛应用. 对于铁磁/反铁磁系统的偏置效应，尚没有一个完整理论模型来描述特征. 在磁电阻传感器中，常采用 Meiklejohn-Bean(M-B) 模型来描述其能量关系. M-B 模型的假设是[8]：

- 铁磁层中的自旋方向及反铁磁中晶格的自旋方向在整个样品中取向相同；
- 铁磁层的磁化强度及反铁磁层自旋在外场中分别一致转动；
- 铁磁层及反铁磁层间的界面为理想原子平面，与铁磁层相邻的反铁磁层面上原子自旋未补偿，有剩余磁矩；
- 铁磁和反铁磁的自旋在其界面互相耦合，单位面积的界面耦合能为 J_{ex}.

1.5 磁化状态下磁体中的能量与磁畴

- 铁磁层和反铁磁层中单轴各向异性轴互相平行;
- 反铁磁层的磁化强度近似等于零;
- 暂不考虑铁磁层本身的磁各向异性.

由此可以得到, 铁磁/反铁磁双层膜体系的单位面积上自由能可以表示为

$$E = -HM_{\text{FM}}t_{\text{FM}}\cos(\theta-\beta) + K_{\text{AFM}}t_{\text{AFM}}\sin^2\alpha - K_{\text{ex}}\cos(\beta-\alpha) \tag{1.17}$$

其中, 第一项为铁磁层的塞曼 (Zeeman) 能; 第二项为反铁磁层的单轴各向异性能; 最后一项为铁磁和反铁磁之间的界面耦合能. 其中, H 为外加磁场, M_{FM} 为铁磁层的磁化强度, K_{AFM} 为反铁磁层的单轴各向异性常数, K_{ex} 为铁磁层与反铁磁层的界面交换耦合常数. 如图 1.11 所示, θ 和 β 分别为外磁场及铁磁层磁化强度和其各向异性轴之间的夹角, α 为反铁磁层磁化强度和其各向异性轴之间的夹角.

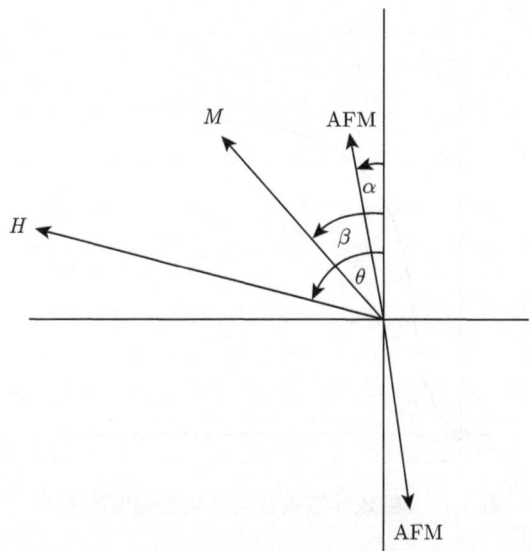

图 1.11 FM/AFM 双层膜中磁场及磁化强度的方位角

(4) 表面和界面磁各向异性

在磁性薄膜的表面或界面处, 近邻数减少和对称性降低可引起表 (界) 面各向异性. 显然, 表面和界面为一个对称轴. 因此单位面积的表面或界面磁各向异性能量可表示为

$$E_{\text{s}} = K_{\text{s}}\sin^2\theta \tag{1.18}$$

式中, K_{s} 为表 (界) 面各向异性常数, θ 为磁化强度与表 (界) 面法线的夹角. $K_{\text{s}}>0$ 时, 易磁化方向沿法线, 称为垂直磁各向异性, $K_{\text{s}}<0$ 时, 易磁化方向在平面中.

3. 磁致伸缩效应与磁应力能

所谓磁致伸缩效应,是指铁磁体在被外磁场磁化时,其体积和长度将发生变化的现象. 磁致伸缩效应引起的体积和长度变化虽是微小的,但其长度的变化比体积变化大得多,是人们研究应用的主要对象,又称之为线磁致伸缩. 线磁致伸缩的变化量级为 $10^{-5} \sim 10^{-6}$. 它是焦耳在 1842 年发现的,其逆效应是压磁效应,即应变影响磁化,表明材料的形变与磁化有密切的关系.

图 1.12 为磁性材料的磁致伸缩系数 $\lambda = \Delta L/L$(即伸长或缩短的大小 ΔL 与原长度 L 之比)与外磁场强度的关系示意图. 从图 1.12 中看出,磁致伸缩的大小与外磁场强度的大小有关. 在外磁场达到饱和磁化场时,磁致伸缩为一确定值,以 λ_s 表示,称为磁性材料的饱和磁致伸缩系数. 通常以饱和磁化状态下的磁致伸缩系数 λ_s 作为磁性材料的一个磁性参数. 显然,不同材料的饱和磁致伸缩系数 λ_s 的大小不同,且可正可负.

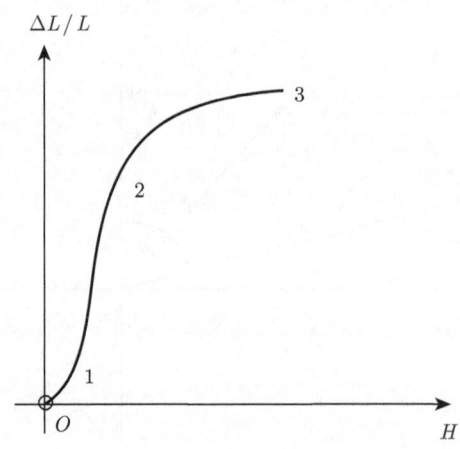

图 1.12 磁致伸缩系数与外磁场强度的关系

铁磁体在受到外应力时,晶体将发生相应的形变,这时晶体的能量除由于自发形变而引起的磁弹性能外,还存在由外应力作用而产生的非自发形变的磁弹性应力能,简称磁应力能. 在多晶体中一般不考虑磁弹性能,只考虑磁应力能,其表达式为

$$E_\sigma = -\frac{3}{2}\lambda_s \sigma \cos^2 \phi \tag{1.19}$$

式中, λ_s 是饱和线磁致伸缩系数, σ 为应力, ϕ 为磁化强度与应力 σ 间的夹角. 当 $\lambda_s \sigma > 0$ 时,应力方向为易轴;当 $\lambda_s \sigma < 0$ 时,应力方向为难轴. 由此可见,应力对磁化强度的方向将发生影响,使得磁化强度的方向不能任意取向. 如果只有应力的作用,则视磁致伸缩常数的不同,磁化强度必须在与应力平行或垂直的方向,这种由

于应力而造成的各向异性称为应力各向异性.

4. 外磁场能

任何磁体置于外磁场中将处于磁化状态. 外磁场可以是直流磁场, 也可以是交变或脉冲磁场. 处于磁化状态下的磁体有静磁能量. 磁体受外磁场作用所具有的能量面密度为

$$E_H = -\mu_0 \boldsymbol{M} \cdot \boldsymbol{H} = -\mu_0 MH \cos\theta \tag{1.20}$$

式中, θ 是磁化矢量与外场之间的夹角. 由式 (1.20) 可见, 当 $\theta = 0°$ 时, 外磁场能最小, 这表明, 磁矩在磁场作用下, 只要没有其他阻力, 必定转到磁场方向.

5. 退磁场能

非闭合磁路或有限几何尺寸的铁磁体, 若被均匀磁化, 在其两端面上将会出现 N 和 S 磁极, 图 1.13 是一个近似的示意图, 表面磁极产生的磁场 $\boldsymbol{H}_\mathrm{d}$ 是从正极指向负极, 方向与外磁场 $\boldsymbol{H}$ 及磁化强度矢量 $\boldsymbol{M}$ 的方向相反, 因而有减退磁化的作用, 故称为退磁场 $\boldsymbol{H}_\mathrm{d}$. 当然, 退磁场 $\boldsymbol{H}_\mathrm{d}$ 不仅仅是表面磁极产生的, 还有体磁极的影响, 其大小与铁磁体的形状和未补偿的磁极的数值与分布有关. 由于磁极是磁化强度产生的, 所以退磁场与磁化强度有关.

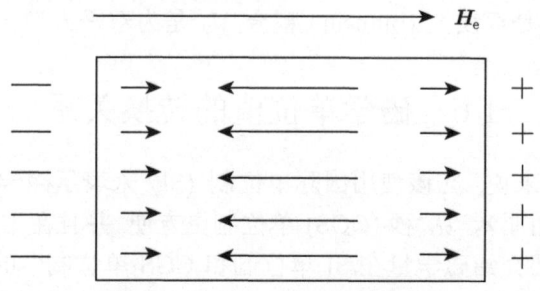

图 1.13 用磁荷说明退磁场

人们已经知道在均匀磁场中, 椭球形铁磁体样品能够被均匀磁化, 其退磁场可以用

$$\boldsymbol{H}_\mathrm{d} = -N\boldsymbol{M} \tag{1.21}$$

来描述, 其中 N 是退磁因子张量, 为无量纲的数, 同磁体的形状有关. 铁磁体在外磁场作用下被磁化后, 其内部的总磁场应当是外磁场 $\boldsymbol{H}_\mathrm{e}$ 和退磁场 $\boldsymbol{H}_\mathrm{d}$ 的矢量和. 作用在材料的内磁场 $\boldsymbol{H}_\mathrm{i}$ 为

$$\boldsymbol{H}_\mathrm{i} = \boldsymbol{H}_\mathrm{e} + \boldsymbol{H}_\mathrm{d} \tag{1.22}$$

铁磁体在它自身产生的退磁场中所具有的位能即为退磁场能. 这与铁磁体在外磁场中的位能相似, 但退磁场能为自能, 故有因子 1/2, 退磁场能面密度为

$$E_\mathrm{d} = -\frac{1}{2}\boldsymbol{M} \cdot \boldsymbol{H}_\mathrm{d} \tag{1.23}$$

考虑退磁因子后, 变为

$$E_\mathrm{d} = \frac{1}{2}NM^2 \tag{1.24}$$

式 (1.24) 的适用条件仍然是椭球形铁磁体在均匀的外磁场中被均匀磁化. 如果铁磁体不是椭球体或不被均匀磁化, 其内部的退磁场和磁化强度分布都不均匀, 因此退磁场的表示形式就不能用该式. 根据静磁理论用数值方法可以计算某些非椭球形样品的退磁场.

6. 层间耦合能[9]

对磁性多层薄膜系统, 除了上述能量外, 还应补充层间耦合能. 在中间层无静态磁序的情况下, 层间耦合能量的面密度可以表达成

$$E = -J_1\frac{M_1M_2}{|M_1||M_2|} - J_2\left(\frac{M_1M_2}{|M_1||M_2|}\right)^2 = -J_1\cos\theta - J_2\cos^2\theta \tag{1.25}$$

式中, θ 为相邻铁磁层磁化方向的相对取向角, J_1 和 J_2 分别是表征耦合类型及强度的参量, 其中 J_1 是双线性 (bilinear) 耦合, J_2 是为双平方型 (biquadratic) 耦合.

1.6 磁学单位值的转换关系

从规范的角度来说, 应该使用国际单位制 (SI) 来表示磁学量, 但是对磁学量来说, 有时直接使用厘米–克–秒 (CGS) 单位制更方便, 并且在工程界得到大量的使用, 所以在此有必要介绍磁学量在 SI 单位制和 CGS 单位制中的换算, 见表 1.1[10].

表 1.1 磁学量的单位换算表

CGS 制中的名称和符号	单位	换算因子	SI 制中的名称和符号	单位
磁感应强度 (磁通密度) B	高斯 (Gs)	$\times 10^{-4}$	磁感应强度 (磁通密度) B	特 [斯拉](T)
磁场强度 H	奥斯特 (Oe)	$\times 10^3/4\pi$	磁场强度 H	安/米 (A/m)
磁化强度 M	高斯 (Gs)	$\times 10^3$	磁化强度 M	安/米 (A/m)
磁化强度 M	高斯 (Gs)	$\times 4\pi \times 10^{-4}$	磁极化强度 J	特 [斯拉](T)
比磁化强度 σ	(emu·g^{-1})	$\times 1$	比磁化强度 σ	(A·m^2/kg)
最大磁能积 $(\boldsymbol{B}\cdot\boldsymbol{H})_\mathrm{max}$	兆高奥 (MGsOe)	$\times 10^2/4\pi$	最大磁能积 $(\boldsymbol{B}\cdot\boldsymbol{H})_\mathrm{max}$	千焦/米^3(kJ/m^3)
磁矩 μ	(emu)	$\times 10^{-3}$	磁矩 μ	安/米 (A/m)

1.6 磁学单位值的转换关系

续表

CGS 制中的 名称和符号	单位	换算因子	SI 制中的 名称和符号	单位
磁各向异性 常数 K	尔格/厘米^3 (erg/cm^3)	$\times 10^{-1}$	磁各向异性 常数 K	焦[耳]/米^3(J/m^3)
磁偶极矩 $\boldsymbol{\mu}$	(emu)	$\times 4\pi \times 10^{-10}$	磁偶极矩 $\boldsymbol{p}$	韦[伯]米 (Wb·m)
退磁因子 N		$\times 1/4\pi$	退磁因子 N	
磁通量 ϕ	麦克斯韦 (Mx)	$\times 10^{-8}$	磁通量 ϕ	韦[伯](Wb)
磁极(荷)强度 q_m	(emu)	$\times 4\pi \times 10^{-8}$	磁极(荷)强度 q_m	韦[伯](Wb)
磁导率 μ		$\times 1$	磁导率 μ	
磁化率 χ		$\times 4\pi$	磁化率 χ	
磁致伸缩系数 λ		$\times 1$	磁致伸缩系数 λ	
能量(密度)E	尔格/厘米^3 (erg/cm^3)	$\times 10^{-1}$	能量(密度)E	焦[耳]/米^3(J/m^3)
真空磁导率 μ_0		$\times 4\pi \times 10^{-7}$	真空磁导率 μ_0	

第 2 章 磁电阻传感器工作原理

2.1 磁场传感器概述

2.1.1 磁场测量的历史回顾[11]

磁场测量是磁测量的一个重要内容，磁测量是从磁场测量开始发展的．我国古代劳动人民对磁现象的发现和应用作出了巨大的贡献，早在公元前 3 世纪的春秋战国时代，《吕氏春秋》上就有"磁石召铁"的记载．公元 1 世纪初，东汉的学者王充在《论衡》中记载了司南的一些重要性质："司南之杓 (勺)，投之于地 (放置司南的盘子)，其柢 (勺柄) 指南．"司南即磁罗盘的雏形，也可以说是最早的磁场测量仪器．公元 12 世纪初，我国已经把磁罗盘应用于航海，这比欧洲要早几百年．宋代的杰出科学家沈括在《梦溪笔谈》中就有关于地磁偏角的记载，比 1492 年意大利人哥伦布横渡大西洋时发现这一现象要早四百多年．

1600 年英国医生吉伯 (Gilbert) 在他的著作中首先应用科学的方法对磁现象进行了系统的探索，同时发现地球本身就是一个大磁体．16 世纪以后，磁针应用于研究磁性的科学仪器中，并用来测定地磁场．1785 年库仑 (Coulomb) 提出了用磁针在磁场中的自由振荡周期来确定地磁场的方法．18 世纪后，英国等发达国家作为海上王国扩张的需要，要求发展精密的磁场测量仪器．1819 年丹麦物理学家奥斯特 (Oerster) 发现了电流的磁效应．1832 年高斯 (Gauss) 提出了以长度、质量和时间为基础的绝对测量地磁场强度的方法．当时研究地磁变动基准测量的第一个国际协会采用了由高斯设计的磁针仪器．为纪念吉伯、奥斯特和高斯的科学功绩，后来分别以他们的名字作为磁动势、磁场强度和磁感应强度的单位名称．

1831 年，英国科学家法拉第 (Farady) 发现了电磁感应现象，使磁现象和电现象建立起了定量的联系．1873 年，英国的物理学家麦克斯韦 (Maxwell) 在他的《论电与磁》的经典著作中创立了严密的电磁场理论，从而为磁场测量奠定了理论基础．

20 世纪初叶，由于电工技术的推广和应用，对磁场的测量也提出更加迫切的要求．例如，为了保证电机、仪器仪表等的质量，要求测量其内部的间隙磁场，为了合理的选择和应用各种磁性材料，要求测量和材料性质相关的磁参量和样品的表面磁场强度；为了进行磁法勘探和研究古地磁学，要求测量和地磁场有关的磁场参量······ 由此，在磁力法、电磁感应法的基础上，1930 年又发展出了磁饱和法的磁场测量仪器．这是后来发展磁通门磁强计的基础．这种磁强计在第二次世界大战期

2.1 磁场传感器概述

间,由于探潜和引爆等的需要,得到了进一步的应用.

现代的精密磁场测量技术从 1940 年左右开始. 一方面,由于物理学中发现了一些新的物理效应以及电子学和半导体技术有了迅速的发展,从而使经典的磁场测量方法获得了新的生命力;另一方面,由于近代的高能粒子加速器、受控热核聚变装置和宇航工程等尖端工程技术的发展,对磁场的测量在空间和时间上都提出了更加苛刻的要求. 磁场测量遍布于科研、生产、国防等各个领域之中. 1879 年发现了霍尔 (Hall) 效应,由于利用了新的半导体材料,在 1960 年代初便形成了商品化的霍尔效应磁强计. 1948 年,三轴磁通门磁强计被用到探空火箭上, 1958 年苏联首次把磁通门磁强计应用到人造卫星上. 1846 年法拉第发现了磁光效应, 1960 年由于把激光发生器应用到磁光效应中,从而提高了磁光效应磁强计的技术性能. 还应该特别提及的是,两项获诺贝尔物理学奖的物理效应的发现,对磁场测量技术的发展具有划时代的意义. 一个是,1946 年由布洛赫 (Bloch) 和柏赛尔 (Purcèll) 同时发现的核磁共振现象,使磁场的测量有可能获得 10^{-6} 的精确度;另一个是,1962 年剑桥大学的研究生约瑟夫森 (Josephson) 预言了超导结的隧道效应,于次年即得到了实验上的证实,从而使磁场测量的下限扩展到 10^{-14}T,并且有可能接近这种方法的理论极限 10^{-15}T. 这两项发现,提供了有可能利用原子内部的参数为基准来绝对地测量磁场强度的方法. 1945 年, 苏联科学家札沃依斯基提出了电子顺磁共振, 1951 年观测到了章动法核磁共振, 1953 年研制出了核吸收法共振磁强计, 1954 年研制出了核感法共振磁强计, 1958 年研制了铷光泵磁强计. 19 世纪 70 年代初,又研制出了直流超导量子干涉器件和交流超导量子干涉器件.

与此同时, 许多新效应也应用于磁场传感器, 特别引起注意的是磁电阻效应. 汤姆孙 (Thomson) 于 1857 年发现了铁磁多晶体的各向异性磁电阻 (anisotropy magnetoresistance, AMR) 效应. 由于科学发展水平及技术条件的局限, 数值不大的各向异性磁电阻效应在一个多世纪的历史时期内并未引起人们太多的关注. 1971 年 Hunt 提出可以利用铁磁金属的各向异性磁电阻效应来制作磁盘系统的读出磁头, 在随后的二十多年里, 就是这样一个非常小的磁电阻效应却对计算机磁存储技术产生了深刻的影响. 1985 年 IBM 公司将 Hunt 的设想付诸实现, 并将这样的读出磁头用于 IBM 3408 磁带机上; 1990 年又将感应式的写入薄膜磁头与坡莫合金制作的磁电阻式读出磁头组合成双元件一体化的磁头, 在 CoPtCr 合金薄膜磁记录介质盘上实现了面密度为 $1Gb/in^2$ 的高密度记录方式. 1991 年日立公司报道了在 3.5in 硬盘上利用双元件磁头实现了 $1Gb/in^2$ 的高记录密度. 所有这些当时都采用坡莫合金薄膜的各向异性磁电阻效应, 室温值仅为 2.5%左右. 20 世纪 80 年代末期, 在法国巴黎大学 Fert 教授研究小组工作的巴西学者 Baibich 发现 (Fe/Cr) 多层膜的磁电阻效应比坡莫合金大一个数量级, 命名为巨磁电阻 (giant magnetoresistance, GMR) 效应, 立刻引起了全世界的轰动. 在随后的几年中, 有关巨磁电阻效应的研究成果接踵而至. 人们不但在 "铁磁金属/非磁金属" 多层膜中发现了巨磁电阻效应, 随后又在 "铁磁金属/非磁金属" 的颗粒膜中发现同样存在巨磁电阻效应. 之后 1994 年在类钙钛矿 La-Ca-Mn-O 系列中发现了庞磁电阻 (colossal magnetoresistance, CMR) 效应. 而 "铁磁金属/非磁绝缘体/铁磁金属" 磁隧道阀的研究在多层膜巨磁电子研究的促进下又有了突飞猛进的发展, 1994 年在 $Fe/Al_2O_3/Fe$ 组成的三明治结构中发现其隧道结磁电阻值在室温下可达 18%, 1995 年在 Co-Al-O 颗粒膜中同样发现了类似的大的隧道结磁电阻 (tunneling magnetoresistance, TMR) 效应.

2.1.2 磁场测量的对象[12]

任何磁现象都是以磁场的形式表现的. 为了表征磁场的大小, 在人们的认识过程中有两种观点: ①按 "磁荷" 的观点, 定义磁场强度 H 是表征磁场强弱的物理量, 磁场是通过磁荷在磁场中受力的大小来确定 (磁的库仑定律); ②按 "电流" 的观点, 定义磁感应强度 B 是表征磁场强弱的物理量, 磁场是通过载流导体在磁场中受力的大小来确定 (安培定律), 或通过放置磁场中回路的感应电动势来确定 (电磁感应定律). 磁场强度 H 和磁感应强度 B 在两种观点中只有一个是表征磁场的物理量, 另一个是辅助量.

在国际单位制中, 把磁场强度 H 在真空中引起的磁感应强度记为 B_0, 并有下面简单关系

$$B_0 = \mu_0 H \tag{2.1}$$

式中, $\mu_0 = 4\pi \times 10^{-7}$ H/m, 是常数, 即真空磁导率. 但是, B_0 在数值上和量纲上都与磁场强度 H 不一致. 在国际单位制中, H 的单位是 A/m, 而 B 的单位是 T. 在磁介质中的总磁感应强度 B 将是两个量的和; 磁感应强度 B_0 与磁化强度 M(表征磁介质在磁场 H 中极化的磁感应强度), 即

$$B = B_0 + M \tag{2.2}$$

由此可见, 磁感应强度可同时用来描述介质和真空中的磁场, 它较磁场强度有更广泛的概念.

在磁介质中, 由于矢量 B 和 B_0 的关系十分复杂, 通常是采用测量磁感应强度的积分, 即测量磁通

$$\phi = \int_s B \mathrm{d}s \tag{2.3}$$

磁通的单位是 $T \cdot m^2$, 或称韦 [伯](Wb).

磁场参量是指表征磁场性质的物理量. 它们包括: 磁感应强度 B、磁通 ϕ、磁场非均匀性量 (磁场梯度), 以及这些量的分量和模数. 磁场参量中, 对于恒定磁场和交变磁场具有不同的形态和测量方式. 在磁场测量仪器中, 考虑到广泛使用 "磁强计" 术语的习惯, 仍然沿用它作为磁场测量仪器或特斯拉计的同意语.

2.1.3 常用的磁场测量方法

按测量的原理可将磁场测量的方法归纳为：磁-力法、电磁感应法、磁饱和法、电磁效应法、磁共振法、超导效应法、磁光效应法.

1. 磁-力法

磁-力法是利用在被测磁场中的磁化物体 (磁针) 或载流线圈与被测磁场之间相互作用的机械力 (或力矩) 来测量磁场的方法. 其中, 利用小磁针的方法习惯上称为 "磁强计" 法, 它可以测量较弱的均匀的、非均匀的和变化的磁场, 其测量的分辨力可达 10^{-9}T 以上, 采用电子电路测定的无定向磁强针, 分辨力可达 $10^{-10} \sim 10^{-12}$T; 利用载流线圈的方法也称为电动法, 其测量磁场范围为 0.1~10T, 测量的误差为 $(1 \sim 2) \times 10^{-2}$, 但此法目前已被更简便适用的霍尔效应法所取代; 还有一种利用磁致伸缩效应的方法, 最后应用薄膜器件和采用光纤技术后, 其分辨力可达 10^{-12}T. 磁力法仪器在观测地磁日变、地震预报、磁暴等方面应用很广, 也用于测定岩样的磁性.

2. 电磁感应法[13]

电磁感应法是以电磁感应定律为基础的磁场测量方法. 是一种应用十分广泛的方法, 其测量磁场范围为 $10^{-13} \sim 10^{8}$T. 探测线圈是典型的电磁感应测试法的应用, 其是对磁通敏感的矢量磁传感器. 当把绕有匝数为 N, 截面积为 S 的圆柱形探测线圈放在磁感应强度为 B 的被测磁场中时, 如果采用某种方法使线圈中所耦合的磁通 ϕ 发生变化, 那么根据电磁感应定律, 就会在线圈中产生感应电动势,

$$e = -N\frac{\mathrm{d}\phi}{\mathrm{d}t} = -NS\frac{\mathrm{d}B}{\mathrm{d}t} \tag{2.4}$$

探测线圈的 N 和 S 的乘积是一常数 (称线圈常数), 只要测量出感应电动势对时间的积分值, 便可求出磁感应强度 B 的改变量

$$\Delta B = \frac{\int e \mathrm{d}t}{NS} \tag{2.5}$$

随着电子积分器和电压-频率变换器的应用, 此法的测量磁场范围已扩大为 $10^{-13} \sim 10^{3}$T, 测量准确度为 $\pm(0.1 \sim 3)\%$. 探测线圈的灵敏度取决于磁芯材料的磁导率、线圈的面积和匝数. 根据探测线圈相对于被测磁感应强度的变化关系, 可以分为固定线圈法、抛移线圈法、旋转线圈法及振动线圈法.

固定线圈法主要用于测量交变磁场, 也可测量恒定磁场. 由于探测线圈不动, 线圈中的感应电动势是由被测磁场的变化引起的. 取决于测量感应电动势所用仪表的不同, 固定线圈法又分为冲击法 (用冲击检流计) 和伏特表法 (用平均值电压

表). 其中, 冲击法主要用于测量恒定磁场, 测量误差为 $5\times10^{-3} \sim 1\times10^{-2}$; 而伏特表法多用于测量高频磁场, 测量误差为 10^{-2} 左右.

抛移线圈法主要用于测量恒定磁场的磁感应强度. 当把探测线圈由磁场所在位置迅速移至没有磁场作用的位置时, 线圈中感应电动势的积分值与线圈所在位置的磁感应强度值成正比. 根据测量电路的不同, 测量探测线圈中感应电动势的仪器主要有冲击检流计、磁通表、电子积分器及电压–频率变换器; 相应的测量方法也往往按所用测量仪器或装置而命名.

旋转线圈法 (又称测量发电机法) 和振动线圈法是电磁感应法的直接应用, 它们主要用于测量恒定磁场. 其中, 旋转线圈法的磁场测量范围为 $10^{-8} \sim 10$T, 测量误差为 $10^{-4} \sim 10^{-2}$; 振动线圈法的测量误差为 10^{-2} 左右.

3. 磁饱和法

磁饱和法是利用被测磁场中磁芯在交变磁场的饱和激励下其磁感应强度与磁场强度的非线性关系来测量磁场的方法. 这种方法主要用于测量恒定的或缓慢变化的磁场; 当测量电路稍加改变后也可测量低频的交变磁场. 典型方法是磁通门法[14].

磁通门传感器是利用被测磁场中高导磁铁芯在交变磁场的饱和激励下, 其磁感应强度与磁场强度的非线性关系来测量弱磁场的一种传感器. 与其他类型测磁仪器相比, 磁通门传感器具有分辨率高 (最高可达 10^{-11}T), 测量弱磁场范围宽 (在 10^{-8}T 以下), 可靠、简易、经济、耐用, 能够直接测量磁场的分量和适合于在高速运动系统中使用等特点. 因此从 20 世纪 30 年代问世以来, 已得到了不断的发展和改进, 被广泛应用在各个领域, 如地磁研究、地质勘探、武器、侦察、材料无损探伤以及空间磁场测量等.

磁通门现象是一种普遍存在的电磁感应现象, 磁通门传感器是一种稍加改造的变压器式器件, 但其变压器效应只是作为被测磁场进行调制的手段. 如果考虑环境磁场对铁芯的作用, 当铁芯磁导率随激励磁场强度而变, 则感应电势中就会出现随环境磁场强度而变的偶次谐波分量, 而当铁芯处于周期性过饱和状态时, 偶次谐波分量显著增大. 对环境磁场来说, 好象一道"门", 通过这道"门", 相应的磁通量即被调制, 并产生感应电势. 因此, 采用这种特殊铁芯和工作方式, 用于检测环境磁场的变压器式测量系统, 被称为"磁通门", 其基本原理仍然是电磁感应.

磁通门主要由磁通门传感器, 测量电路、数据采集处理单元等组成. 磁通门传感器将环境磁场的物理量转化为电势信号; 测量电路对感应电势偶次谐波分量进行选通、滤波、放大; 数据采集处理单元对测量电路输出的信号进行模数转换, 数据处理、计算、存储等.

磁通门传感器的探头等形式是多种多样的, 这里以跑道形探头 (图 2.1) 来说明

2.1 磁场传感器概述

其工作原理. 它是一个带沟槽的金属骨架, 在沟槽内绕以坡莫合金薄带等磁性材料构成磁芯, 再绕上激励线圈和感应线圈形成磁通门探头, 此种探头只对轴线方向的磁场敏感.

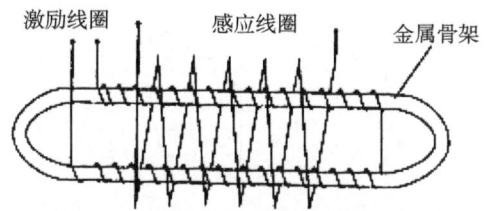

图 2.1 磁通门传感器探头结构

现以正弦波对磁芯激励为例, 用图解说明.

当以频率 f_1 的交流电流对磁芯进行激励, 激励幅度使磁芯产生的磁感应强度 B 达到深度饱和, 又因激励线圈在磁芯两边绕制的匝数相同, 所以当没有外磁场, 即 $H_0 = 0$ 时, 磁芯两边所产生的磁感应强度分别为

$$B_1(t) = B(t); \quad B_2(t) = -B(t) \tag{2.6}$$

感应线圈的电动势是由磁芯两边磁感应强度之和决定的:

$$e(t) = -WS\left[\frac{\mathrm{d}B_1(t)}{\mathrm{d}t} + \frac{\mathrm{d}B_2(t)}{\mathrm{d}t}\right] = 0 \tag{2.7}$$

式中, W 为感应线圈匝数, S 为磁芯截面积.

所以当 $H_0 = 0$ 时, 感应线圈的感应电势为零, 如图 2.2 所示.

当外界磁场 $H_0 \neq 0$ 时, 磁芯中必将出现附加磁感应强度 $\Delta B(t)$

$$\Delta B(t) = \mu(t)H_0(t) \tag{2.8}$$

假设 H_0 为恒定场, 这时感应线圈感应电动势为

$$e(t) = -WS\frac{\mathrm{d}\Delta B(t)}{\mathrm{d}t} = -WSH_0\frac{\mathrm{d}\mu(t)}{\mathrm{d}t} \tag{2.9}$$

可以看出, $\Delta B(t)$ 的变化与 $\mu(t)$ 的变化完全相同, $e(t)$ 与 H_0 成正比, 是随时间变化的, 确切的数值取决于磁滞回线上某时刻的导磁率. 由于磁化曲线的非线性和 H_0 的存在, 磁芯在半个周期内提前饱和, 另半个周期内推迟饱和, 出现磁通变化的速率差, 所以出现偶次谐波, 其中以二次谐波 $2f_2$ 成分最强. 又因磁芯中涡流阻止磁芯磁感应强度很快地建立和消失, 因此, 感应出的电压波形不是对称的, 由零增至最大时是逐渐上升的, 由最大降到零时是突然的, 而时间间隔相等. 因此, 当 $H_0 \neq 0$

时, 由于磁芯两边饱和的提前和推迟, $B_1(t)$ 和 $B_2(t)$ 成为不对称曲线, 因而感应出二次谐波电动势, 如图 2.3 所示.

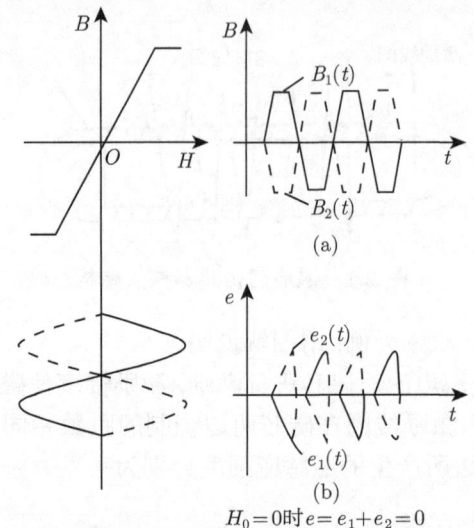

图 2.2 (a) 磁感应强度曲线 (b) 感应电压曲线

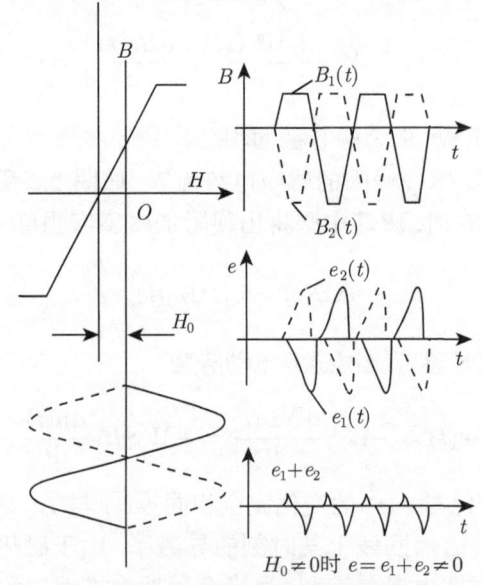

图 2.3 $H_0 \neq 0$ 时的感应电压曲线

另外, 还可以看出, 当 H_0 改变极性时, $e(t)$ 也相应改变极性, 所以上述模型对外界磁场来说, 好像是一道 "门", 通过这道 "门", 相应的磁通量即被调制, 并产生了感应电势.

磁饱和磁强计的分辨力较高 (最高可达 10^{-11}T), 测量弱磁场的范围较宽 (在 10^{-3}T 以下), 并且可靠、简易、耐用且价廉, 能够直接测量磁场在空间上的三个分量, 并适于在高速运动系统中使用, 因此, 它广泛应用在如地磁研究、地质勘探、武器侦察、材料无损探伤、空间磁场测量等领域.

4. 电磁效应法

电磁效应是利用金属或半导体中通过的电流和外磁场的同时作用下产生的电磁效应来测量磁场的一种方法. 其中, 霍尔效应法应用最广, 可以测量 $10^{-7}\sim 10$T 范围内的恒定磁场, 测量的误差为 $10^{-3}\sim 10^{-2}$, 也可以测量频率达 MHz, 磁场达 5T 的变化磁场, 尤其对小间隙空间内的磁场测量更有显著的优越性. 磁电阻效应主要用于测量 $10^{-2}\sim 10$T 范围内的较强磁场, 其测量误差为 10^{-2} 左右, 对于某些薄膜磁电阻器件, 用此法可测量频率达 100MHz 的磁场, 在窄带下可以测量 10^{-11}T 的微弱磁场. 利用电磁复合效应的磁敏晶体管, 可以测量 $10^{-5}\sim 10^{-2}$T 范围内的恒定磁场和 5Hz 以内的交变磁场, 但因此种器件受稳定性的局限, 目前很少应用于测量磁场.

(1) 霍尔效应法[15]

如图 2.4(a) 所示, 给一载流体 (金属导体或半导体) 通以电流 I, 并在与电流垂直方向加磁场, 这时在金属片两侧表面将出现横向电位差, 这现象是美国物理学家霍尔于 1879 年发现的, 故后人称之为霍尔效应.

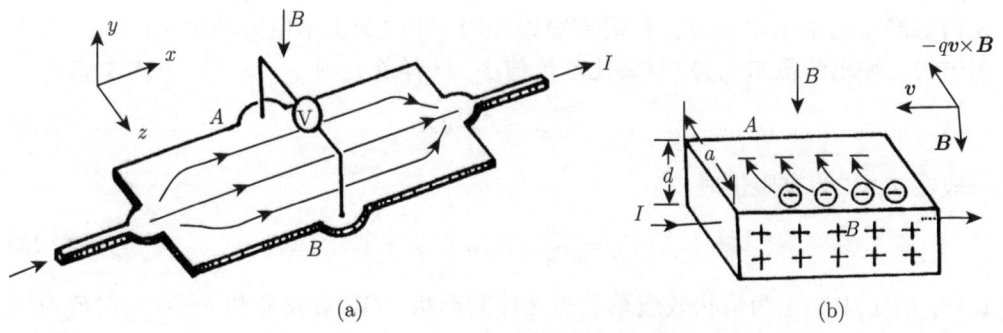

图 2.4 霍尔效应

霍尔电位差可表示为

$$V_{\rm H} = \frac{j}{nq}Ba = \frac{IB}{nqd} \tag{2.10}$$

如果令

$$R_{\rm H} = \frac{1}{nq} \tag{2.11}$$

通常称 R_H 为霍尔系数, 它的大小取决于载流子浓度 n, 符号取决于载流子符号. 根据式 (2.11) 可知, 由于半导体中的载流子浓度远小于金属中的自由电子浓度, 半导体中的霍尔效应最为显著, 故实用化的霍尔器件均由半导体材料制成.

图 2.5 是典型霍尔元件的实际结构, 习惯上称这种结构为霍尔元件片. 在长方形半导体片上有四个金属欧姆接触电极, 有两个电流控制极和两个输出极. 两个电流控制极分别焊接在霍尔片与 y 轴平行的两整个侧面上, 而两个输出极是在与 x 轴平行的两侧面中央点引出. 把在外面封装上非磁性金属、陶瓷或环氧树脂等外壳的器件称为霍尔元件.

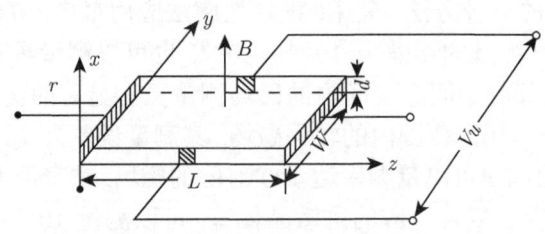

图 2.5 霍尔元件结构

图 2.5 中, 霍尔元件片是一个长度为 L、宽度为 W、厚度为 d 的长方形半导体薄片. 两个电流电极端在两个宽度方向的端面上. 两个霍尔电极是在沿着两个长度方向的端面上的中点位置上.

由于在长方形的端面上有金属电极, 当外加磁场作用后, 产生了霍尔电场 E_y. 此时在半导体片上任一点的电场应是控制电场 E_z 和霍尔电场 E_y 的矢量和. 这样使内部产生的霍尔电势有一种局部短路作用 (即改变霍尔电势的大小). 因此由霍尔电极上输出的霍尔电势, 将要比理论值小, 只有当 $L/W \to \infty$ 时, 下式才成立

$$V_{H\infty} = \frac{R_H}{d} IB \tag{2.12}$$

一般在 L/W 为有限值时,

$$V_H = \frac{R_H}{d} IB f_H \left(\frac{L}{W}, \theta\right) \tag{2.13}$$

式中, $f_H(L/W, \theta)$ 为形状效应系数与元件的形状 L/W 和霍尔角 $\theta = \arctan(E_y/E_z)$ 有关. 当 L/W 越大时, 短路效应就越小. 当 $L/W > 2$ 时, f_H 等于 0.90 左右; 当 $L/W = 4$ 时, f_H 已趋近于 1, 一般考虑减小短路现象, 则需要 $L/W > 2$ 就够了. 因为当 L/W 过大, 控制电流电极之间电阻增大, 使输入功耗增加, 降低元件的输出.

(2) 磁电阻法

磁电阻传感器是通过采用纳米、微米制造技术把微、纳尺寸的磁电阻元件与传统的半导体器件结合在一起, 设计出的全新结构的新一代电子器件. 这种器件基于

电子自旋输运过程，通过磁场改变磁矩的排列方向，从而调控器件的电阻值．电子自旋度愈高，自旋输运效应愈大，则器件对磁场的反应也就越灵敏．因此，具有灵敏度高、功耗低、体积小、可靠性高、温度特性好、工作频率高、耐恶劣环境能力强以及易于与数字电路匹配等优点，成为磁性器件家族中的后起之秀．

磁电阻效应包括各向异性磁电阻效应、巨磁电阻效应和磁隧道结磁电阻效应等，由这些效应都可以制作磁传感器，它们的原理在后续章节将详细介绍．

5. 磁共振法[16]

磁共振法是利用物质量子状态变化而测量磁场的一种方法，一般可用来测量均匀的恒定磁场．用磁共振原理测量的方法主要有核磁共振、顺磁共振、光泵磁共振等．其中，核磁共振法是利用具有自旋角动量及磁矩不为零的原子核作共振物质，根据核激励方式和样品的不同，它又可分为核吸收法、核感应法及章动法，主要用于测量 $10^{-2} \sim 10$ T 范围的中强磁场，测量的误差一般可达 10^{-5}，最高达 10^{-6}，利用自动跟踪核磁共振磁强计可以自动跟踪缓慢变化的磁场；顺磁共振法是利用顺磁物质中电子或由抗磁物质中顺磁中心的电子所引起磁共振的方法，可以测量 $10^{-4} \sim 10^{-1}$ T 范围的磁场，测量的误差一般可达 10^{-4}T．

光泵法测量磁场精度高，误差小，被广泛应用．光泵磁共振法是利用原子的塞曼效应原理绝对测量弱磁场的一种精密方法，它是通过光 (红外线或可见光) 照射物质，使物质的原子产生往复的能级跃迁，并最终使原子由低能级升到高能级的方法，可用于测量弱磁场，分辨率可达 10^{-11}T．以光泵技术为支撑研制的艳光泵磁力仪是一种具有高灵敏度高精度的海洋磁力仪，可用于国防中探测水下潜艇、地磁测量和工程地质探测以及环境地质调查等．

6. 超导效应法[17]

超导效应法是利用弱耦合超导体中超导的约瑟夫森 (B.D.Josephson) 效应原理而测量磁场的一种方法．它可以测量 0.1T 以下的恒定磁场或交变磁场．超导干涉器件 (SQUID) 具有从直流到 10^{12}Hz 范围内的良好频率特性．其中，直流 SQUID 的磁场分辨力可达 7×10^{-5}T$/\sqrt{\text{Hz}}$，射频 SQUID 的磁场分辨力可达 10^{-14}T$/\sqrt{\text{Hz}}$．超导效应法有极高的灵敏度和分辨力，用其可以制成磁梯度计，在地质勘探、大地测量、计量技术、生物磁学等方面有许多重要的应用．

超导磁强计的工作原理是 (如图 2.6 所示)：当有外磁场通过超导环时，加在与超导环耦合线圈上的射频信号被调制，被调制的信号经放大器放大后送入混频器做相敏检波，检波器输出的直流信号经积分器积分后，得到一个与磁通变化量成比例的电压值，这个电压值经过反馈电路反馈到与超导环耦合的线圈上，在超导环内产生一个与外磁通变化量大小相等、方向相反的磁场，这样使超导环内的磁通变化为零. 积分器输出的这个电压值就反映了通过超导环磁通变化量的大小, 经过标定, 就可对应得到磁场值.

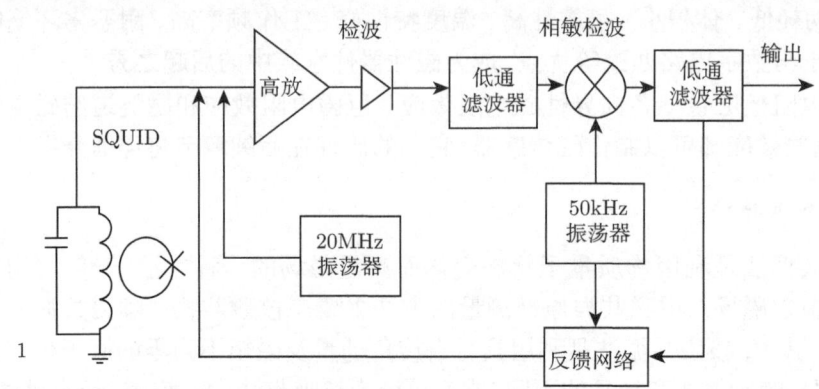

图 2.6 有磁通调制超导磁强计原理图

7. 磁光效应法[18]

磁光效应法是利用磁场对光和介质的相互作用而产生的磁光效应来测量磁场的一种方法. 当偏振光通过磁场作用下的某些各向异性介质时, 会造成介质电磁特性的变化, 并使光的偏振面 (电场振动面) 发生旋转, 这种现象被称为磁光效应. 根据产生磁光效应时通过介质 (样品) 的光是透射的还是反射的, 磁光效应分为法拉第磁光效应和克尔 (Kerr) 磁光效应. 它可用于测量恒定磁场、交变磁场和脉冲磁场, 其中, 法拉第效应法可测量 0.1~10T 范围内的磁场, 测量的误差在 10^{-2} 以内; 克尔效应法可测量高达 100T 的强磁场, 测量的误差为 3×10^{-2}. 近年来, 由于光导纤维技术的应用, 磁光效应法也适用于测量 $10^{-4} \sim 10^{-1}$T 范围内的磁场. 磁光效应法测量磁场具有耐高压、耐腐蚀、耐绝缘的优点, 并且由于传感器的温度系数小, 测量的工作温度范围可以自液氦至室温或更高温度; 由于宽频带的传输特性, 因而可以测量非正弦波磁场; 由于利用光传输而没有带点的引线引入磁场, 因而在高频中提高了测量的准确性; 还可以利用光纤维本身的法拉第效应测量高压载流导线周围的磁感应强度.

(1) 法拉第磁光效应

一束线偏振光在磁场作用下通过磁光材料时它的偏振面将发生旋转, 旋转角 θ 正比于磁场沿着偏振光通过材料路径的线积分

$$\theta = V_d l B \tag{2.14}$$

式中, V_d 是材料的韦尔代 (Verdet) 常数, l 是光穿越介质的长度, B 是作用在磁光材料上的磁感应强度. 如果选定物质的光程为 l, 便可按式 (2.14) 直接由旋转角 θ

来确定磁感应强度 B. 实际上所有物质都具有法拉第磁光效应, 只是一般很微弱而已. 但是, 如观测铁磁性金属 (铁、镍、钴) 和铁氧体 (钇铁石榴石) 的透明薄膜, 发现有很大的法拉第旋转角.

(2) 克尔磁光效应

平面偏振光从被外磁场磁化的物质表面反射而产生椭圆偏振光, 使其偏振面相对于入射光发生旋转的现象称为克尔磁光效应. 如当平面偏振光从具有一定磁化强度的铁磁薄面反射时所产生的椭圆偏振光, 其椭圆长轴相对于原来偏振面旋转一定的角度. 旋转方向与磁化方向有关, 旋转角度 θ 与物质的总磁化强度 M 成正比

$$\theta = K_K M \tag{2.15}$$

式中, K_K 是克尔常数, 它决定于光的波长和温度. 克尔效应的工作物质仅为铁磁体. 用它来测量铁磁性样品的磁特性.

克尔磁光效应分极向、纵向和横向三种, 如图 2.7 所示, 分别对应物质的磁化强度与反射表面垂直、与表面和入射面平行、与表面平行而与入射面垂直三种情形. 极向和纵向克尔磁光效应的磁致旋光都正比于磁化强度, 一般极向的效应最强, 纵向次之, 横向则无明显的磁致旋光.

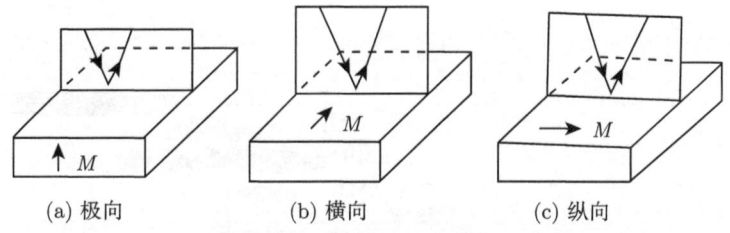

(a) 极向　　　　(b) 横向　　　　(c) 纵向

图 2.7　三种克尔磁光效应

另外, 有必要简单介绍一下两种极具应用前景的磁场传感器, 即磁电传感器和 MEMS 磁场传感器.

8. 磁电传感器

所谓磁电效应是指材料在外加磁场的作用下产生电极化 (正磁电效应) 或者在外加电场的作用下产生诱发磁化 (逆磁电效应) 的现象. 基于磁电效应的磁电传感器, 具有灵敏度和分辨力高、响应频率范围宽、室温工作、被动探测、功耗低以及制备工艺简单等特点, 在地磁场、生物磁场等 10^{-12}T 甚至 fT(10^{-15} T) 级微弱磁场的测量领域表现出非常好的应用前景. 但是, 就目前的状况而言, 无论是磁电复合材料的制备, 还是磁电复合结构物理本质的理论以及实验研究, 都还不够成熟, 有待进一步的深入研究. 因此, 目前磁电传感器的应用研究大多限于实验室研究, 商业化推广还有待时日[19].

9. MEMS 磁场传感器

MEMS 磁场传感器具有体积小、重量轻、功耗低、成本低、可靠性高、性能优异及功能强大等优点. MEMS 磁场传感器有多种类型和工作原理, 表 2.1 是常见的 MEMS 磁场传感器的性能比较[20].

表 2.1 MEMS 磁场传感器的性能比较

工作原理	工艺	灵敏度	分辨率
洛伦兹力磁场传感器	1.2μm 标准的 CMOS 工艺和 IC 兼容	350V/T	2μT
梳齿磁场传感器	CMOS 工艺和改进的表面微加工工艺	中等	30μT
谐振磁场传感器	标准 CMOS 和后处理微加工相结合的工艺	40kHz/T	10μT
扭摆式磁场传感器	标准 CMOS 和后处理腐蚀工艺	20μV/Gs	-
微机械硅蹦床磁力计	微机械工艺	-	-

2.1.4 磁传感器的选择要点

正如前面介绍的, 磁传感器的种类很多, 每一种磁传感器都有其优点与缺点, 这需要在实际应用中灵活选用. 尽管磁场探测灵敏度是磁场传感器的一个重要参数, 图 2.8 示出了主要磁传感器的探测灵敏度范围[21]. 但在实际应用中, 还需综合考虑以下因素.

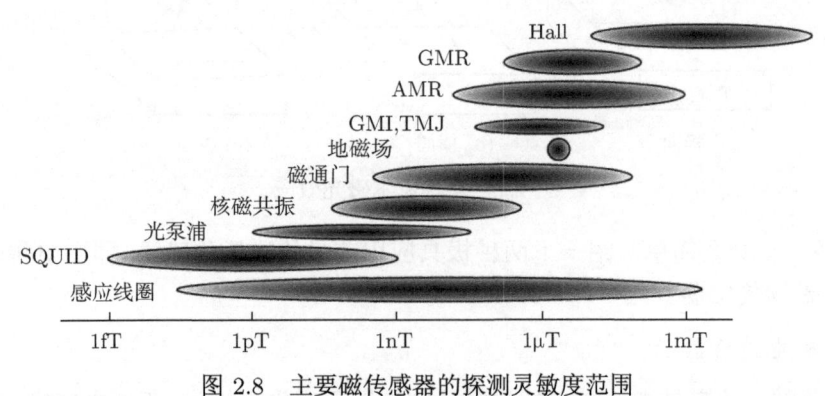

图 2.8 主要磁传感器的探测灵敏度范围

(1) 工作温度

室温还是低温. 磁场探测灵敏度高的超导量子干涉仪 (SQUID) 需要工作于小于 77K 的低温环境, 这就必须有制冷系统和热隔离设施, 所以限制了其使用.

(2) 集成性

如果磁传感器单元能与常规半导体技术集成, 这往往能大幅度降低其价格和拓展其应用, 这特别是作为传感器阵列使用时尤为重要.

(3) 感测磁场的类型

感测的类型是矢量还是标量？是磁场还是磁通？绝大多数磁传感器只能感测某一特定方向的磁场 (又叫具有敏感轴或矢量磁传感). 但是在某些情形, 如地磁场成像, 需要的则是对总磁场敏感的磁传感器 (这样的传感器称标量磁传感器) 来完成, 这时显然用标量磁传感器比用多轴矢量磁传感器的效果好. 磁传感器又可分为对磁场或磁通敏感的传感器. 探测线圈、磁通门和 SQUID 是对磁通敏感的传感器, 因而其灵敏度与传感器的尺寸成正比, 对大系统使用时这就具有优点, 可以通过增加磁传感器的尺寸来大幅度地提高其灵敏度. 而在小系统使用时, 采用对场敏感的磁传感则更好, 因为当这类传感器的尺寸减小时, 其灵敏度基本上保持不变.

(4) 工作频率范围

磁传感器实际使用时可能是在低频 (0.1~100Hz) 也可能在高频 (高达 10GHz). 比如心磁图检测时就需要低频 (0.1~10Hz) 的磁传感器, 而在高速电路中则需要工作达 GHz 的磁传感器. 图 2.9 是常见磁传感器的探测灵敏度与频率的关系[22].

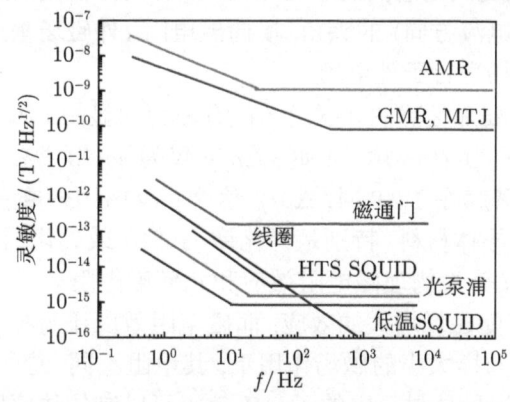

图 2.9 常见磁传感器的探测灵敏度与频率的关系

(5) 传感器尺寸

不同的应用需要不同尺寸的磁传感器. 如在数据存储和集成电路磁场成像中需要的传感器尺寸要小于 1μm, 而在心磁图和战场环境下的磁传感器对尺寸的要求则相对宽松 (1μm~1mm).

常见的已商业化或具有应用潜力的磁传感器的性能及应用领域请见附录 1[22].

2.2 磁电阻效应概述

在外磁场作用下材料的电阻发生变化的现象, 称为磁电阻(magnetoresistance, MR) 效应. 表征 MR 效应的大小的物理量为 MR 比, 其定义由磁电阻系数

MR

$$\mathrm{MR} = \frac{R_\mathrm{H} - R_0}{R_0} = \frac{\rho_\mathrm{H} - \rho_0}{\rho_0} \tag{2.16}$$

其中, $R_\mathrm{H}(\rho_\mathrm{H})$ 是磁场为 H 时的电阻 (率), $R_0(\rho_0)$ 是磁场为零时的电阻 (率). 磁电阻效应由磁电阻值的大小和产生机理的不同, 可将它们分为: 正常磁电阻、各向异性磁电阻、巨磁电阻、庞磁电阻和隧道结磁电阻等[23].

(1) 正常磁电阻(ordinary magnetoresistance, OMR) 效应

为普遍存在于所有材料中的磁场电阻效应, 来源于磁场对电子的洛伦兹力. 该力导致载流子运动发生偏转或产生螺旋运动, 因而使电阻升高. 它的主要特点是: ①正的磁电阻. MR$=[\rho(H) - \rho(0)/\rho(0) > 0, \rho(H)]$ 为电阻率, 即外加磁场使样品电阻增加. 这种效应起因于载流子在运动中受到磁场导致的洛伦兹力, 偏离原来的运动轨迹, 引起附加的散射效应. 值得提及的是, 即使外磁场平行于外电场, 载流子仍会受到磁场导致的洛伦兹力, 因为载流子的运动主要是沿各个方向的无规运动, 沿外电场方向的漂移速度只是它们的平均效应. ②各向异性, 指的是磁电阻的大小依赖外磁场和外电场 (电流方向) 的夹角, 横向磁电阻 (外磁场垂直于外电场) 通常大于纵向磁电阻 (外磁场平行于外电场).

一般金属体系需要加很强的外磁场才能有较为明显的 OMR 效应, 且磁电阻变化值较小. 如铜 (Cu), 当 $H = 10^{-3}$T 时, $\Delta\rho/\rho$ 仅为 $4\times10^{-8}\%$. 但是金属铋 (Bi) 却有较高的 OMR, Bi 薄膜在 1.2T 时, $\Delta\rho/\rho$ 达 7%~22%, Bi 单晶在低温下甚至可达 $10^2\%$~$10^4\%$. 对于半导体材料, 特别是锑化铟 (InSb) 或砷化铟 (InAs) 的 OMR 效应显著. OMR 效应又分为物理磁电阻效应和几何磁电阻效应两种. 物理磁电阻效应指的是材料电阻率随磁场增大的效应. 而磁电阻效应还与样品的形状有关, 不同几何形状的样品, 在同样大小的磁场作用下, 其电阻不同. 这种磁电阻效应称为几何磁电阻效应. 利用半导体材料中的 OMR 效应可以制作传感器, 主要用于测定磁场强度、测量频率和功率等的测量技术、运算技术、自动控制技术以及信息处理技术, 并可用于制作无触点开关和可变元接触电位器等[24].

(2) 各向异性磁电阻(anisotropy magnetoresistance, AMR) 效应

是指铁磁材料的电阻率随外加磁场和体内电流的相对取向变化而异的现象, 它是铁磁金属中与技术磁化相关的效应. 其定义如下:

$$\mathrm{AMR} = \frac{\rho_\perp - \rho_{//}}{\rho_0} \times 100\% \tag{2.17}$$

其中, $\rho_\perp$、$\rho_{//}$、ρ_0 分别代表外加磁场方向与电流方向垂直、平行和无外加磁场下的电阻率. 现在普遍认为, 各向异性磁电阻效应来自各向异性的散射, 而各向异性的散射被认为主要来源于自旋-轨道耦合和低对称性的势散射中心, 前者降低了电子波函数的对称性, 使电子的自旋与其轨道运动相关联.

2.2 磁电阻效应概述

室温下，Fe、Co、Ni 金属的 $\Delta\rho/\rho$ 一般为 $0.2\%\sim2\%$，NiFe、NiCo 合金可达到 $4\%\sim7\%$. 而且由于这些合金都是软磁性的，其饱和磁场较小 (几十奥斯特)，因而具有很高的磁场灵敏度. 例如，室温下一定厚度的坡莫合金 ($Ni_{81}Fe_{19}$) 在 $H=10\text{Oe}$ 时其 $\Delta\rho/\rho$ 为 $2\%\sim3\%$，其磁场灵敏度为 $(0.2\%\sim0.3\%)/\text{Oe}$.

(3) 巨磁电阻 (giant magnetoresistance, GMR) 效应

是指在人工纳米磁性结构 (磁性多层薄膜和纳米颗粒膜) 中发现的磁电阻效应，其磁电阻变化值往往比 AMR 大一到两个数量级，其来源于自旋相关散射及层间耦合效应. 20 世纪 80 年代末期，在法国巴黎大学 Fert 教授研究小组工作的巴西学者 Baibich 发现 (Fe/Cr) 多层膜的磁电阻效应比坡莫合金大一个数量级，命名为巨磁电阻效应，立刻引起了全世界的轰动. 在随后的几年中，有关巨磁电阻效应的研究成果接踵而至. 人们不但在"铁磁金属/非磁金属"多层膜中发现了巨磁电阻效应，随后又在"铁磁金属/非磁金属"的颗粒膜中发现同样存在巨磁电阻效应.

巨磁电阻有三个特点：① 饱和 MR 值可达很大的数值；② 多数情况下 MR 常为负值，磁场使电阻降低；③ 饱和 MR 值与磁场的方向无关，为各向同性. 为了把负的磁电阻定义为一个正的物理量，对于巨磁电阻的比值引入下面的两种定义：

$$\text{MR}_1 = \frac{R(0) - R(H_s)}{R(0)} \quad \text{或} \quad \text{MR}_2 = \frac{R(0) - R(H_s)}{R(H_s)} \quad (2.18)$$

其中，$R(H_s)$ 是某一饱和磁场下的电阻. 由于在巨磁电阻效应中 $R(0) > R(H_s)$，因而 $0 < \text{MR}_1 \leqslant 1$ 和 $0 < \text{MR}_2 \leqslant \infty$，第二个定义中 MR_2 实际上是把介于 0 和 1 之间的 MR_1 放大到 0 和无穷之间. 它们满足一个简单的关系，即 $(1-\text{MR}_1)(1-\text{MR}_2)=1$.

(4) 隧道结磁电阻 (tunneling magentoresistance, TMR) 效应

是指在铁磁金属/绝缘层/铁磁金属中发现的磁电阻效应，其来源机理是自旋相关隧穿效应. 早在 20 世纪 70 年代，Meserey 等人首先利用超导体/非磁绝缘体/铁磁金属的隧道结直接测量出 Fe, Co 和 Ni 在输运过程中的自旋极化电子流. 在这之后，1975 年 Slonczewski 提出将隧道结中超导体用另一铁磁金属层来取代的设想，他认为磁性金属/非磁绝缘体/磁性金属中，如果两铁磁电极的磁化方向平行，一个电极中多数自旋子带的电子将进入另一电极中的多数自旋子带的空态，同时少数自旋子带的电子也从一个电极进入另一电极中的少数自旋子带的空态，但如果两电极的磁化方向反平行，则一个电极中的多数自旋子带电子的自旋与另一个电极的少数自旋子带电子的自旋平行，这样，隧道电导过程中一个电极中的多数自旋子带的电子必须在另一个电极中寻找少数自旋子带的空态，因而其隧道电导必然与两电极的磁化方向平行时的电导有所差别. Slonczewski 将隧道电导与铁磁电极的磁化方向相关的现象称为磁隧道阀效应.

隧道结磁电阻效应不仅存在于隧道结中，人们已经发现，在颗粒膜和锰基氧化

物等中也存在隧道结磁电阻效应. 磁性隧道结结构由于层间交换耦合微弱, 饱和场很低, 所以其灵敏度高, 而且磁性隧道结结构的巨磁电阻有电阻率高、能耗小、室温磁电阻大的特点, 决定了其具有广泛的应用前景.

(5) 庞磁电阻(colossal magnetoresistance, CMR) 效应

是指在钙钛矿结构的掺杂锰氧化物的块材料具有远超过 GMR 的磁电阻效应. 与 GMR 类似, CMR 也是在外磁场下体系磁构型的改变导致了电阻变化. 与普通过渡族金属体系不同, 人们发现钙钛矿结构的掺杂锰氧化物 $La_{1-x}A_xMnO_3$(A=Ca, Sr, Ba) 是具有远超过 GMR 很大的磁电阻效应的大块材料. CMR 存在于单一材料. 因此, 磁场引起的电阻变化是这些材料的一种相变过程. 对 CMR 效应定性的解释是外磁场促使材料局域自旋的取向相同, 有利于电子的双交换运动. 而这种交换运动一方面增强了电子的巡游性, 使材料从绝缘体变成导体, 另一方面也促进了材料从反铁磁有序相向铁磁相的转变. 通过对锰氧化物中庞磁电阻效应的研究, 锰氧化物绝缘相的各种自旋、轨道和电荷序, 以及其相关的量子相变成了近年来十分受关注的问题.

继巨磁电阻、庞磁电阻以及隧道结磁电阻效应之后, 又在亚微米级的铁磁性纳米点接触发现了弹道磁电阻(ballistic magnetoresistance, BMR) 效应[25], 它比 GMR/TMR 磁电阻效应高 2~3 个数量级, 甚至更大. 关于弹道磁电阻的理论解释和模型的建立到现在为止还在争论. 由于在纳米接触体系上存在许多不确定因素, 难以制备出性能重复性好的样品, 所以其未来的应用前景到底如何, 目前还不明朗.

在本书中我们把磁电阻效应统称为 XMR 效应, 而且本书后面关注的内容限于基于铁磁金属薄膜系统的磁电阻效应以及传感器. 图 2.10 示出了各种磁电阻效应传感器的敏感磁场范围以及磁电阻值变化范围[26]. 图 2.10 中, SV 是指的自旋阀形式的 GMR, MTJ-a 表示的是隧道层用 Al_2O_3, MTJ-b 表示的是隧道层用 MgO.

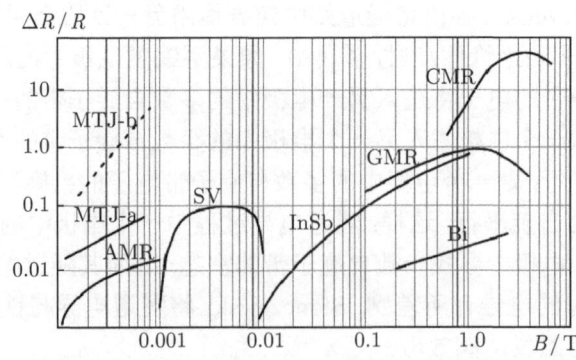

图 2.10 各磁电阻效应传感器的敏感磁场范围与 MR 比值范围

2.3 各向异性磁电阻传感器原理

2.3.1 各向异性磁电阻效应

各向异性磁电阻 (anisotropy magnetoresistance, AMR) 效应是指铁磁材料中的电阻率随铁磁材料的磁化强度 (或加在铁磁材料上的外磁场) 和电流方向之间的夹角改变而变化的现象. 该效应由汤姆孙 (Thomson) 在 1857 年铁磁多晶体中发现, 直到 1971 年 Hunt 首次提出利用 AMR 效应制备磁盘磁头后, AMR 效应及应用才得到重视.

以室温时 $Ni_{0.9942}Co_{0.0056}$ 的电阻率随磁场的变化来说明磁化强度的方向相对于电流改变而引起的电阻率变化 (图 2.11)[27]. 磁化强度与电流同方向的电阻率用 $\rho_{//}$ 表示, 磁化强度与电流相垂直的电阻率用 $\rho_{\perp}$ 表示. 磁电阻薄膜材料的软磁性能优异, 只需要很弱的磁场就能使磁畴的排列与外磁场一致, 故在图 2.11 中有 $\rho_{\perp}$ 曲线在弱场时电阻率的急剧减小. 由图 2.11 可见 $\rho_{\perp}$ 与 $\rho_{//}$ 相差较大, 这说明磁电阻薄膜材料的电阻率存在各向异性. 磁电阻材料的各向异性电阻率可用 $\Delta\rho$ 表示:

$$\Delta\rho = \rho_{//} - \rho_{\perp} \tag{2.19}$$

各向异性磁电阻的相对变化率为

$$\Delta\rho/\rho_0 = (\rho_{//} - \rho_{\perp})/\rho_0 \tag{2.20}$$

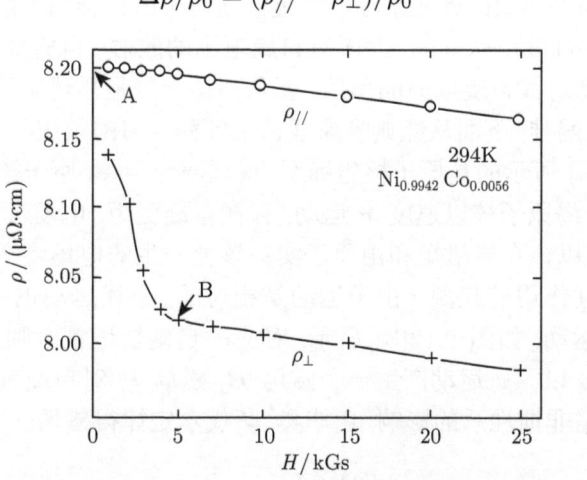

图 2.11 $Ni_{0.9942}Co_{0.0056}$ 在室温下电阻率随磁场的变化

各向异性磁电阻的相对变化率更能全面表示材料的特性, 这里 ρ_0 为铁磁材料在理想退磁状态下的电阻率, 不过理想的退磁状态很难实现, 通常将 ρ_0 取为 $\rho_{av} = (\rho_{//} + 2\rho_{\perp})/3$.

在许多铁磁材料中都发现了 AMR 效应, 其中以 NiFe、NiCo 合金最为显著. 低温 5K 时 Fe、Co 的各向异性磁电阻值约为 1%, 而坡莫合金 ($Ni_{81}Fe_{19}$) 为 15%, 室温下坡莫合金薄膜的各向异性磁电阻仍有 2.5%之大. 由于最大的 $\Delta\rho/\rho_{av}$ 值是在饱和状态下得到的, 所以还必须定义单位磁场所引起的电阻率的变化作为器件的灵敏度, $S_v = (\Delta\rho/\rho_{av})/\Delta H$. 对于坡莫合金, 其饱和场约 10 Oe, 故它的灵敏度 S_v=0.2%Oe^{-1}. 表 2.2 是一些常用的各向异性磁电阻材料在室温时的性能[28].

表 2.2 常用各向异性磁电阻材料的性能(室温)

合金	$(\Delta\rho/\rho)$/%	$\rho/(10^{-8}\Omega\cdot m)$	H_k/(A/m)	H_c/(A/m)	M_s/$(10^5 A/m)$	$\lambda/10^{-6}$
$Ni_{81}Fe_{19}$	2.2	22	250	80	8.7	~ 0
$Ni_{86}Fe_{14}$	3.0	15	200	100	7.6	~ -12
$Ni_{70}Co_{30}$	3.8	26	2500	1500	7.9	~ -20
$Ni_{50}Co_{50}$	2.2	24	2500	1000	10.0	~ 0
$Ni_{60}Fe_{10}Co_{30}$	3.2	18	1900	300	10.3	~ -5
$Ni_{74}Fe_{10}Co_{16}$	2.8	23	1000	250	10.1	~ 0
$Ni_{87}Fe_8Mo_5$	0.7	72	490	170	5.1	~ 0
$Co_{65}Fe_{15}B_{20}$	0.07	86	2000	15	10.3	~ 0

注: H_k 是材料的各向异性场, H_c 是矫顽力, M_s 是饱和磁化强度, λ 是磁致伸缩系数

2.3.2 各向异性磁电阻效应的产生机理

现在已经清楚 AMR 效应来源于自旋极化电子的自旋相关散射, 即自旋轨道耦合作用 (spin orbit interaction, SOI) 对自旋电子的散射. 自旋轨道耦合作用指的是电子的轨道运动对其自旋取向的作用. 要从理论上定量描述实验, 需要量子力学的知识, 而且还很困难. 下面从经典唯象理论来解释 AMR 效应[29,30].

如图 2.12(a) 所示的是原子核坐标系, 根据库仑定律, 原子核在运动电子 $-e$ 处产生电场, 电子绕原子核以速度 v 运动, 存在自旋磁矩, 电场对运动的磁矩将会产生相互作用, 所以该自旋磁矩和由原子实在该处产生的电场将产生相互作用, 这就是自旋轨道相互作用的起源. 由于运动是相对的, 上述运动也可以看成电子不动, 原子核绕电子运动, 如图 2.12(b) 所示, 对应的自旋轨道耦合则可以理解成电子是静止的, 电场 E 以 $-v$ 运动产生一个磁场 B, 磁场 B 对自旋有力矩的作用. 在电子参照系中忽略非惯性系的影响, 由毕奥-萨伐尔定律得磁场:

$$B = \frac{\mu_0 \boldsymbol{j} \times \boldsymbol{r}}{r^3} = \mu_0\varepsilon_0(\boldsymbol{v} \times \boldsymbol{E}) \tag{2.21}$$

这里 v 是电子的速度, E 是原子核在电子处产生的电场, 利用电场强度径向分布的形式, 即

$$\boldsymbol{E} = \frac{1}{e}\frac{\partial V}{\partial r}\frac{\boldsymbol{r}}{r} \tag{2.22}$$

2.3 各向异性磁电阻传感器原理

上式中 V 是原子核对电子的库仑势. 利用轨道角动量关系 $\boldsymbol{L} = \boldsymbol{r} \times \boldsymbol{p}$ 及 $\boldsymbol{p} = m\boldsymbol{v}$, 经整理后可得磁感应强度为

$$\boldsymbol{B} = \frac{1}{emc^2}\frac{1}{r}\frac{\partial V}{\partial r}\boldsymbol{L} \tag{2.23}$$

式 (2.23) 是电子坐标系中原子实在电子处产生的磁场. 电子自旋磁矩 $\boldsymbol{\mu}_s = -g\mu_B\boldsymbol{S}$ (其中, g 为电子自旋因子, μ_B 是玻尔磁子, $\boldsymbol{S}$ 是自旋角动量). 在该场下的势能为

$$U = \frac{1}{m^2c^2}\frac{1}{r}\frac{\partial V}{\partial r}\boldsymbol{L}\cdot\boldsymbol{S} \tag{2.24}$$

上式中 $\boldsymbol{L}\cdot\boldsymbol{S}$ 可表示为

$$\boldsymbol{L}\cdot\boldsymbol{S} = L_xS_x + L_yS_y + L_zS_z = L_zS_z + (L^+S^- + L^-S^+) \tag{2.25}$$

其中定义 $L^\pm = L_x \pm iL_y$ 为升降算符.

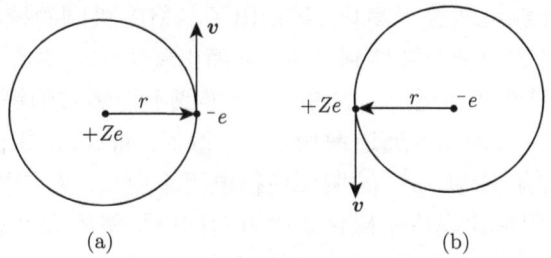

图 2.12 两种不同坐标系示意图
(a) 原子核坐标系; (b) 电子坐标系

根据莫特关于铁磁金属电阻率的二流体模型, 对于铁磁金属, 在温度低于居里温度 T_c 时, 多数自旋和少数自旋电子可以沿着两个平行的通道进行传导, 都独立地对电阻率有贡献, 而且在整个散射过程中, 自旋不改变方向, $\rho^\uparrow$ 和 $\rho^\downarrow$ 构成等效的并联电路. 则总电阻率 ρ 可表示为

$$\rho = \frac{\rho^\uparrow \rho^\downarrow}{\rho^\uparrow + \rho^\downarrow} \tag{2.26}$$

莫特对 Ni 的研究表明, 在 Ni 中, 多数自旋电子受到的散射较弱, 所以在多数自旋通道, 更容易传导, 电阻率较小, 倾向于短路电阻率较高的少数自旋通道.

在不考虑 SOI 时, 对于多数自旋 (自旋向上), 在费米面附近其 d 态密度为零, 因此, 所有的散射过程都只是 $s^\uparrow$—$s^\uparrow$ 散射. 对少数自旋 (自旋向下)s 带, 还会出现附加的 $s^\downarrow$—$d^\downarrow$ 散射. 如果考虑 SOI, 由于 $\boldsymbol{L}\cdot\boldsymbol{S}$ 中 $L^+S^- + L^-S^+$ 混合项的作用, 会使电子自旋反向, 致使一部分多数自旋电子 ($d^\uparrow$) 混入少数自旋带 ($d^\downarrow$). 结果会导致

$s\uparrow$ 电子散射进入费米面 $d\downarrow$ 能带的 $d\uparrow$ 部分, 出现 $s\uparrow$—$d\uparrow$ 散射. 而且这种 $d\uparrow$—$d\downarrow$ 的混合不是各向同性的, 因为由于 SOI, 磁化强度有一个择优方向是各向异性的, 结果导致了电阻率的各向异性. Compbell 给出的电阻率如下:

$$\rho_{sd}^{\uparrow}(\perp) = \frac{3}{2}\varepsilon^2 \rho' \tag{2.27}$$

$$\rho_{sd}^{\uparrow}(//) = \frac{3}{4}\varepsilon^2 \rho' \tag{2.28}$$

$$\rho_{sd}^{\downarrow}(\perp) = \left(1 - \frac{3}{2}\varepsilon^2\right)\rho' \tag{2.29}$$

$$\rho_{sd}^{\downarrow}(//) = \left(1 - \frac{3}{4}\varepsilon^2\right)\rho' \tag{2.30}$$

其中, ρ' 为未考虑 SOI 时的电阻率, // 和 $\perp$ 分别表示与磁化强度方向平行和垂直, ε 为一常数.

Compbell 的计算虽然过于简化, 却指出了 AMR 机制的核心, 就是由于 SOI, 两个平行通道中 $\rho\downarrow$ 有一部分被转到了 $\rho\uparrow$, 从而出现了 $s\uparrow$—$d\uparrow$ 散射, 使电阻率增加. 结合二流体模型, 图 2.13 给出 $\boldsymbol{L}\cdot\boldsymbol{S}$(SOI) 为零或不为零时的等效电路. 从图 2.13 中可看出, 当 $\boldsymbol{L}\cdot\boldsymbol{S} \neq 0$ 时, $\rho\uparrow$ 通道增加了 $\rho_{sd}^{\uparrow}$ 散射. 而 Smit 指出, $\rho_{sd}^{\uparrow}$ 少量增加对净电阻率有显著影响. 所以, $\rho_{sd}^{\uparrow}$ 的增加使得电阻率变大. 从式中可看出, 平行于磁化强度方向时的电阻率比垂直于磁化强度方向的电阻率约大 2 倍.

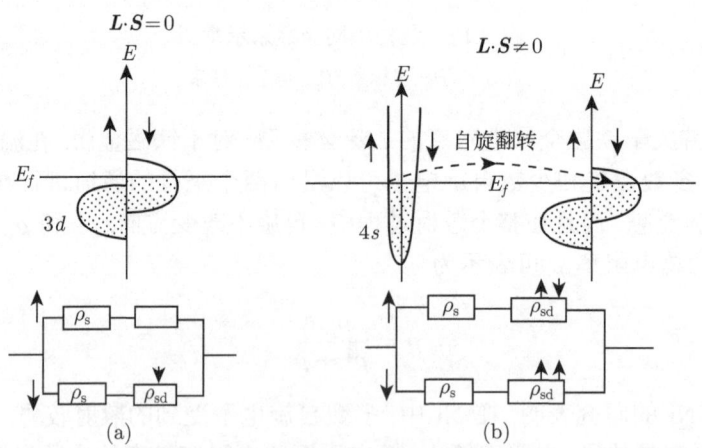

图 2.13 SOI 对自旋电子散射的影响

(a) 不考虑 SOI 时的态密度, 等效电路中缺少 $\rho_{sd}^{\uparrow}$; (b) SOI 不为零时, $s\uparrow \to d\uparrow$ 散射过程可以发生, 等效电路出现 $\rho_{sd}^{\uparrow}$ 项, 增加了多数自旋通道中的电阻率

忽略 $\rho\downarrow$ 中的 $s\downarrow$—$s\downarrow$ 散射, 假定 SOI 不影响磁子散射. 由此可得 $\Delta\rho/\rho$ 为

2.3 各向异性磁电阻传感器原理

$$\frac{\Delta \rho}{\rho} = \frac{(\rho_{//} - \rho_\perp)}{\rho_\perp} = \frac{\gamma(\rho^\downarrow - \rho^\uparrow)}{\rho^\downarrow \rho^\uparrow + \rho^{\uparrow\downarrow}(\rho^\uparrow + \rho^\downarrow)} \tag{2.31}$$

$$\frac{\Delta \rho}{\rho} = (\alpha - 1)\gamma \tag{2.32}$$

γ 为一个常数, $\alpha = \rho^\downarrow/\rho^\uparrow$.

上述模型已非常接近 Ni 基合金的实验结果, 但由于过于简化, 还不能完全定量描述实验数据. 尽管如此, 它表明在铁磁金属基及合金中, AMR 效应和基于 SOI 的自旋相关散射有着非常重要的关系. 而且由于自旋向上 (多数自旋) 的 $\rho^\uparrow$ 和自旋向下 (少数自旋) 的 $\rho^\downarrow$ 不等, 所以自旋向上的电子的平均自由程 ($\lambda^\uparrow$) 与自旋向下的电子的平均自由程 ($\lambda^\downarrow$) 也不一样. Gumey 等人的研究结果表明: 对 Co, $\lambda^\uparrow$=55Å, $\lambda^\downarrow$=6Å; 对坡莫合金, $\lambda^\uparrow$=46Å, $\lambda^\downarrow$=6Å.

2.3.3 各向异性磁电阻传感器的工作原理及转移特性曲线

前面已提到 AMR 效应来自于各向异性的散射, 而各向异性的散射被认为主要来源于自旋–轨道耦合和低对称的势散射中心. 前者降低了电子波函数的对称性, 使电子的自旋与轨道运动相关联. 这样当电流沿磁化方向流动时, 电阻率 ($\rho_{//}$) 具有最大值, 而电流沿磁化方向的垂直方向流动时, 电阻率 ($\rho_\perp$) 具有最小值. 下面讨论当磁化方向与电流成任意夹角 θ(图 2.14) 时, 电阻率如何变化[31].

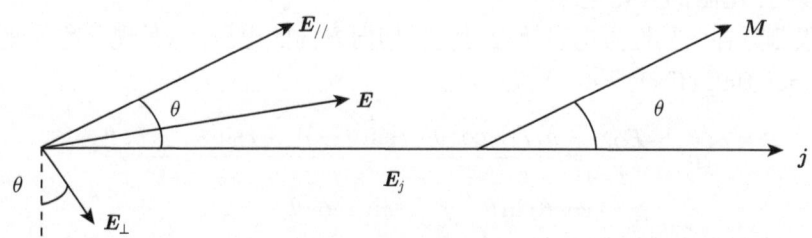

图 2.14 磁化方向与电流之间的夹角为 θ 时的计算示意图

将沿电流方向的电场 E_j 分解为沿磁化方向的分量 $E_{//}$ 与垂直磁化方向的分量 $E_\perp$, 则根据欧姆定律有

$$\begin{aligned} E_\perp &= \rho_\perp \cdot j_\perp \\ E_{//} &= \rho_{//} \cdot j_{//} \end{aligned} \tag{2.33}$$

式中有

$$\begin{aligned} j_\perp &= j \sin\theta \\ j_{//} &= j \cos\theta \end{aligned} \tag{2.34}$$

这样，沿电流方向的电阻率则为

$$
\begin{aligned}
\rho_j &= \frac{\boldsymbol{E}_j}{\boldsymbol{j}} \\
&= \frac{\boldsymbol{E}_j \cdot \boldsymbol{j}}{j^2} \\
&= \frac{(\boldsymbol{E}_{//} + \boldsymbol{E}_\perp) \cdot \boldsymbol{j}}{j^2} \\
&= \frac{(\rho_{//} \cdot j \cdot \cos\theta) \cdot \cos\theta \cdot j + (\rho_\perp \cdot j \cdot \sin\theta) \cdot \sin\theta \cdot j}{j^2} \\
&= \rho_{//} \cos^2\theta + \rho_\perp \sin^2\theta \\
&= \rho_\perp + (\rho_{//} - \rho_\perp) \cos^2\theta
\end{aligned} \tag{2.35}
$$

式 (2.35) 亦可写为

$$\rho_j = \rho_{//} - (\rho_{//} - \rho_\perp) \sin^2\theta \tag{2.36}$$

令 $\Delta\rho = \rho_{//} - \rho_\perp$，则可得材料沿电流方向的电阻相对变化率为

$$\frac{\Delta R(H)}{R} = -\frac{\Delta\rho}{\rho} \sin^2\theta \tag{2.37}$$

这里，R 是在外磁场 $H = 0$ 时测得的电阻值，而 $\Delta R(H) = R(H) - R$ 是在外加磁场不为零时，电阻的变化量。

如果测量各向异性磁电阻效应时测得切向方向的电压，这种现象称为平面霍尔效应(planar Hall effect)[32]。

$$
\begin{aligned}
\rho_H &= \frac{\boldsymbol{E}_H}{\boldsymbol{j}} = \frac{\rho_{//} \cdot j\cos\theta \cdot j\sin\theta - \rho_\perp \cdot j\sin\theta \cdot j\cos\theta}{j^2} \\
&= \rho_{//} \cdot \cos\theta\sin\theta - \rho_\perp \cdot \sin\theta\cos\theta \\
&= (\rho_{//} - \rho_\perp) \cdot \cos\theta\sin\theta \\
&= \Delta\rho_{\max} \cdot \frac{\sin 2\theta}{2}
\end{aligned} \tag{2.38}
$$

刚才已经得到磁性薄膜各向异性磁电阻效应最基本的表达式 (2.35) 或式 (2.37)。对传感器的应用来说，最重要的是 $\Delta R/R = f(H)$。要得到磁电阻与外磁场的关系，关键在于求出给定磁场情况下，磁化强度与电流方向之间的夹角 θ。

对各向异性磁性薄膜，在没有外磁场的情况下，薄膜的磁化矢量 M 沿各向异性轴方向，即易轴方向。图 2.15 所示为各向异性传感器单元的原理图。图中假设薄膜磁化均匀且磁化过程仅有一致转动，ε 是传感器的电流方向与薄膜易磁化轴间的夹角，φ 是磁化矢量方向与各向异性轴间的夹角，θ 是电流与磁化矢量之间的夹角。

2.3 各向异性磁电阻传感器原理

磁化矢量的方向可通过最小化系统自由能表达式得到，系统的能量为

$$E = -\mu_0 \boldsymbol{M} \cdot \boldsymbol{H} + K_u \sin^2 \varphi \tag{2.39}$$

这里 K_u 是各向异性常数. 式 (2.39) 的第一项表示静磁能, 第二项表示各向异性能, 对图 2.15 所示情形, 由于有

$$H_k = \frac{2K_u}{\mu_0 M_s} \tag{2.40}$$

式 (2.39) 可展开为

$$E = -\mu_0 M_s H_x \sin \varphi - \mu_0 M_s H_y \cos \varphi + \frac{1}{2} \mu_0 M_s H_k \sin^2 \varphi \tag{2.41}$$

以 φ 为变量, 对式 (2.41) 求能量极小值, 有

$$\frac{\partial E}{\partial \varphi} = -\mu_0 M_s H_x \cos \varphi + \mu_0 M_s H_y \sin \varphi + \mu_0 M_s H_k \sin \varphi \cos \varphi = 0 \tag{2.42}$$

由上式则有

$$\sin \varphi = \frac{H_x}{H_k + H_y} \tag{2.43}$$

考虑到式 (2.35) 和式 (2.37), 在磁阻条中, 当电流的方向与易轴方向一致时, 有

$$\frac{\Delta R_x}{R_x} = \frac{\Delta \rho}{\rho} \frac{1}{(H_y + H_k)^2} H_x^2 \tag{2.44}$$

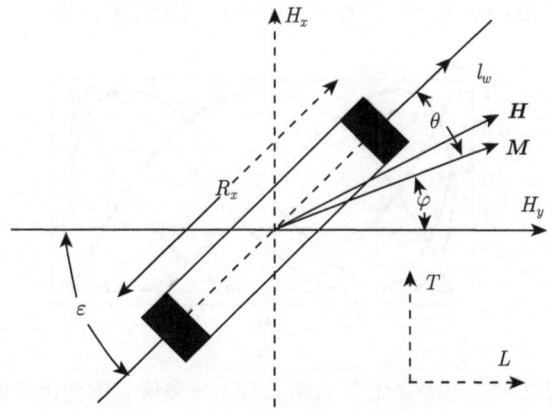

图 2.15 AMR 传感器单元的原理图

图 2.16 示出了这时的磁电阻传感器的转移特性曲线. 图 2.16 中 a 对应 $H_y=0$, b 对应 $H_y = 0.5H_k$, c 对应 $H_y = H_k$ 的情形, 虚线为实验结果, 实线为理论计算结果. 从图 2.16 中可以看出, 这种磁阻条制成的传感器的输出是非线性的, 且关于 y 轴对称.

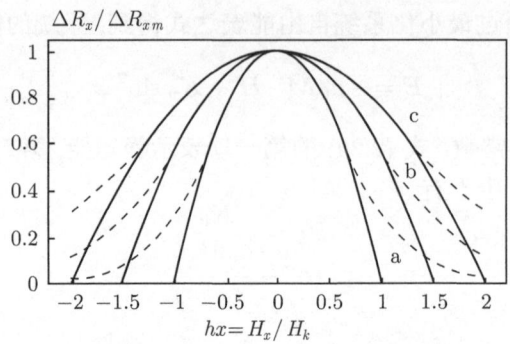

图 2.16　易轴与电流方向一致时磁阻条的转移特性曲线

因为

$$\theta = \varepsilon - \varphi \tag{2.45}$$

由式 (2.36) 和三角函数关系可以得到

$$\frac{\Delta R_x}{R_x} = \frac{\Delta \rho}{\rho}\left[\cos^2\varepsilon - \cos 2\varepsilon\left(1 - \frac{H_x^2}{(H_y+H_k)^2}\right)\right. \\ \left. + \sin 2\varepsilon \frac{H_x}{H_y+H_k}\sqrt{1-\left(\frac{H_x}{H_y+H_k}\right)^2}\right] \tag{2.46}$$

图 2.17 示出了电阻变化率 $\Delta R/R$ 与倾角 ε 的变化关系.

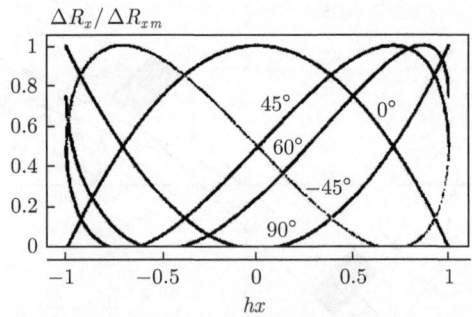

图 2.17　电阻变化率 $\Delta R_x/R_{xm}$ 与夹角 ε 的变化关系

从图 2.17 可以看出, 当 $\varepsilon=\pm 45°$ 时, $\Delta R_x/R_{xm}$ 随外磁场变化的线性范围最宽, 这也是 AMR 传感器最常采用的结构, 稍后将详细介绍. 当 $\varepsilon=\pm 45°$ 时, 式 (2.46) 可简化为

$$\frac{\Delta R_x}{R_{xm}} = \frac{\Delta \rho}{\rho}\left[\frac{1}{2} \pm \frac{H_x}{H_y+H_k}\sqrt{1-\left(\frac{H_x}{H_y+H_k}\right)^2}\right] \tag{2.47}$$

2.3 各向异性磁电阻传感器原理

如果测量磁场较小 $(H_x < 0.5H_k)$, 则有

$$\frac{\Delta R_x}{R_{xm}} \approx \frac{\Delta \rho}{\rho}\left(\frac{1}{2} \pm \frac{H_x}{H_y + H_k}\right) \tag{2.48}$$

如果用 4 个这样的传感器单元连成惠斯通桥式差分形式, 如图 2.18 所示, 并设供给电压为 U_0, 则输出电压为

$$U_{\text{out}} = U_0 \frac{\Delta \rho}{\rho} \frac{H_x}{H_k + H_y}\sqrt{1 - \left(\frac{H_x}{H_k + H_y}\right)^2} \tag{2.49}$$

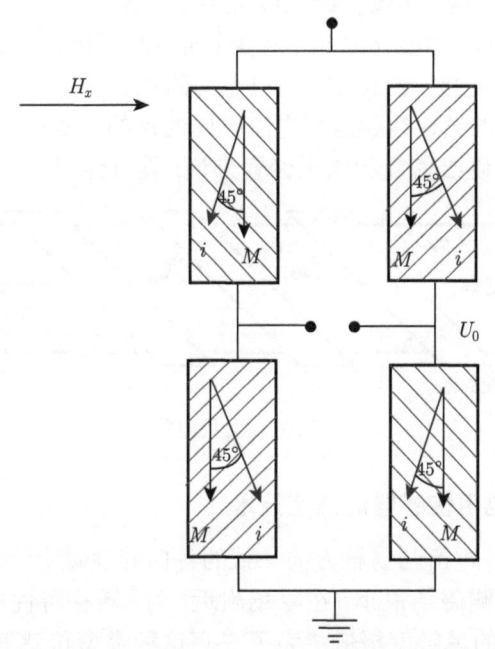

图 2.18 AMR 惠斯通电桥

采用惠斯通桥式电路有两个好处: 一是与单个 AMR 传感器单元相比, 其灵敏度提高了一倍; 二是不管需要探测的磁场如何变化, 桥式电路的每臂支路上的总电阻为常数, 这就保证了整个桥式电路的电阻为常数, 这样就有助于稳定通过敏感磁性层的电流, 从而获得更好的线性响应特性.

当满足 $H_k \gg H_y$ 和 $H_k \gg H_x$ 时, 式 (2.49) 可以简化成

$$U_{\text{out}} \approx U_0 \frac{\Delta \rho}{\rho} \frac{H_y}{H_k + H_y} \tag{2.50}$$

如果这时待测磁场的垂直分量 H_y 很小, 则 AMR 桥式结构传感器成为线性传

感器, 即有

$$U_{\text{out}} \approx \frac{\Delta \rho}{\rho} U_0 \frac{H_x}{H_k} \quad (2.51)$$

在实际制备 AMR 过程中, 一般利用电流或磁场偏置, 使薄膜磁阻条的磁化方向 (或易轴方向) 和电流方向在无外加磁场时成 $\varepsilon = \pm 45°$ 夹角, 来提高传感器在微弱磁场下的灵敏度、扩大传感器的线性工作范围. 最常用的是采用巴贝(Barber) 电极结构, 如图 2.19 所示. 它的制备过程是这样的: 先制备磁阻条, 然后在磁阻条上制备与磁阻条长轴成 45° 的电极, 电极的材料要选用电阻率远低于磁阻条电阻率的材料. 对坡莫合金磁阻条来说, 电极一般选用铝或者铜. 一般说来, 所有的磁阻单元, 都采用了长条形结构, 其长度比宽度大得多, 这样有利于形状各向异性诱导易磁化轴在长条方向取向, 即磁化方向平行于长轴 (易磁化轴) 方向. 由于采用了与长轴方向呈 45° 的短路电极, 磁阻条中的电流与磁化强度方向之间就成了 45°. 巴贝电极是通过改变电极的结构达到改变电流方向的目的, 它相对于改变磁阻材料内部的磁化方向为目的的硬磁偏置和软磁偏置来说, 具有体积小、耗能少等优点.

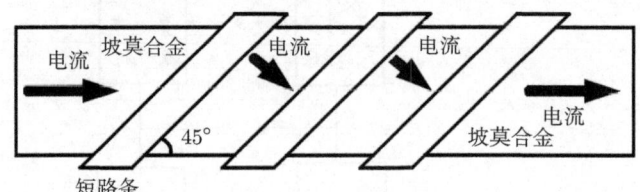

图 2.19 巴贝电极

2.3.4 各向异性磁电阻传感器的偏置技术

在上一节中提到, 电流与易轴方向一致的各向异性磁电阻传感器的转移特性曲线是非线性的. 当待测磁场很小 (在零场附近) 时, 转移特性曲线的斜率也接近于零, 说明此时传感器的灵敏度极低. 为了提高这种类型传感器的线性度和灵敏度, 需要通过在敏感轴方向 (垂直于磁阻条各向易轴的方向) 加一偏置场来移动工作点, 如图 2.20 所示. 通常将转移特性曲线的拐点作为最佳工作点.

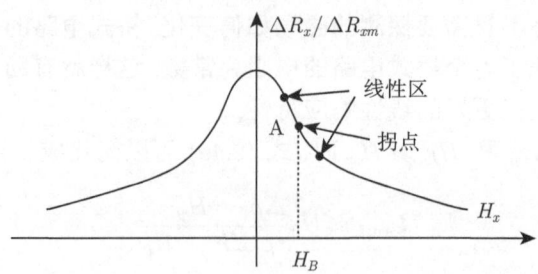

图 2.20 通过偏置提高 AMR 传感器的线性度

2.3 各向异性磁电阻传感器原理

最理想的偏置场 H_B 可以粗略的表示为各向异性场 (即各向异性场 H_k 与退磁场 H_d 的和) 的一半:

$$H_B \approx \frac{1}{2}(H_k + H_d) = \frac{1}{2}\left(H_k + \frac{t}{w}M_s\right) \tag{2.52}$$

在实际应用这种传感器时, 往往是成对组成差分偏置形式使用, 即对两个传感器使用相反方向的偏置, 如图 2.21 所示. 在这种成对差分偏置的传感器中, 各组成传感器的电阻变化率为

$$\frac{\Delta R_x}{R_{xm}} = \frac{\Delta \rho}{\rho}\frac{(H_x \pm H_B)^2}{H_k^2} \tag{2.53}$$

这样, 两个传感器的总体输出电压则为

$$U_{\text{out}} = K\left(\frac{\Delta R_{x1}}{R_{xm}} - \frac{\Delta R_{x2}}{R_{xm}}\right) = K\frac{2\Delta\rho}{\rho}\frac{H_B}{H_k^2}H_x \tag{2.54}$$

所以采用差分偏置形式, 可以大大提高传感器的线性度. 而且还可以抑制温漂和输出波形的畸变.

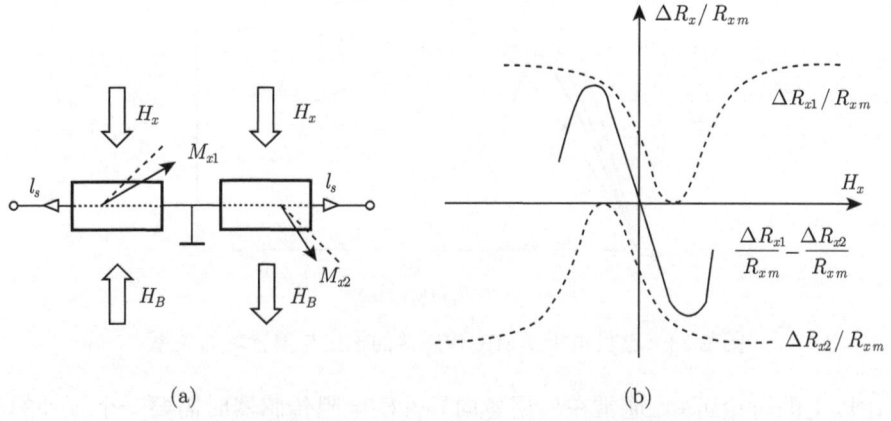

图 2.21 差分偏置的 AMR 传感器 (a) 及转移特性曲线 (b)

由于磁阻条的磁化状态有两个稳定状态. 如果传感器在使用过程中, 可能会遇到偶然因素产生的强磁场, 使得磁化状态从一个稳定位置翻转到另一个稳定位置 (比如, 从 $+x$ 方向到 $-x$ 方向). 这样会导致磁电阻传感器的转移特性曲线反向, 如图 2.22 所示. 为了防止这种现象的发生, 往往会在磁阻条的易轴方向加一偏磁场, 以稳定其磁化状态. 当然, 这种稳定偏磁场会使传感器的灵敏度降低, 如图 2.23 所示.

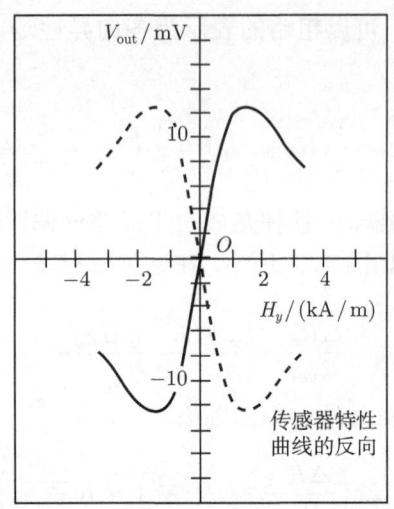

图 2.22 AMR 传感器输出特性曲线的反向

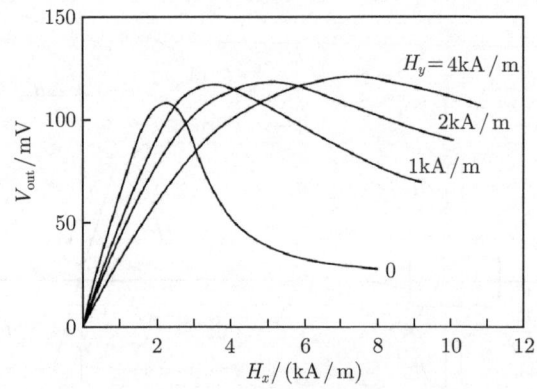

图 2.23 巴贝电极 AMR 传感器的输出与偏置场的关系

由以上的讨论可知, 通常在使用各向异性磁电阻传感器时需要一个额外的磁场对其进行偏置, 偏置的目的在于: ① 对于电流方向与易轴方向一致的传感器, 垂直于易轴加偏置场有助于提高传感器的线性; ② 平行于易轴的偏置场则用于提高传感器的稳定性. 当然, 偏置场还可以消除温漂, 提高传感器的信噪比. 下面介绍一些常用偏置技术[33,34].

1. 永磁偏置法

最简单的方法是将永磁铁放置在传感器附近, 图 2.24 列举了两个例子. 在图 2.24(a) 中, 永磁铁被安装在飞利浦 KM110B 传感器封装的背面, 以提供 3.6kA/m 的辅助场. 在图 2.24(b) 中, 偏置永磁铁与螺杆相连, 则可以通过永磁铁的移动改变

2.3 各向异性磁电阻传感器原理

传感器的灵敏度.

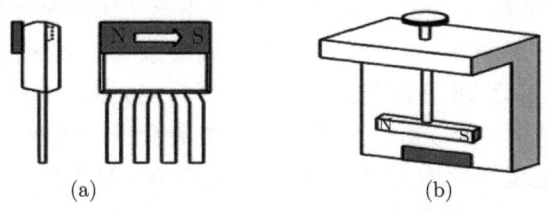

图 2.24 使用外部永磁偏置系统 MR 传感器的两个例子

(a) 飞利浦 KM110B 传感器使用实例; (b) 由螺钉控制移动的磁铁

只有传感器的尺寸不受限制时使用永磁体才有可能. 在大多数应用中, 传感器的尺寸必须要小. 此外, 不推荐使用大尺寸磁铁的原因还有会破坏被测磁场. 因此块状永磁体被永磁薄膜代替, 如图 2.25 所示. 永磁薄膜可被沉积在磁阻薄膜的附近. 在永磁薄膜与磁阻薄膜之间用薄的绝缘膜分离.

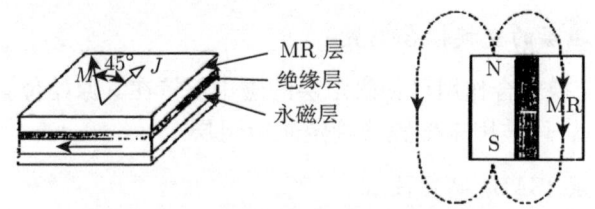

图 2.25 使用永磁层偏置膜的方法

永磁薄膜层常采用钴基永磁合金, 如 CoCr、SmCo、CoIr、CoNiCr、CoZrMo 或 CoPt 等, 该法的缺点是永磁层的磁畴较难控制, 会产生巴克豪森噪声.

2. 电流导体层偏置法

永磁薄膜层偏置的传感器很难大规模制造, 并且沉积之后其偏置磁场不能改变. 磁场可以由一个电磁系统产生, 即通电导体产生的磁场, 图 2.26 展示了各种电流导体层偏置法. 偏磁场可以通过螺线管线圈或者平面线圈产生 (图 2.26(a),(b)). 偏磁场也可以通过让电流流过沉积在磁阻薄膜表面 (该表面上有绝缘层) 的非磁性导体层产生, 由绝缘层隔开, 称为绝缘分流偏置传感器 (图 2.26(c)). 偏磁场甚至可以通过将导电层直接沉积在磁阻膜上实现, 称为分流偏置传感器 (图 2.26(d)).

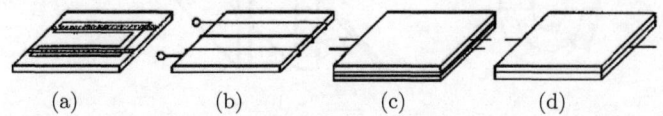

图 2.26 电流导体层偏置的各种方法

(a) 平面线圈; (b) 缠绕线圈; (c) 绝缘分流偏置传感器; (d) 分流偏置传感器

分流偏置对技术的要求较小. 分流层的的材料要有较大的电阻率以便对磁阻薄膜有最小化分流效应 (shunting effect), 从而不至于因为分流效应减小传感器的灵敏度. 在考虑过各种材料之后, 钛成为分流偏置系统的制备材料. 钛的电阻率大概是 $\rho_2 = 0.75~\mu\Omega\cdot m$, 而坡莫合金的大概是 $\rho_1 = 0.25~\mu\Omega\cdot m$. 坡莫合金层的厚度是 $t_1 = 30~nm$, 钛的是 $t_2 = 100~nm$, 几乎 50% 的电流会流过偏置电阻层. 由于分流层的存在, 传感器的能量消耗增大, 这导致磁电阻率 δR 减小到

$$\delta R' = (1+\delta R)\frac{\rho_1 t_2 + \rho_2 t_1}{\rho_1 t_2 + \rho_2 t_1 + \rho_1 t_2 \delta R} - 1 \tag{2.55}$$

传感器经过分流偏置后, 一个典型的值为 2% 的磁阻率将减小到 0.9%. 分流偏置系统另一个不足之处是它的制备并不如预期的那样简单. 坡莫合金与偏置层直接发生反应, 产生一个具有更低磁阻率和更大矫顽力的中间区域, 因此在偏置层和磁阻层之间通常要介入一块绝缘膜. 使用绝缘层隔离开的偏置层有可能实现在传感器电流之外独立地控制偏置电流.

3. 利用反铁磁层的交换耦合偏置

反铁磁层的交换耦合作用可使磁阻层的磁矩保持在其原始位置上, 这种耦合作用与永磁偏置相似, 可被用来偏置或稳定磁电阻层.

4. 软磁邻近层 (SAL) 偏置技术

其结构与永磁层偏置法相同, 只是将永磁层变为软磁层. 其工作原理是通过磁电阻元件层的传感电流在周围形成的磁场作用于软磁邻近层, 当电流达到某一值后, 软磁邻近层被饱和磁化并与磁电阻元件层产生静磁耦合, 从而在磁电阻元件层上施加一横向偏置磁场. 这种方法的特点是产生的横向偏置磁场较大, 同时饱和的软磁邻近层处于单畴状态, 因此抑制了巴克豪森噪声, 如图 2.27 所示.

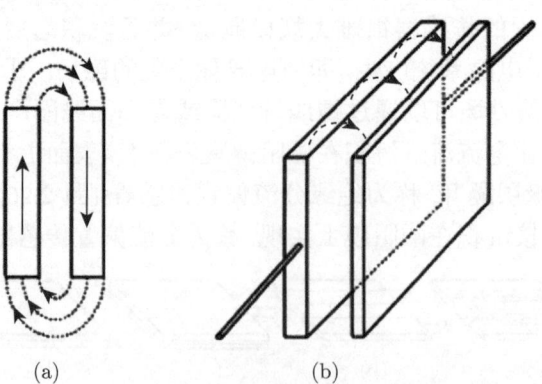

图 2.27 软磁邻近层偏置技术

(a) 关于这种技术的想法来源; (b) SAL 系统的设计

2.3 各向异性磁电阻传感器原理

偏置磁场 H_B 两个层的厚度 t_1 和 t_2 有关,

$$H_B = \frac{1}{w}(M_2 t_2 - M_1 t_1) \tag{2.56}$$

式中, M_1, M_2 是磁化强度的垂直分量.

一般来说, 偏置层的厚度要比磁阻层薄. 当厚度比 t_2/t_1 大约到 0.7 时, 磁阻薄膜中的磁化强度方向会偏转到和各向异性轴成 45°. 由于在这样的条件下软磁邻近层达到饱和, 所以其中的磁场和传感器电流幅值是无关的.

2.3.5 各向异性磁电阻传感器的置位与复位技术

AMR 磁传感器在制造过程中, 通常设定沿薄膜的长度方向为易磁化轴, 磁阻条中的磁畴方向也被统一到此方向. 但是, 当 AMR 传感器在工作时可能会受到大的磁场干扰, 磁阻条中的的磁畴分布会遭到破坏, 磁畴会沿若干方向随机分布 (图 2.28(a)), 从而导致传感器的灵敏度衰减, 甚至磁畴的方向完全反向, 改变传感器输出的极性.

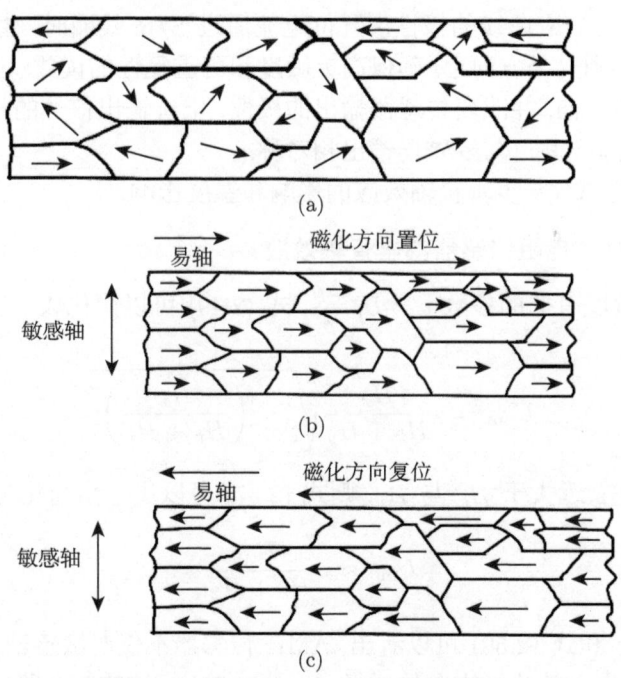

图 2.28 AMR 置位与复位操作

(a) 磁畴随机分布; (b) 置位脉冲后的磁矩定向分布; (c) 复位脉冲后磁矩定向分布

针对这样的扰动磁场, 为了恢复或保持传感器的特性, 必须施加一个短暂的、强的恢复磁场, 因此在 AMR 传感器的硅金属膜上沉积了一个线圈. 这是一个穿越元件有源区域的平面线圈或金属带,只要带中有电流通过,就会产生相应的磁场.这种做法称作施加置位/复位脉冲.这可以通过置位/复位电流带实现.此电流带也是一个金属螺线圈,但是它用于在传感器元件的易磁化轴方向产生磁场.当磁阻传感器暴露于干扰磁场中时,磁阻条中的用脉冲电流(其峰值电流高于最低要求)通过置位/复位电流条将生成一个强磁场,此磁场可以重新将磁畴的方向统一到一个方向上,如图 2.28(b) 所示,这样将确保传感器的高灵敏度和可重复的读数;反向脉冲(复位)可以将磁阻条中的磁畴方向转向相反的方向,从而改变传感器输出的极性,如图 2.28(c) 所示.

综上所述,置位/复位 (S/R) 线圈的高电流,可达到如下目的[35].

(1) 强迫传感器以高灵敏度模式工作.多数弱磁场传感器受到强磁场干扰的影响都会导致输出信号的衰减.S/R 线圈的目的就是把磁阻传感器恢复到测量磁场的高灵敏度状态,通过在 S/R 线圈上的两个端子之间施加大的电流脉动来实现.由于 S/R 线圈在垂直轴或不敏感的方向磁耦合到磁阻传感器上,所以它与偏置线圈不同.一旦磁阻传感器被置位(或复位),可实现低噪声和高灵敏度的磁场测量.

(2) 翻转输出响应曲线的极性.置位电流通过 S/R 线圈时,生成一个强磁场,分散的磁畴统一到一个方向上,确保高灵敏度和可重复性的读数.复位脉冲以相反的方向旋转磁畴方向,并改变传感器输出的极性.电桥输出信号的极性取决于此内部薄膜的磁化方向,并且与零磁场输出相对称.

(3) 提高线性度,减少垂直轴效应的影响和温度影响.

2.3.6 各向异性磁电阻传感器的垂直轴效应

引入与灵敏度有关的参数 $a = U_0 \dfrac{\Delta \rho}{\rho}$,式 (2.49) 可以简化成

$$U_{\text{out}} = a \frac{H_x}{H_k + H_y} \sqrt{1 - \left(\frac{H_x}{H_k + H_y}\right)^2} \tag{2.57}$$

如果各向异性 H_k 远大于 H_x 与 H_y,则式 (2.57) 可以进一步简化为

$$U_{\text{out}} \approx a \frac{H_x}{H_k + H_x} \tag{2.58}$$

从式 (2.57) 和式 (2.58) 可以看出,AMR 传感器不仅对敏感轴方向的磁场 H_x 敏感,而且对垂直于敏感轴方向的磁场 H_y 也有响应,该响应会降低传感器的灵敏度,并且会给磁场测量结果带来误差.通常把这种由于垂直于敏感轴方向磁场带来的测量误差叫做垂直轴效应(cross-axis effect)[36,37].

垂直轴效应主要来源于 AMR 传感单元设计的尺寸特性.图 2.29 分别示出了在不同情况下垂直轴效应对测量的影响.图 2.29(a) 是在 H_k=8Gs 时,H_y 大小对测

量误差的影响; 图 2.29(b) 是在 $H_y=2\text{Gs}$ 时, H_k 大小对测量误差的影响. 由图可见, 垂直于敏感轴的磁场越大, 各向异性 H_k 越小, 带来的测量误差越大.

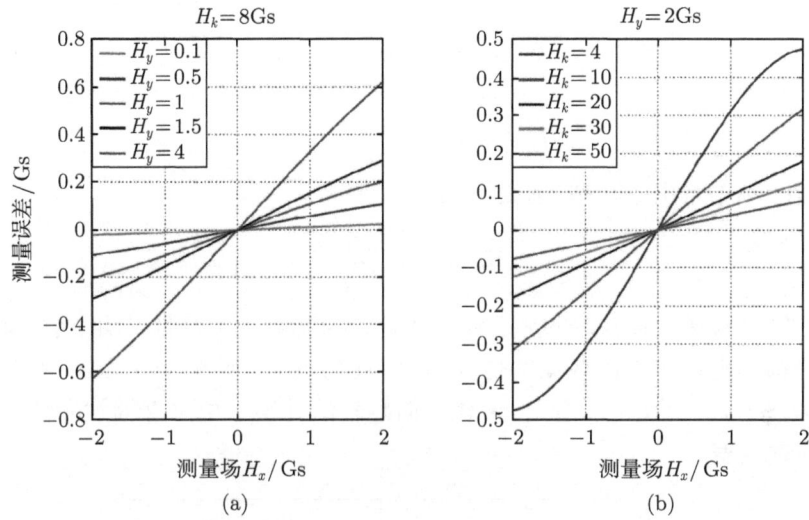

图 2.29　垂直轴效应引起的测量误差

(a) H_k 为定值; (b) H_y 为定值

在设计传感器时, 可以通过增大各向异性 H_k, 减小垂直轴效应的影响. 需要指出的是, 由于磁传感器的磁阻条都是有限尺寸, 式 (2.57) 中的各向异性 H_k 包括形状各向异性和材料本征的各向异性 H_{k0}, 即

$$H_k = \left(\frac{t}{w} - \frac{t}{l}\right) M + H_{k0} \tag{2.59}$$

式 (2.59) 中的第一项就是由形状带来的各向异性, 其中, w、l 和 t 分别是磁阻条的宽度、长度和厚度, M 是磁阻条材料的磁化强度. 由此可见, 可以通过改变磁阻条的形状来调整各向异性. 但是从图 2.29(b) 以及式 (2.57) 可以看出, 增加 H_k 会引起传感器灵敏度的减小, 这在传感器的使用过程中, 往往是不希望的. 更好的办法是通过磁化方向翻转 (flipping) 法减小垂直轴效应.

磁化方向翻转法或置位/复位 (SET/RESET) 法是提高 AMR 传感器的性能的有效方法. 当经过磁化方向翻转过程或置位/复位 (SET/RESET) 完成后, 传感器的输出信号 U_{outSR} 是与 U_{SET} 和 U_{RESET} 对应的两个磁状态下传感器输出的平均值, 即

$$U_{\text{outSR}} = \frac{U_{\text{SET}} - U_{\text{RESET}}}{2} \tag{2.60}$$

从式 (2.58) 中输出信号 U_{outSR} 又可以用 SET 和 RESET 两状态下的各向异性 H_k 和 $-H_k$ 表示,

$$U_{\text{outSR}} = \frac{aH_x}{2}\left[\left(\frac{1}{H_y+H_k}\right)-\left(\frac{1}{H_y-H_k}\right)\right]$$
$$= \frac{aH_kH_x}{H_k^2-H_y^2} \tag{2.61}$$

由式 (2.61) 不难得出, 当 H_k 远大于 H_y 时, 有

$$U_{\text{outSR}} \approx \frac{aH_x}{H_k} \tag{2.62}$$

显然经过磁化方向翻转过程, 垂直轴效应的影响大大降低. 图 2.30 为磁化方向翻转法抑制垂直轴效应效果的仿真结果. 在仿真时, 假设 H_k=8Gs, 敏感轴方向的磁场 H_x=1Gs. 由此可以看出, 磁化方向翻转法补偿了由垂直轴效应带来的传感器的非线性误差.

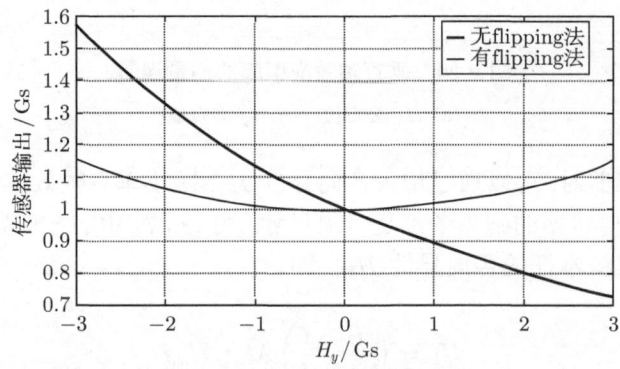

图 2.30 磁化方向翻转法抑制垂直轴效应的效果

垂直轴效应还可以通过数值法补偿, 这里介绍两种数值补偿方法[37].

1. 没有磁化方向翻转过程的数值补偿法

数值补偿的目的是通过消除式 (2.57) 的系数 a 来补偿垂直轴效应带来的误差. 为了简化起见, 先设

$$\Gamma = \frac{H_x}{H_k+H_y} \tag{2.63}$$

则式 (2.57) 可以改写为

$$U_{\text{out}} = a\Gamma\sqrt{1-\Gamma^2} \tag{2.64}$$

进一步有

$$U_{\text{out}} = a\Gamma\sqrt{1-\Gamma^4}/\sqrt{1+\Gamma^2} \tag{2.65}$$

一般情况下，有如下近似:

$$\sqrt{1-\Gamma^4} \approx 1 \tag{2.66}$$

利用该近似，则式 (2.66) 为

$$U_{\text{out}}^2 = \frac{a^2 H_x^2}{(H_k+H_y)^2 + H_x^2} \tag{2.67}$$

在上式中，对给定传感器，a 和 H_k 都是常数. 假设理想的传感器没有垂直轴误差，则理想传感器的输出信号与垂直方向的磁场 H_y 无关，对理想传感器，其输出为

$$U_{\text{out-ideal}}^2 = \frac{a^2 H_x^2}{H_k^2 + H_x^2} \tag{2.68}$$

用式 (2.68) 除以式 (2.67)，则可消除 a，得到

$$U_{\text{out-ideal}} = \sqrt{\frac{U_{\text{out}}^2((H_k+H_y)^2 + H_x^2)}{H_k^2 + H_x^2}} \tag{2.69}$$

2. 经过磁化方向翻转过程后的数值补偿法

当磁化方向翻转或置位/复位 (SET/RESET) 完成后，传感器的输出信号 U_{outSR} 是与 U_{SET} 和 U_{RESET} 对应的两个磁状态下传感器输出的平均值，即式 (2.60). 从式 (2.58) 中输出信号 U_{outSR} 又可以用 SET 和 RESET 两状态下的各向异性 H_k 和 $-H_k$ 表示，则有式 (2.61). 像前节那样现假设没有垂直轴效应，传感器的理想线性输出结果应该为

$$U_{\text{outSR-ideal}} = \frac{aH_x}{2}\left[\left(\frac{1}{H_k}\right) + \left(\frac{1}{H_k}\right)\right] \tag{2.70}$$

将式 (2.70) 与式 (2.61) 相除得到补偿表达式

$$U_{\text{outSR-ideal}} = \frac{U_{\text{outSR}}(H_k^2 - H_x^2)}{H_k^2} \tag{2.71}$$

2.4 巨磁电阻传感器原理

2.4.1 巨磁电阻效应的发现

研究表明，铁磁金属的磁有序来源于原子磁矩之间的直接交换作用，而稀土金属中的磁有序则来自于 RKKY 型间接交换作用. 直接交换作用的特征长度为 1~3Å，间接交换作用可以长达 10Å 以上. 20 世纪 70 年代之后，科学家就开始探索人工微结构中的磁性交换作用. 这里有两个人的工作特别值得一提. 一是德国尤利希科研中心的物理科学家彼得·格伦贝格 (Peter Grünberg)，另一个是法国巴黎南大学固体物理实验室物理学家阿尔贝·费尔 (Albert Fert)[38,39]. 彼得·格伦贝

格一直致力于研究铁磁性金属薄膜上表面和界面的磁有序状态. 研究对象是一个三明治结构的薄膜: 两层厚度约 10nm 的铁层之间夹有厚度为 1nm 的铬层. 选择这个材料系统的原因是: 首先, 金属铁和铬都是周期表上相近的元素, 具有类似的电子壳层, 容易实现两者的电子状态匹配. 其次, 金属铁和铬的晶格对称性和晶格常数相同, 它们之间晶格结构也是匹配的. 显然, 这两类匹配非常有利于基本物理过程的探索. 但是, 很长时间以来制成的三明治薄膜都是多晶体, 格伦贝格和很多研究者一样, 并没有特别的发现. 直到 1986 年, 他采用了分子束外延 (MBE) 方法制备了铁–铬–铁三层单晶薄膜, 测试后发现当非铁磁层铬的某个特定厚度 (他们的实验是 8Å), 没有外磁场时, 两边铁磁层磁矩是反平行的, 当外场增加到一定程度后, 两个铁磁层的磁矩又彼此平行. 这个新现象成为随后巨磁电阻效应出现的前提. 既然磁场可以将三明治结构中两个铁磁层磁矩在彼此平行与反平行之间转换, 相应的物理性质会有什么变化呢? 格伦贝格接下来发现: 两个磁矩反平行时对应高电阻状态; 平行时对应低电阻状态. 这个电阻的差别高达 10%, 远比各向异性磁电阻效应大.

同时, 1988 年巴黎南大学固体物理实验室物理学家阿尔贝·费尔的小组将铁、铬薄膜交替制成几十个周期的铁–铬超晶格, 也称为周期性多层膜. 他们发现: 当改变磁场强度时, 超晶格薄膜的电阻下降近一半, 即磁电阻比率达到 50% (4.2K), 如图 2.31 所示. 他们称这个前所未有的电阻巨大变化现象为巨磁电阻 (giant magnetoresistance, GMR) 效应. 显然, 周期性多层膜可以被看成是若干个格伦贝格三明治的重叠, 所以, 德国和法国的两个独立发现实际上是同一个物理现象.

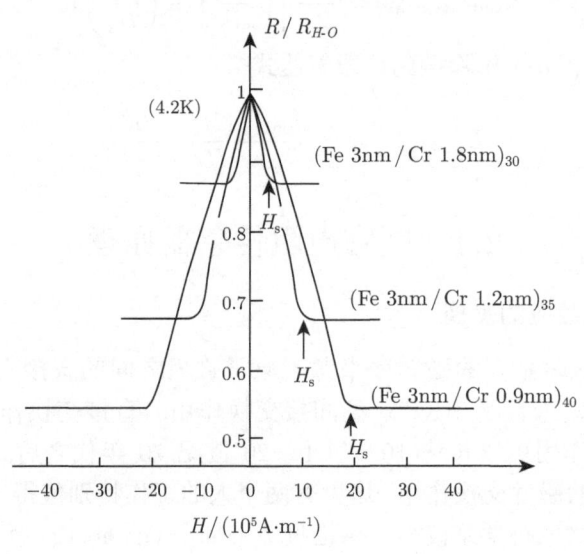

图 2.31　Fe/Cr 多层膜的 GMR(4.2K) 效应

2.4 巨磁电阻传感器原理

费尔和格伦贝格的工作激发了该领域的研究热潮,在随后的几年,世界范围的科学家在过渡金属超晶格和金属多层膜中,找到了 20 种左右具有巨磁电阻效应的不同体系,该效应迅速走向工业化. 1997 年,第一个基于 "巨磁电阻" 效应的数据读出头问世,并很快引发了硬盘的 "大容量、小型化" 革命. 在 GMR 的工业产品化进程中一位在美国工作的英国人起了重要作用,他的名字叫斯图亚特·帕金 (S.S.P. Parkin),他发现应用相对简单的溅射成膜法构造的 GMR 系统依然可以很好地工作,而不必构造完美的纳米膜来应用这种技术. 1997 年第一块 GMR 硬盘问世,之后 GMR 磁头迅速成为硬盘生产的工业标准. 巨磁电阻的发现,打开了一扇通向极具价值的科技领域的大门,其中包括数据存储和磁传感器. 发现巨磁电阻效应不仅为硬盘生产带来了一场革命,而且对这个效应的深入研究导致了一个新的领域 —— 自旋电子学 (spintronics) 的产生,在自旋电子学领域中,原来分开的电子学和磁学重新走到一起,并在纳米尺度的微电子世界中占据主导地位.

巨磁电阻现象是一种量子力学效应,是铁磁层中的自旋极化传导电子的自旋相关散射造成的.

2.4.2 巨磁电阻效应的唯象解释

1. 自旋极化与自旋相关散射[40]

金属是导体,电阻率低,这是因为金属中有足够多的传导电子,它们在金属中可以较自由地流动. 金属中的传导电子来自金属原子的价电子,相邻原子外层的价电子轨道的相互重叠使这些电子不局域于单个原子中,而成为整个金属共有的传导电子. 其运动变为在整个金属中周期性势场中的运动,因而导电性好. 整个金属中的传导电子分布在几乎是连续的能量范围,该范围称为能带. 在能带中电子态的分布并不是均匀的. 在一个微小的能量区间 ΔE 中,电子态的数目 Δn 随能量 E 不同而不同,$\Delta n = N(E)\Delta E$. $N(E)$ 称为能态密度,每个能态中可容纳能量相同而自旋为正、负的两个电子. 在基态,能带中的电子分布在所有的低能态上,电子占据的最高能态称为费米 (Fermi) 面,其能量称为费米能 E_F. 对金属导电有贡献的只是费米面附近的电子,在电场作用下它们可以进入能量较高的能级,获得漂移速度,成为电流. 而能量比费米面低得多的电子,由于附近的状态均已被电子占据,没有空状态,电子没有可能从外电场中获取能量而改变状态,因此对导电没有贡献. 图 2.32(a) 为顺磁金属或铁磁金属处于顺磁状态时的情况,自旋向下 (浅色) 和自旋向上 (深色) 的电子分布状态完全相同. 图 2.32(b) 为居里温度以下铁磁金属的能带示意图. 该图示出了在居里温度以下铁磁金属 $3d$ 能带的交换劈裂. 电子间的交换作用使自旋相互平行的电子比相互反平行的电子的能量低. 在居里温度以下,为了降低总能量,一部分负自旋电子变为正自旋,使能带中正、负自旋的电子数不等,导致了铁磁金属的自发磁化. 该图中用 $3d$ 正、负自旋电子的能带底发生交换劈裂来表示, 而费米面的能量相同. 实际上正、负 $4s$ 自旋电子的能带也发生交换劈裂, 且由于 s-d 交换作用常为负值使 $4s$ 带与 $3d$ 带的劈裂相反, 对自发磁化也有贡献, 但其贡献的数值比较小, 示意于图 2.32(b) 中.

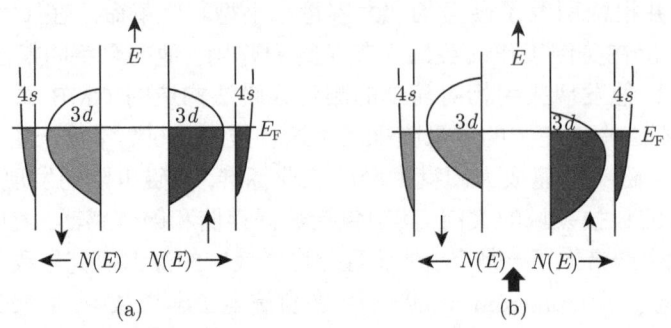

图 2.32 电子能带的态密度示意图

从图 2.32 可以看到铁磁金属中自旋相关导电的原理. 在正常金属和顺磁态金属中, 正负自旋的能带完全相同, 不同自旋的传导电子的导电性能没有区别, 这就是人们熟知的金属和半导体的导电与传导电子的自旋无关的情况. 铁磁状态的金属中正负自旋的能带的交换劈裂使费米面上电子的数目和其中与电阻相关的其他参量如传导电子的有效质量、电子弛豫时间等均可依赖于自旋方向, 从而形成自旋相关散射. 进而自旋向上和向下电子形成不同的电流, 即导电电流是自旋极化的. 其自旋极化率定义为

$$P = \frac{n_\uparrow - n_\downarrow}{n_\uparrow + n_\downarrow} \tag{2.72}$$

式中, $n_\uparrow$、$n_\downarrow$ 分别为自旋向上和向下的载流子数.

2. 磁性超晶格中的层间交换耦合[41,42]

磁性超晶格是通过蒸发、溅射、分子束外延等方法重复交替地沉积铁磁 (FM) 层/非铁磁 (NM) 层所形成的界面清晰的多层膜系统. 在磁性超晶格中, 磁性层和非磁性层的厚度可以从几个 Å 到几百个 Å, 磁性层的材料集中在 Fe、Co、Ni 及它们的合金材料, 而非磁性层材料可以是元素周期表中 $3d$、$4d$、$5d$ 过渡金属和类金属以及它们的化合物.

磁层间的交换耦合大致可以分为三大类: 第一类是铁磁耦合; 第二大类是反铁磁耦合; 第三大类是 90° 型耦合, 即非磁性层两边的磁性层的磁化强度互相形成垂直排列. Unguris 等人采用具有极化分析的扫描电子显微镜 (SEMPA) 观察 "(100)Fe/楔形 Cr/Fe" 三明治结构, 清楚地直接观察到了两铁层之间随着非磁层铬的厚度变化交替地产生铁磁、反铁磁耦合. 磁性多层膜的层间交换耦合 (铁磁耦合与反铁磁耦合) 随非磁层的厚度而周期振荡变化, 在随后的数年中被发现对绝大多

2.4 巨磁电阻传感器原理

数非磁过渡元素差不多是一种普遍现象, 如图 2.33 所示. 交换耦合除了随非磁层的厚度振荡变化以外, 人们最终还发现它随磁性层的厚度甚至随多层膜的保护层的厚度发生振荡变化. 相邻铁磁层之间的反铁磁交换耦合的大小可以非常简单地通过饱和场 H_s 来计算: $J_{AF} = -M_s t_F H_s/2$(三层膜); $J_{AF} = -M_s t_F H_s/4$(多层膜). 这里 M_s 和 t_F 是铁磁层的饱和磁化强度和厚度; 铁磁层之间的铁磁交换耦合可通过巧妙的自旋工程来直接测量. 交换耦合 (包括铁磁和反铁磁) 的大小还可以通过测量铁磁共振 (FMR) 或布里渊光散射 (BLS) 的声学模和光学模来计算.

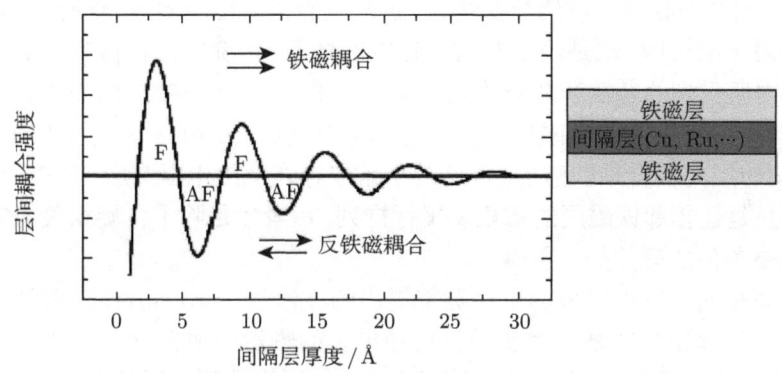

图 2.33 磁性多层膜的层间交换耦合随间隔层的振荡现象

对于磁性多层膜交换耦合周期振荡变化的实验事实, 理论方面曾通过总能计算和模型计算两条途径试图作出说明. 前者直接计算相邻铁磁层的磁矩平行和反平行两种状态下的总能的差别, 从原则上看非常简单又直观, 但由于交换耦合能是个很小的量, 而总能却非常大, 所以数值收敛是个非常严重的问题, 并且计算耗费机时随所取单胞的加大而迅速增多, 所以对长周期振荡问题的处理变得更为困难. 尽管如此, 总能计算对振荡周期的预言还是取得了一定的成功, 只是交换耦合的强度的计算值与实验相差甚远. 为了避开上述总能计算中的困难, 理论工作者发展了多种理论模型将层间交换耦合的本质理解为: 铁磁层使与之接触的非磁层中的传导电子极化, 这些极化电子与另一铁磁层相互作用导致层间交换耦合. 所有这些理论采用了不同的物理模型和不同的简化近似但最终都基本上殊途同归, 解释了层间交换耦合的来源及层间交换耦合的大小随非磁层厚度变化的振荡现象, 比较成功的有: ① 类 RKKY 理论; ② 自由电子模型; ③ 空穴束缚模型, 即带有自旋相关势台阶的紧束缚模型; ④ 安德森 (即 sd 混合) 模型; ⑤ 量子干涉模型. 除振荡现象, 安德森模型和量子干涉模型还对交换耦合的强度和相进行了一定的处理. Bruno 的量子干涉理论将交换耦合归因于布洛赫波在铁磁、非磁界面发生自旋相关的反射而产生的量子干涉, 在这一理论模型的框架下能够比较成功地解释其余各种模型的结果并且预言了交换耦合随铁磁层的厚度以及保护层的厚度同样振荡变化,这些预言随后被实验证实.在磁性多层膜中除了180°的交换耦合之外,近年来,人们发现在有的体系中存在90°的交换耦合.

3. 巨磁电阻效应的二流体模型

磁性多层膜中产生巨磁电阻效应的前提条件之一是采用某种方式使相邻铁磁层的磁矩方向在零场时反平行排列,利用磁性薄膜层间反铁磁耦合可实现该种排布形式,但层间反铁磁交换耦合并不是发生巨磁电阻效应的充分必要条件.例如,在FeNi/Cr 多层膜中存在反铁磁交换耦合,但却没有巨磁电阻效应,仅有 FeNi 的小的各向异性磁电阻效应.这是由于对这一特定的体系,自旋向上和自旋向下的电子在界面和体内所受到的杂质和缺陷的散射大小几乎是完全一样的,因而不存在自旋的非对称散射,故发生不了巨磁电阻效应.又如,在 Co/Au 和 Co/Ag 多层膜中,相邻Co 层之间的层间耦合是铁磁的,但这两个系统存在巨磁电阻效应.其实,反铁磁的层间耦合只是让相邻铁磁层的磁矩反平行排列,后者才是除了自旋相关的非对称散射这一必要条件之后的另一关键.

多层薄膜的巨磁电阻效应可用莫特提出的二流体 (two current) 模型得到唯象解释[43].二流体模型的基本思想是将传导电子的输运分成自旋向上和自旋向下两部分,分别独立地承载电流.从前面的介绍知道,适当选择非磁性层的厚度,由于交换耦合的影响,当没有外加磁场时,相邻的铁磁金属层的磁化方向被调制成反向平行.磁化方向的交替排列使电子散射增大,电子平均自由程减少,最终电阻增大.当施加外加磁场使巨磁电阻饱和时,铁磁层的磁化方向基本上是平行的,自旋方向与磁矩方向一致的电子散射可能性降低,电子平均自由程增加,电阻减小.

图 2.34 是巨磁电阻效应的二流体模型,图中示出了传导电子在不同外加磁场作用下在多层膜样品中的运动情况[44].在图中,画出了两种情形.图 2.34(a) 是外场为零时电子的运动状态.此时,两相邻铁磁层的磁化方向反平行排列,这时多层膜中由图 2.34(a) 可见,两种自旋状态的传导电子都在穿过磁化方向与其自旋方向相同的一个铁磁层后,遇到另一个磁化方向与其自旋方向相反的磁层,并在那里受到强烈的散射作用,也就是说,没有哪种自旋状态的电子可以轻易穿越两个或两个以上的磁层.在宏观上,多层膜处于高电阻状态,这可以用图 2.34(c) 的等效电路图来表示,其中 $R > r$.图 2.34(b) 是外加磁场足够大时,原本反平行排列的铁磁层磁化方向都沿外场方向排列的情况.可以看出,在传导电子中,一半电子可以很容易地穿过多层磁层而只受到很弱的散射作用,而另一半自旋方向相反的电子则在每一磁层都受到强烈的散射作用.也就是说,有一半传导电子存在一低电阻通道.在宏观上,多层膜处于低电阻状态.图 2.34(d) 的等效电路图即表示这种情况.

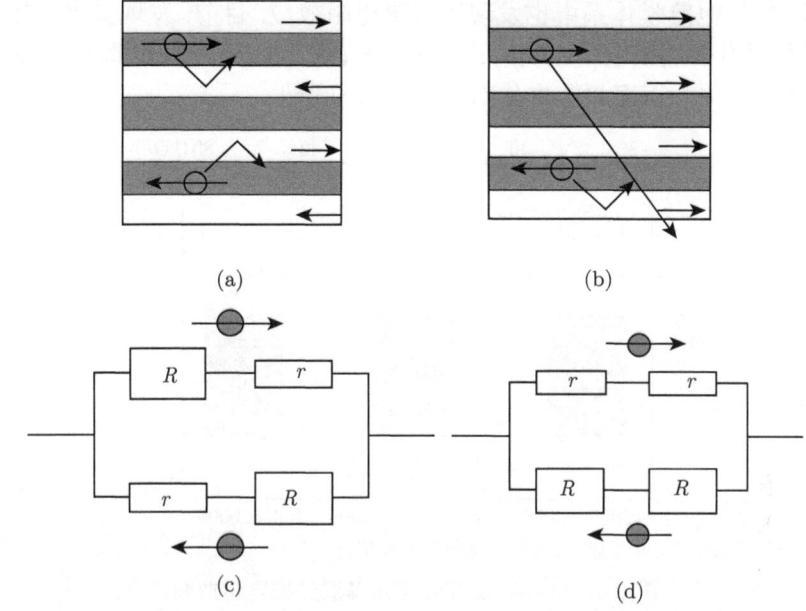

图 2.34 巨磁电阻效应的二流体模型唯象解释

(a) 相邻磁层磁矩反平行排列; (b) 相邻磁层磁矩平行排列; (c) 磁矩反平行排列时的等效电路图; (d) 磁矩平行排列时的等效电路图

当磁性层的磁化方向平行时, 有

$$\frac{1}{R_{\mathrm{p}}} = \frac{1}{2r} + \frac{1}{2R} \Rightarrow R_{\mathrm{p}} = \frac{2rR}{r+R} \tag{2.73}$$

当磁性层的磁化方向反平行时, 有

$$\frac{1}{R_{\mathrm{ap}}} = \frac{1}{r+R} + \frac{1}{R+r} \Rightarrow R_{\mathrm{ap}} = \frac{r+R}{2} \tag{2.74}$$

比较上面两式有

$$R_{\mathrm{ap}} - R_{\mathrm{p}} = \frac{(R-r)^2}{2(R+r)} > 0 \tag{2.75}$$

由此可见, 铁磁层的磁化方向反平行时的总电阻比磁化方向平时的总电阻大. 图 2.35 示出的是利用溅射方法制备在 [110] 取向的反铁磁耦合 $Co_{95}Fe_5/Cu$ 多层薄膜的磁电阻曲线与各层中磁矩方向的关系[45].

在 Fe/Cr 多层膜上发现 GMR 效应之后的几年里, 以 Parkin 为杰出代表的各国科学工作者沿此方向进行了深入的研究, 发现 GMR 并非是 Fe/Cr 多层膜所独有的特性. 在一系列由铁磁金属 (Fe、Co、Ni) 及合金和贵金属 (Cu、Ag、Au) 或 $3d$、$4d$ 及 $5d$ 非磁金属 (如 Cr 等) 构成的多层膜都具有巨磁电阻效应. 而且, 不仅是多层膜,在其他薄膜体系中也发现了巨磁电阻效应. 目前,发现具有巨磁电阻效应的薄膜体系有多层膜 (图 2.36(a))、伪自旋阀 (图 2.36(b))、自旋阀 (图 2.36(c)) 和颗粒膜 (图 2.36(d)). 下面几节将分别介绍它们的特性.

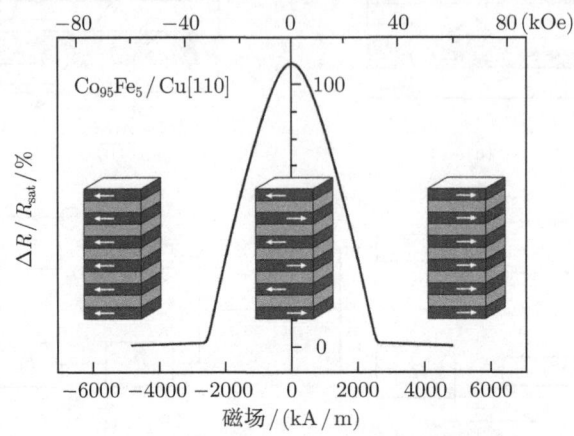

图 2.35 $Co_{95}Fe_5/Cu$ 多层薄膜的磁电阻曲线

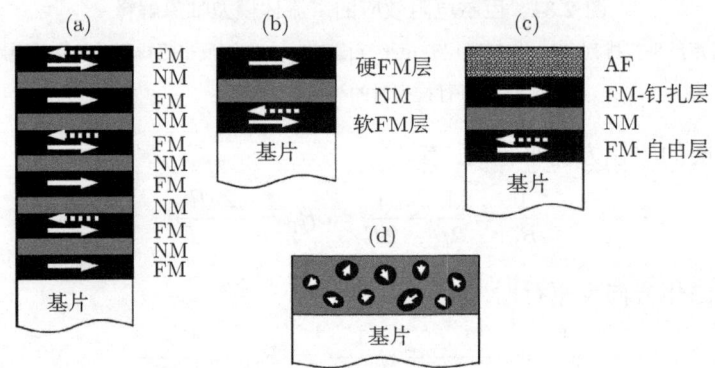

图 2.36 具有 GMR 效应薄膜材料体系分类

2.4.3 多层薄膜的巨磁电阻效应

1. 多层薄膜中巨磁电阻效应出现的条件

实验证明,并非所有由铁磁膜和非磁膜构成的多层膜,甚至也不是所有具有反铁磁耦合的多层膜都具有 GMR 效应. 在多层膜上产生 GMR 效应至少应满足以下三个条件.

(1) 在铁磁性导体/非磁性导体超晶格中,如图 2.37(a) 所示,构成反平行自旋结构 (零磁场). 相邻磁层磁矩的相对取向能够在外磁场作用下发生改变. 更一般地说,体系磁化状态可以在外磁场作用下发生改变,如金属超晶格系统,铁磁性层,Fe,

2.4 巨磁电阻传感器原理

Co, Ni 及由这些元素构成的合金; 非磁性导体层, Cu, Ag, Au 等贵金属; Cr.

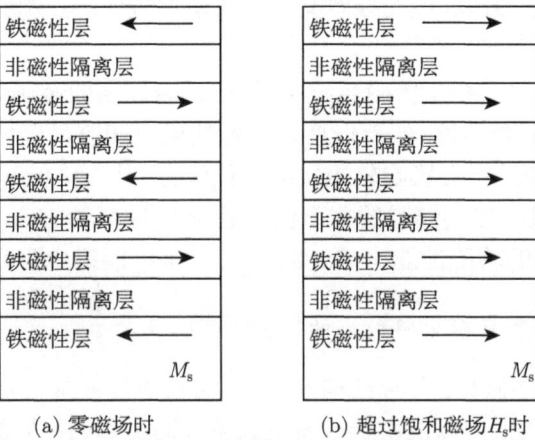

图 2.37 GMR 多层膜的自旋磁矩配置

(2) 金属超晶格的周期 (每一重复层的厚度) 应比载流电子的平均自由程短.

例如, Cu 中电子的平均自由程大致在 34nm, 实际上, Cr 及 Cu 等非磁性导体层的厚度一般都在几纳米以下.

(3) 自旋取向不同的两种电子 (向上和向下), 在磁性原子的散射差必须很大.

换句话说电阻率与传导电子的自旋与磁层磁化方向的相对取向是强关联的, 即 $\rho_\uparrow \ll \rho_\downarrow$, 或者 $\rho_\uparrow \gg \rho_\downarrow$ (即不对称因子 $\alpha = \rho_\downarrow/\rho_\uparrow \neq 1$).

多层膜 GMR 效应大致可以分为两类: 一类是具有强的层间反铁磁耦合的 $[FM/NM]_n$ 多层薄膜, 另一类是具有弱耦合或去耦合的软磁 (SM)–硬磁 (HM) 组成的 $[HM/NM/SM]_n$ 多层薄膜, 如图 2.38 所示.

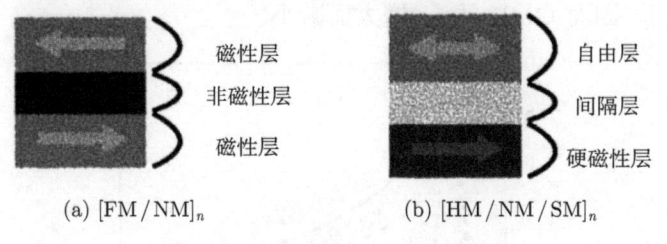

(a) $[FM/NM]_n$ (b) $[HM/NM/SM]_n$

图 2.38 多层膜 GMR 效应分类

$[FM/NM]_n$ 交换耦合多层薄膜的巨磁电阻效应与磁场方向无关, 它仅依赖于相邻铁磁层的磁矩的相对取向, 而外磁场的作用不过是改变相邻铁磁层的磁矩的相对取向. 组成层间耦合多层膜的材料有很多, 如 $[Co/Cu]_n$、$[Co/Ru]_n$、$[CoFe/Co]_n$、$[Co/Ag]_n$、$[NiFe/Cu]_n$、$[NiCo/Cr]_n$、$[NiFeCo/Cr]$ 等. 这些材料在室温下的磁电阻率都达到 10%以上甚至更高. 虽然交换耦合的多层膜结构可以表现出较大的磁电阻效应, 但是较高的饱和磁场导致其磁场灵敏度较低, 在实际器件中的应用受到限制.

在 [HM/NM/SM]$_n$ 多层薄膜系统中, 硬磁层有较高的矫顽力, 如果外磁场不是太强的话, 其磁矩不会翻转, 然而低矫顽力的软磁层却容易翻转. 但是由于静磁效应, 硬磁层产生的杂散场会影响软磁层的磁化状态, 从而降低其对外磁场响应的灵敏度. [HM/NM/SM]$_n$ 多层薄膜的典型例子是 [Ni$_{80}$Fe$_{20}$/Cu/Co/Cu]$_n$ 多层薄膜, 在该系统中 Ni$_{80}$Fe$_{20}$ 的软磁性能比 Co 好, 在 0~50Oe 的磁电阻变化率达 16%[46].

2. 影响多层薄膜巨磁电阻效应的因素[47,48]

在金属磁性多层膜中, 各种结构参数, 如磁层厚度和非磁层厚度、周期数、缓冲层和覆盖层、结构取向以及由于改变生长条件而引起的不同的结构完美性等, 对巨磁电阻的大小均有极其重要的影响.

(1) 磁层和非磁层厚度的的影响

图 2.39 给出了 Co/Cu 多层膜巨磁电阻与非磁性层 Cu 厚度的变化关系. GMR 随非磁层厚度增大而减小, 一般认为这是由两方面的原因造成的, 一是非磁层的稀释效应, 即沿膜面的电流被非磁层所短路, 使 GMR 按 $1/t_N$ 衰减; 二是非磁层内自旋无关散射的作用, 由于自旋无关散射只对总电阻有贡献, 对 ΔR 没有影响, 这也会导致 GMR 随非磁层厚度按指数衰减. 实际上, 不少多层膜的 GMR 随非磁层厚度的增大是振荡衰减的, 这是由于磁性层间的交换耦合作用随非磁层厚度增大而周期性变化的缘故. GMR 随磁层厚度 t_F 的变化 (图 2.40), 反映了平均自由程与磁层厚度的消长、体散射和界面散射的竞争、短路效应等信息. 在 t_F 较大的一侧, 短路效应已超过了体自旋相关散射对 GMR 的贡献, 平均自由程与磁层厚度之比随磁层厚度增大而减小, 因而 GMR 随 t_F 增大而减小.

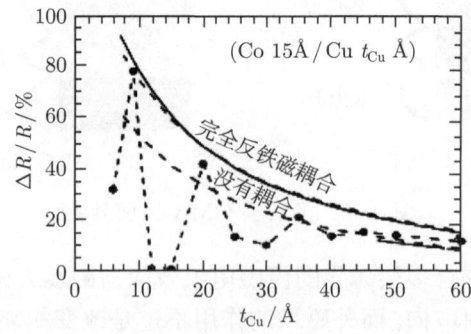

图 2.39 Co/Cu 多层膜巨磁电阻与 Cu 层厚度的关系

实心圆圈对应的曲线为实验结果, 其余曲线为理论计算结果

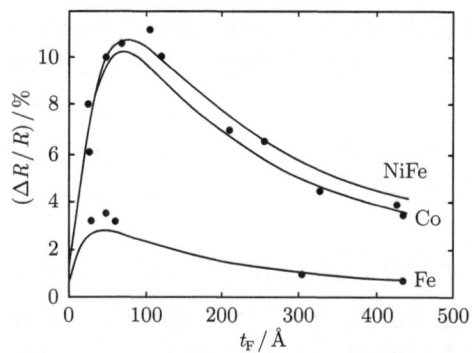

图 2.40 M/Cu22Å/NiFeÅ/FeMn90Å 自旋阀的巨磁电阻对磁层厚度的依赖关系

M=NiFe, Co, Fe, 实线为理论计算结果

(2) 周期数的影响

GMR 随多层膜周期数增加而增大, 当总膜厚与平均自由程相当时, GMR 趋于饱和. 原因之一是界面粗糙度随周期数增加而增大, 界面自旋相关散射作用增强; 其二是随周期数增加, 表面散射作用减弱, 界面自旋相关散射权重增强. 此外, 随周期数增加, 缓冲层和覆盖层的分流作用相对减弱, 这也是 GMR 增大的一个原因.

(3) 缓冲层和覆盖层的影响

在衬底上沉积适当厚度的缓冲层, 能够改善多层膜织构, 降低层厚起伏和界面粗糙度, 从而对 GMR 产生重要影响. 例如, 以 Fe 或 Cr 作缓冲层的 NiFeCo/Cu 多层膜, 具有比较平整的层状结构, GMR 随相关粗糙度增大而增大. 为防止氧化, 在多层膜表面通常要沉积一层覆盖层. 一般地, 缓冲层和覆盖层的短路效应会引起多层膜 GMR 减小. 有人发现, 在 Co/Cu/Co, NiFe/Cu/NiFe, NiFe/Cu/Co 等三明治结构的表面和底部各长一层 NiO, 有助于 GMR 的提高, 其原因可能是外部边界自旋无关散射减小, 界面自旋相关散射作用相对增强.

(4) 多层膜织构对 GMR 的影响

织构对 GMR 有显著影响. 多层膜的织构通常由衬底、缓冲层、层厚以及不同的生长条件加以控制. 例如, 以 Fe 作缓冲层, 能够诱导 NiFe/Cu(111), NiFeCo/Cu(111) 多层膜中 (200) 取向的出现, 多层膜饱和场降低, GMR 增大. Fe/Cr 系统中, (100) 取向的多层膜具有最大 GMR. 对于 Co/Cr 多层膜, (211) 取向比 (100) 取向有更高的 GMR. Co/Cu 多层膜 GMR 对结构取向的依赖比较复杂, 大多数研究表明, (111) 取向的薄膜有最高的 GMR.

(5) 界面结构对 GMR 的影响

多层膜的实际界面一般为 1~2 个原子层的过渡区, 传导电子在界面处往往会受到强烈的散射. 界面自旋相关散射是 GMR 产生的关键原因. 在多层膜的界面处插入其他金属已证实了界面散射的重要性. 例如在 Fe/Cr 多层膜的界面处插入几埃厚的 Au, Ag, Al, Ge 或 Ir 后, GMR 急剧减小, 插入 V 或 Mn 后对多层膜的 GMR 几乎没有影响. 表明 Fe 与 Cr, V 或 Mn 形成的界面有相似的散射性质, 而与其他元素形成的界面散射作用明显减弱. 在 Fe/Cu 和 NiFe/Cu 中插入 Co 薄层, GMR 增大; 在 Co/Cu 中插入 Fe 薄层, GMR 减小. 显然, Co/Cu 界面比 Fe/Cu 界面有更强的自旋相关散射.

在不同的系统中, 界面结构对 GMR 的影响是非常复杂的. 对于 Fe/Cr 多层膜, 自旋相关散射发生在界面处, 适当的界面粗糙度对 GMR 有利. 但也有结果表明, 界面粗糙度增大只会导致 GMR 减小. 对于 Co/Cu 和 NiFe/Cu 系统, 界面结构对 GMR 的影响主要包括: ① 针孔和其他类型的桥联作用容易使铁磁层之间发生铁磁耦合, 从而会降低或抑制 GMR, 但选择适当的缓冲层和降低生长速度能够使情况得以改善; ② 界面区成分互混通常会引起界面粗糙度增大, 层间反铁磁耦合减小, 自旋相关散射增强, GMR 值降低; ③ 不同结构取向会引入不同界面粗糙度, 对 GMR 有重要影响. 已有的研究表明, 具有较平整界面的 Co/Cu 和 NiFe/Cu 多层膜易于获得较高的 GMR 值.

由于 GMR 主要起源于界面自旋相关散射, 因此界面磁结构对多层膜 GMR 有非常重要的影响. 例如, 在 Ni/Cu 和 NiFe/Cu 自旋阀结构中, 界面原子磁矩因界面原子互扩散而减小并变得杂乱无序, 从而导致 GMR 显著降低.

3. 电流垂直于膜面的巨磁电阻效应

通常研究薄膜输运特性的测量都是使电流沿膜面方向通过的, 如图 2.41(a) 所示, 前面讨论的 GMR 效应都是这种模式, 这种模式称为电流平行于膜面 (current in the plane, CIP) 的巨磁电阻效应, 即 CIP-GMR. 而 GMR 效应还有另一种模式, 即电流垂直于膜面 (current perpendicular to the plane, CPP) 模式下的 GMR, 如图 2.41(b) 所示.

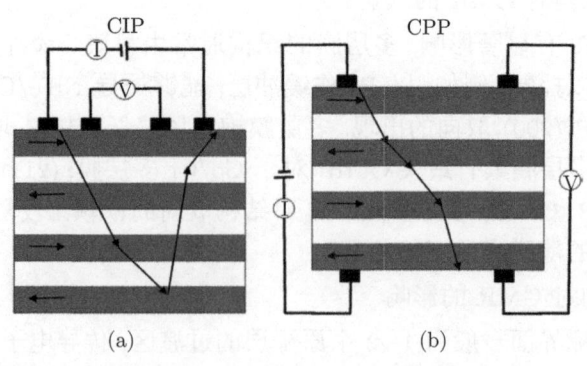

图 2.41 两种电流模式下的巨磁电阻效应

在 CIP 模式下,传导电子也会与界面发生碰撞,即在界面产生自旋相关散射,从而产生巨磁电阻. 而在 CPP 模式下,由于消除了非磁金属的分流效应,并且强迫传导电子必须穿过所有界面,产生更强的自旋相关散射,故可以预期会获得更大的巨磁电阻效应. Pratt 等[49] 用实验给予了证实,在 Co-Ag 多层膜在 CPP 模式下获得 50%的巨磁电阻值,为 CIP 模式下的 3 ~ 10 倍,如图 2.42 所示.

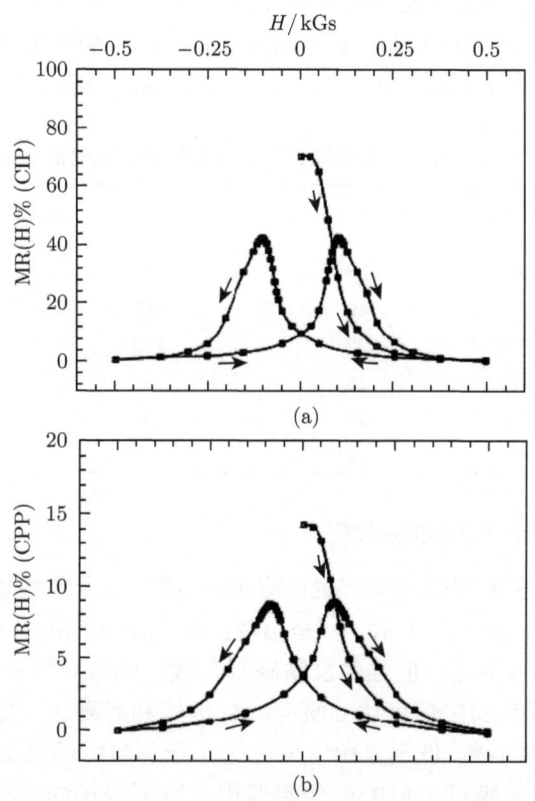

图 2.42 Co-Ag 多层薄膜在 CPP 和 CIP 模式下 MR 的比较

(a) CPP-MR(H); (b) CIP-MR(H)

但是对于给定的电阻率,电阻取决于样品的尺寸 ($\propto L/A$, 其中 L 是平行于电流方向的长度,A 是电流流过的截面积). 一个典型的层状结构,多层膜的截面积为 $1mm^2$,沿层生长方向上的厚度为 $1\mu m$,故 CIP 模式下 $L/A=10^3 mm^{-1}$,对 CPP 模式 $L/A=10^{-3} mm^{-1}$. 正是由于这种几何学上的差异,使得 CPP 模式的电阻比相同 CIP 模式电阻小了数个数量级,这对 CPP 模式的应用是一种挑战,故在实际应用中,多层薄膜,包括后面讲的自旋阀多数情况下是采用 CIP 模式工作的. 当然,如果采用微细加工技术,将多层膜加工成微纳米级的柱状结构,从而通过减小电流流过的截面积,可以极大地增加 CPP 模式下的电阻值,从而达到实用.

但对另一种磁电阻效应——磁隧道结磁电阻效应,由于其非磁性层已换成氧化层,是工作于 CPP 模式的.

4. 常见多层薄膜系统 GMR 磁电阻的性能

表 2.3 列出一些常见多层薄膜系统在室温 (300K) 时测得的 GMR 效应性能指标[50]. 表中 H_s 是层间耦合等效场,$\Delta R/R$: H_s 表示薄膜系统磁电阻变化灵敏度,金属元素后的数字表示厚度 (单位是 nm),× 后的数字表示重复周期数.

表 2.3 常见多层薄膜系统 GMR 的性能指标(300K)

材料结构	$(\Delta R/R)/\%$	$H_s/(kA/m)$	$\Delta R/R : H_s/(\%:kA/m)$
[Fe0.5/Cr1.2]×50	42	6400	0.06
[Co1.0/Cu0.8]×30	38	450	0.08
[Co0.8/Cu0.8]×60	70	880	0.08
[FeCo1.5/Cu0.9]×30	32	160	0.2
[NiFe1.5/Cu0.8]×14	16	56	0.28
[NiFe2.0/Cu1.0]×30	18	56	0.32
[NiFe3.0/Au1.2]×12	10	32	0.31

2.4.4 自旋阀结构的巨磁电阻效应

前面提到电子在多层薄膜中产生自旋相关散射,以及零磁场通过反铁磁层间耦合使相邻铁磁层的磁矩反平行排列,是出现巨磁电阻效应的关键. 多层膜 GMR 尽管可以产生很高的 MR 值,但强的反铁磁耦合效应同时导致很高的饱和场 H_s. 如 Co/Cu 多层膜室温下 MR 值可达 60%∼80%,但饱和场高达 1T,其磁场传感灵敏度 $S = \Delta R/(R \cdot H_s)$ 并不高,低于 0.01%/Oe,远小于 AMR 的灵敏度 (∼0.3%/Oe). 所以交换耦合型多层薄膜对 GMR 磁传感器用于微弱磁场的探测是不适当的. 考虑到在磁头及弱磁场传感器等方面的应用,需要低饱和磁场 GMR 材料.

事实上,还可以通过各种人为方式使不存在交换耦合 (或交换耦合很小) 的相邻铁磁层的磁矩在一定的磁场下从平行排列到反平行排列或从反平行排列到平行排列. 1991 年,B. Dieny 等[51] 根据多层膜巨磁电阻效应来源于最简单重复周期的磁电阻效应,提出用反铁磁层 (如 FeMn,NiO 或 TbFe 等) 通过交换作用钉扎一软磁层,与另一软磁层通过非磁层形成四层结构,如图 2.43 所示,这种结构就是自旋阀 (spin-valve) 结构. 在自旋阀中,铁磁层之间没有或仅有非常小的交换耦合,未被钉扎的软磁层或低矫顽力的铁磁层在较小磁场的作用下,其磁矩能够比较自由地反转,这样便在较小的磁场下使系统的电阻变化很大,从而使磁电阻的灵敏度提高,特别是在零场附近的灵敏度极高,比 AMR 高一个数量级.

2.4 巨磁电阻传感器原理

1. 自旋阀的基本结构与工作原理

如图 2.43 所示,自旋阀的基本结构有四层构成:铁磁自由层 (F1)/非磁性层 (NM)/铁磁钉扎层 (F2)/反铁磁层 (AF). 两铁磁层 (F1, F2) 被较厚的非铁磁层 (如 Cu) 分开,故 F1 和 F2 之间是去耦合的,反铁磁层 AF 的交换耦合作用会导致 F2 中的磁化强度为钉扎在某一方向,在小磁场下很难改变方向 (一般说来,要使 F2 中的磁化强度改变方向,需要约 100 Oe 的磁场). 这样在弱磁场时,只有自由层 F1 中的磁化强度改变方向,从而可使两磁性层中的磁化强度相对取向发生改变.

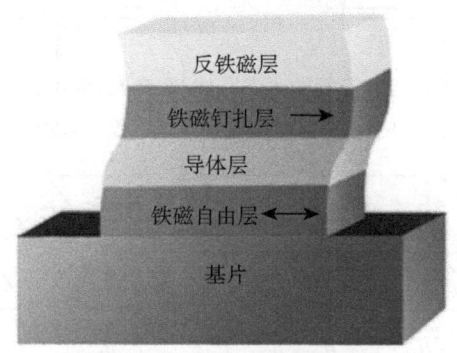

图 2.43 自旋阀结构示意图

当较小 (即与两磁性层的交换耦合场 $\sim H_{\text{coupl}}$ 相当) 的外磁场作用于自旋阀上时,自由层的磁矩翻转而钉扎层的磁矩方向保持不变,图 2.44(a) 给出了自旋阀结构的磁化曲线. 当外磁场增加到足够大后,自由层与钉扎层的磁矩方向平行. 当反向外磁场大于反铁磁钉扎场 H_{eb} 时,钉扎层的磁矩才翻转. 通常钉扎层的翻转不完全是可逆的,所以会有一定的磁滞,如图 2.44(a) 所示. 对自由层的翻转过程,则可以通过自由层中各向异性的方向来控制. 当自由层的 (感生) 单轴各向异性的易轴方向与反铁磁钉扎场的方向垂直时,即处于正交各向异性模式,由 Stoner-Wohlfarth 模型可知,当外磁场在 $[-H_{\text{a}}+H_{\text{coupl}}, H_{\text{a}}+H_{\text{coupl}}]$ 区间时,自由层的磁矩通过可逆的转动过程实现,没有磁滞现象发生,如图 2.45(a) 所示. 这特别适宜在传感器中使用. 这里 H_{a} 是自由层的各向异性场,翻转场的范围 $\Delta H_{\text{SW}} = 2H_{\text{a}}$,这决定了传感器的线性工作区间. 而当自由层的各向异性场的方向与钉扎场反向一致时,及平行各向异性模式,自由层的翻转是通过畴壁位移实现的,如图 2.45(b) 所示. 在这种情况下,自由层的翻转将出现明显磁滞,可在磁随机存储器中得到应用.

另一种值得一提的自旋阀结构是用硬磁层代替反铁磁层和钉扎层,基本结构为 "软磁层/非磁性隔离层/硬磁层" 的结构,被称为伪自旋阀(pseudo spin valve, PSV). 其优点是结构简单,可以选择抗腐蚀性和热稳定性好的硬磁材料,缺点是硬磁层和自由层之间存在耦合,自由层的矫顽力增大,因而降低了自旋阀的灵敏度.

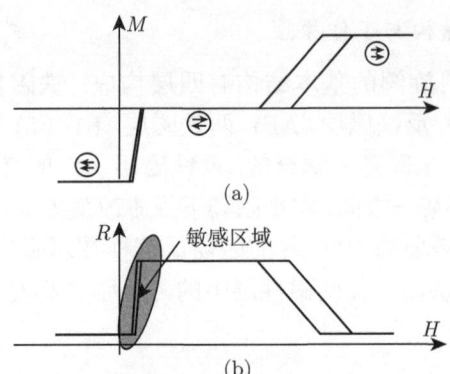

图 2.44 自旋阀的磁滞回线与 R-H 回线示意图

图中的上下箭头分别表示自由层与钉扎层中的磁矩方向

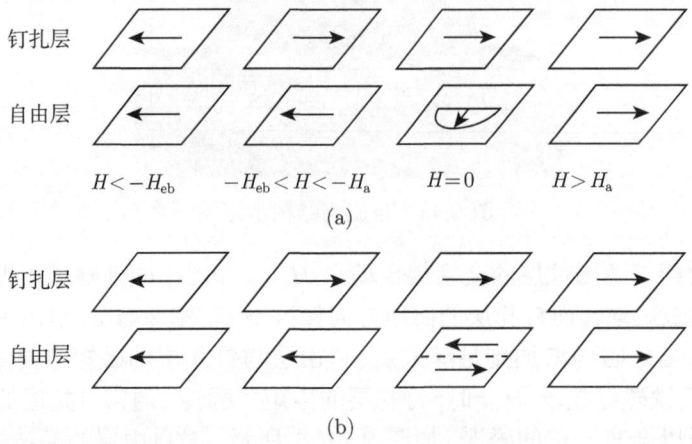

图 2.45 自旋阀自由层的磁化翻转过程

(a) 正交各向异性; (b) 平行各向异性

总结起来, 自旋阀结构的巨磁电阻效应具有以下优点[52]: ① 磁电阻变化率可对外磁场的响应呈线性关系, 频率特性好; ② 低饱和场, 工作磁场小; ③ 电阻随磁场变化迅速, 工作磁通小, 灵敏度高; ④ 利用层间转动磁化过程能有效地抑制巴克豪森噪声, 信噪比高.

图 2.46 是 Dieny 等对自旋阀 Ta(5nm)/NiFe(6nm)/Cu(2.2nm)/NiFe(4nm)/FeMn(7nm)/Ta(5nm) 的实验测试结果. 从图 2.46(a) 中可以看出, 主磁滞回线 (major loop) 由两个回线构成. 第一个回线的中心在 6Oe 处, 其矫顽力小于 1Oe, 对应的是 NiFe 自由层的磁化翻转. 第二个回线的矫顽力为 100Oe, 且回线的中心向横坐标正方向平移了 420Oe(对应反铁磁偏置场的大小), 该回线对应的是被反铁磁 FeMn 层钉扎的 NiFe 磁性层的磁化翻转. 当外加磁场在 ±1kOe 扫描时, 两磁性层

(自由层的 NiFe 和钉扎层的 NiFe) 的磁化方向从平行 (小于 4Oe 和高于 ~600Oe) 变到反平行 (8~250Oe). 自由层的回线 (图 2.46(c)) 中心相对零点有 6Oe 平移, 这意味着通过 Cu 层, 自由层与钉扎层有轻度的铁磁耦合. 图 2.46(b) 的磁电阻曲线显示出, 随着自由层的翻转磁电阻值有陡峭的变化, 这样就可以在零磁场附近获得高的磁场探测灵敏度.

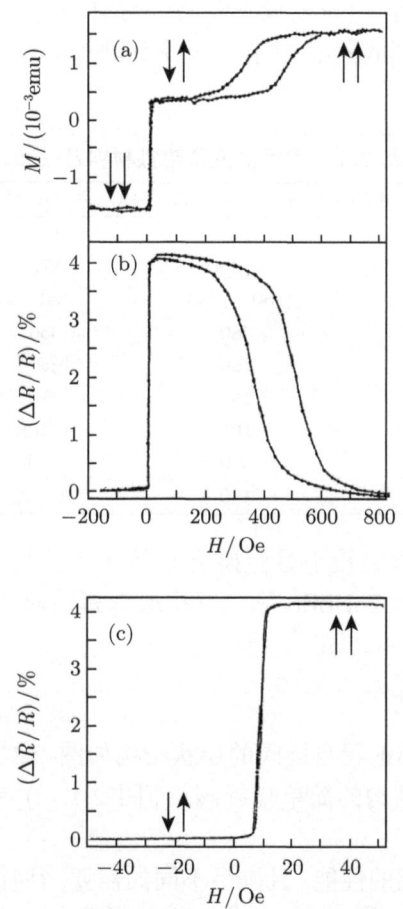

图 2.46 Ta/NiFe/Cu/NiFe/FeMn/Ta 自旋阀的实验测试结果
(a) 磁滞回线; (b) 主磁电阻曲线; (c) 局部磁电阻曲线

为了满足应用要求, 需要研制饱和场低、稳定性好、GMR 效应大的自旋阀. 自旋阀面临的最大问题是抗腐蚀和热稳定性问题. 要解决这些问题, 需要对各层材料提出一定的要求. 希望反铁磁层具有高电阻、耐腐蚀性且热稳定性好. 表 2.4 为典型的反铁磁性材料[53]. (111) 取向的 γ-FeMn 可以采用两种方法获得: 一种方法是在基片上溅射一缓冲层 (Nb, Ta, Ti, Zr, Hf); 另一种方法是溅射时, 在基片上加上负偏压. 实验表明, 基片加上负偏压, 可以增强 FeMn 的 (111) 向的峰值, 增加自旋阀的交换各向异性场, 降低矫顽力和提高截止温度. NiMn 具有非常稳定的反铁磁性耦合, 截止温度高, 且耐腐蚀, 不过为了使其具有反铁磁性, 需要进行退火处理. NiO 具有高电阻, 抗腐蚀性强, 有适当的截止温度, 但在制备过程中需要通氧气进行反应溅射, 制备工序复杂. TbCo 属亚铁磁性材料, 具有大的交换作用, 并且可调, 但抗腐蚀性差. 从上面分析看出, 目前仍未找到理想的反铁磁性材料, 需要进一步研究.

表 2.4　典型的反铁磁性材料及性质

材料	交换耦合场/(10^4A/m)	截止温度/°C	电阻率/($10^{-8}\Omega\cdot$m)	抗腐蚀性	热处理
Fe-Mn	3.10	150	130	不好	不需要
Ni-Mn	7.96	> 450	175	好	需要
Ur-Mn	2.15 ~ 6.13	150 ~ 280	200	好	不需要
Cr-Pt-Mn	2.39	380	350	好	不需要
Pd-Pt-Mn	3.82	300	不知道	好	需要
NiO	2.63	230	> 10^7	好	不需要
Ni-CoO		105	不知道	好	不需要
α-Fe_2O_3	0.80	320	不知道	好	不需要
TbCo	可调节	150	不知道	不好	不需要

自由层一般采用矫顽力较小且巨磁电阻效应大的材料, 例如 Co, Fe, CoFe, NiFeCo, CoFeB, CoMnB, CoNbZr 等. 钉扎层选择巨磁电阻效应大的材料, 例如 Co, Fe, CoFe, NiFe, NiFeCo, CoFeB 等.

2. 自旋阀的派生结构[54]

三种基本类型的交换偏置自旋阀的层状结构如图 2.47 所示. 图 2.47(a) 和 (b) 分别是顶钉扎和底钉扎结构的简单自旋阀, 而图 2.47(c) 是双钉扎自旋阀, 又叫对称自旋阀.

为了优化简单自旋阀的性能, 且满足不同的需要, 往往还需在其中增加一些附加层, 从而从简单自旋阀中派生出许多新结构, 如图 2.48 所示[55].

(1) 常规自旋阀 (图 2.48(a) 和图 2.48(f))

常规自旋阀结构原型是 1991 年由 Dieny 首先提出的, 该结构的组成是 Py/Cu/Py/$Fe_{50}Mn_{50}$. 选择这些材料的原因是 $Fe_{50}Mn_{50}$、Cu 和 fcc 结构的 FeNi 合金有相近的晶格常数, 这样能保证各层薄膜高质量的生长. 在室温下, 经过优化 MR 比值能达到 ~5%. 用 Co 替换 Py, 获得的 MR 比值高达 9%. Co 基系统能取得大的 MR 比值的原因是: Co 基中的多数自旋的平均自由程较大, 界面处有较大的自旋相关散射, 以及 Co/Cu 之间的互溶性小. 进一步优化 Co/Cu/Co/$Fe_{50}Mn_{50}$ 自旋阀可取

2.4 巨磁电阻传感器原理

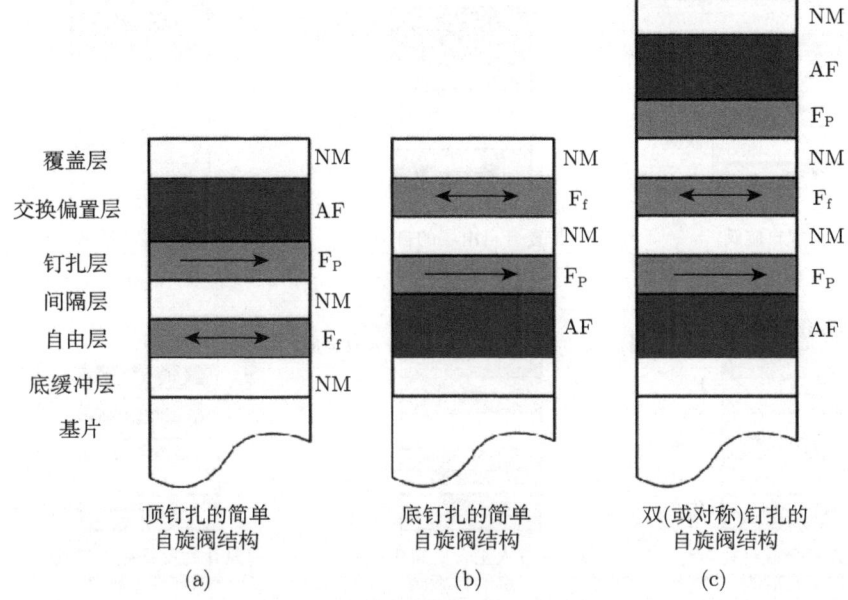

图 2.47 交换偏置自旋阀的基本层状结构

得 11% 的 MR 比值，但是采用 Co 基系统后，自旋阀的矫顽力增大，会增加传感器的磁滞.

如果把金属反铁磁层换成氧化物反铁磁层，则得到图 2.48(f) 所示的结构.

(2) 复合自由层自旋阀 (图 2.48(b))

复合自由层即自由层由两种或两种以上的磁性层构成. 1993 年 Parkin[56] 在 Py/Cu 的界面处插入了一极薄的 Co 层，从而大大提高了 Py/Cu/Py/Fe$_{50}$Mn$_{50}$ 自旋阀的 MR 比值，图 2.49 示出了 Co 层厚度对 Py(5.3nm)/Co(t)/Cu(3.2nm)/Co(t)/Py(2.2nm)/Fe$_{50}$Mn$_{50}$(9nm) 自旋阀 MR 比值的影响. 从图 2.49 中可以看出，当 0.6nm 的 Co 层加入后，自旋阀的 MR 比值从没有加入 Co 层前的 2.9% 提高到加入 Co 层后的 6.4%. 进一步的实验表明，只有 Co 层加在 Py/Cu 的界面处，才能对 MR 比值有增强作用，这说明在自旋阀系统中界面的重要性.

Kanai 等[57] 1996 年证明用 Co$_{90}$Fe$_{10}$ 代替 Co 插入 Py/Cu 界面，自旋阀的 MR 比值增加更大，而且会将复合自由层的矫顽力大大降低，如图 2.50 所示. 原因是 Co$_{90}$Fe$_{10}$ 具有较小的磁致伸缩系数，以及 Co$_{90}$Fe$_{10}$ 与 Py 组成的复合自由层具有更强的 [1 1 1] 织构.

(3) 自旋滤波自旋阀 (图 2.48(c))

磁电阻传感器的输出信号的大小与自由层的 $M_s \times t$ 的乘积 (M_s: 自由层的饱和磁化强度, t: 自由层的厚度) 成反比，所以自旋阀中自由层的厚度薄些为好，但是

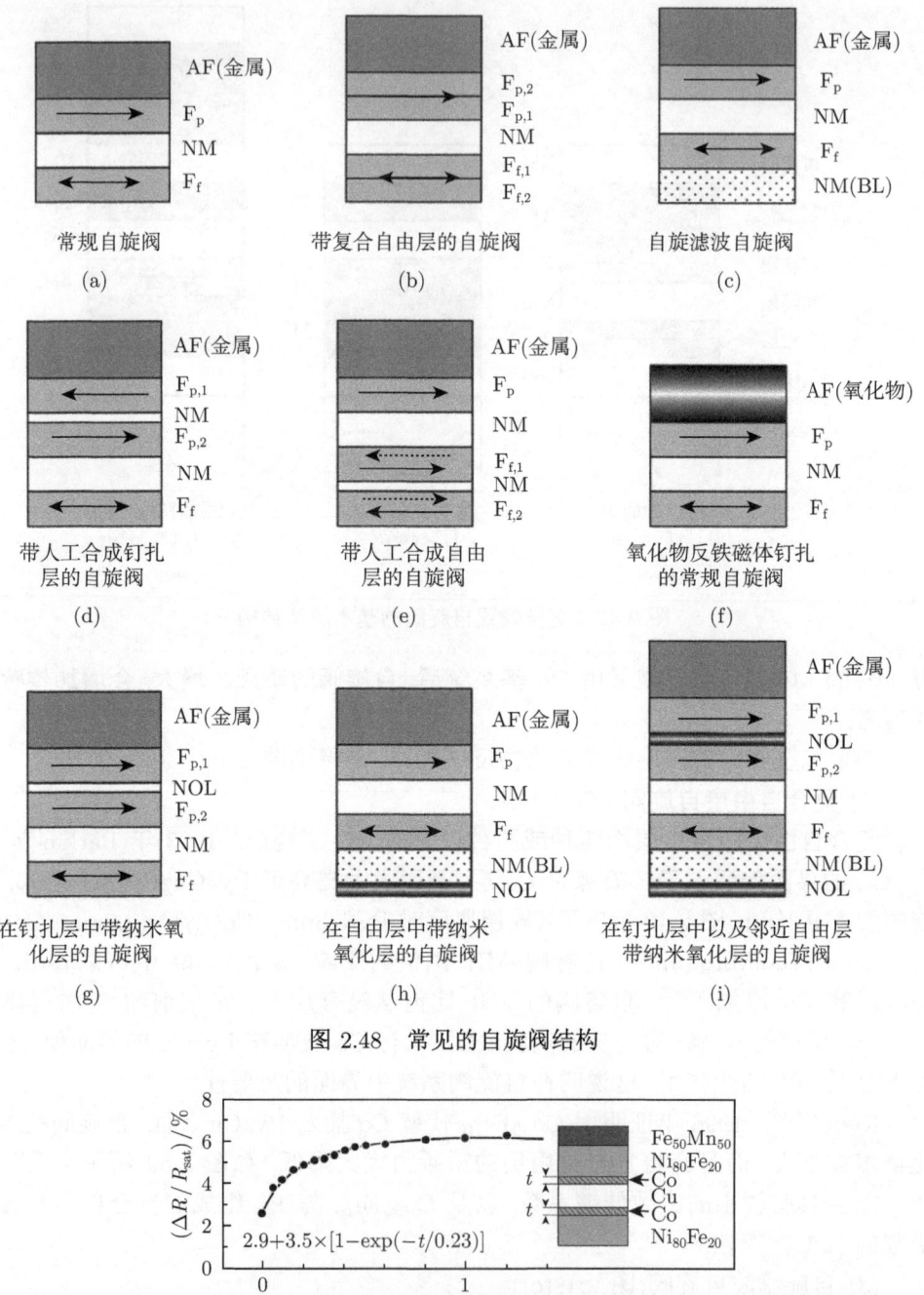

图 2.48 常见的自旋阀结构

图 2.49 Co 层厚度对 Py(5.3nm)/Co(t)/Cu(3.2nm)/Co(t)/Py(2.2nm)/Fe$_{50}$Mn$_{50}$(9nm) 自旋阀MR 比值的影响

2.4 巨磁电阻传感器原理

单纯地减薄自由层的厚度，会使自旋的体散射较小，降低 MR 比值，同时也会增加控制传感器偏置点的难度. 解决上述两个问题，可以采用自旋滤波自旋结构，即用一层薄的高导电层 BL(也叫背层) 代替代自由层的一部分. 这里自旋滤波的含义是自由磁性层作为自旋电子进入高导电层 BL 的滤波层. 该结构最早是被提出来测量高导电层中的自旋相关散射平均自由程[58].

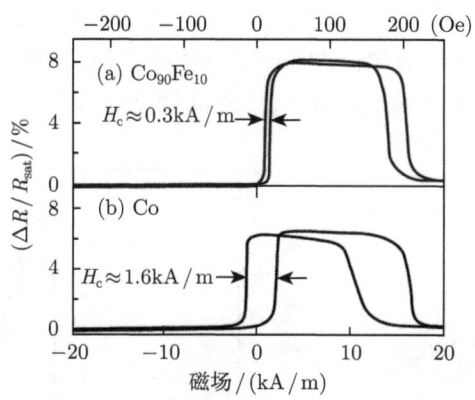

图 2.50 Ta(5nm)/Py(2nm)/F(5.5nm)/Cu(3.2nm)/F(5.5nm)/Fe$_{50}$Mn$_{50}$(15nm) 自旋阀的磁阻曲线

(a) F=Co$_{90}$Fe$_{10}$; (b) F=Co

采用自旋滤波结构自旋阀，有以下优点：①由于自由层的有效厚度减小，自旋波的 GMR 效应会增大；②极薄的自由磁性层 Co$_{90}$Fe$_{10}$ 夹在隔离层与高导电层之间，其软磁性能更好，就没有必要采用 Py/Co$_{90}$Fe$_{10}$ 复合自由层了，提高了自旋阀的热稳定性；③由于高导电层的存在，将电流密度的分布中心从间隔层移向自由层的中心，减小了作用于自由层上的传感电流感生磁场.

自旋滤波自旋阀结构能提高 MR 比值的原因尚不清楚，一部分学者将其归结为在高导电层处输运电子发生了镜面发射，增加了散射几率.

(4) 合成反铁磁钉扎自旋阀 (图 2.48(d))

人工合成反铁磁(synthetic artificial antiferromagnetic, SAF) 是指两层铁磁层中间夹一层非磁性层，形成 F/X/F 结构 (F 自由层，X 非磁性层)，当非磁性层在一定厚度范围内，两铁磁层反铁磁耦合在一起，无外加磁场时磁化方向反平行排列，故称为人工合成反铁磁. 中间非磁性层的常用材料是 Ru. 由于合成含铁层的两铁磁层具有强烈的反铁磁耦合，明显减小隔离层的静磁耦合并减少由被钉扎层引起的退磁场，同时 Ru 层对原子扩散还有一定的抑制作用. 合成反铁磁材料由于具有很好的热稳定性、较高的饱和场、较低的矫顽力和较低的饱和磁化强度，而得到广泛应用.

图 2.51 是实验结果[59]. 在磁电阻曲线中, 由于自由层的翻转, 在零磁场附近有一陡峭的增加, 接着沿磁场正方向有一小段平台, 对应的是没有被直接钉扎的 4nm $Co_{90}Fe_{10}$ 层与自由层反平行排列的情形. 当外磁场 $H \approx 25\text{kA/m}$ 时, 合成反铁磁层的反铁磁耦合被逐渐打破, Ru 层两边的磁性层的磁矩方向与外磁场逐渐趋于一致, 从而磁电阻值减小. 图 2.51(c) 给出的是交换耦合场与温度的关系, 其中 $H_{eb,eff}$ 是指合成反铁磁体的交换耦合场, 而 $H_{eb,CSV}$ 是指直接利用铁磁/反铁磁结构的交换耦合场. 从图 2.51 中可以看出, 采用合成反铁磁体后, 交换耦合场会增大, 而且温度稳定性大大提高, 由此制备的自旋阀传感器特别适合在汽车等恶劣环境下使用.

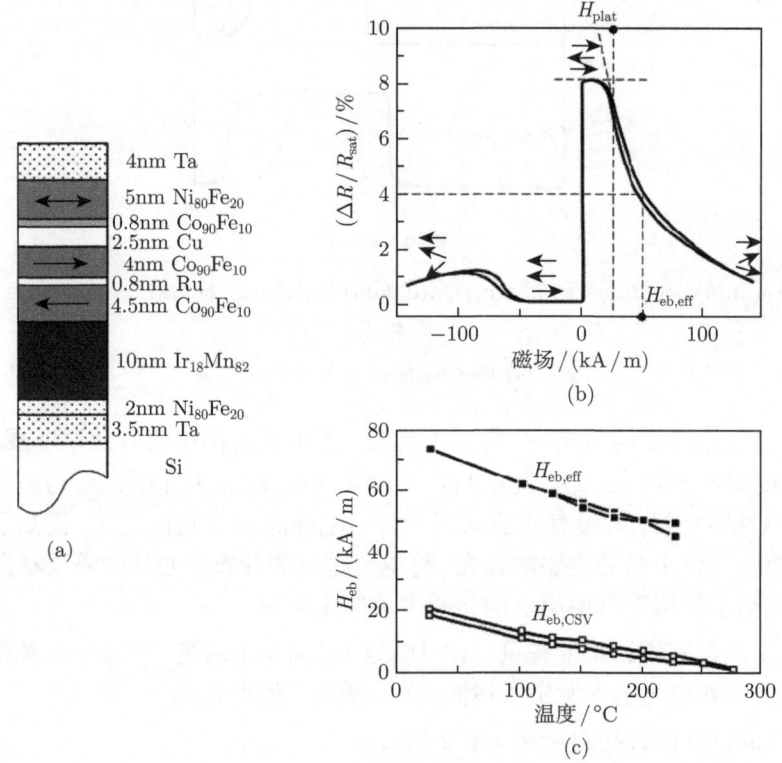

图 2.51 合成反铁磁钉扎自旋阀

(a) 结构; (b) 磁电阻曲线; (c) 交换耦合场的温度特性

(5) 合成亚铁磁性自由层自旋阀 (图 2.48(e))

在人工合成反铁磁体 F/X/F 中, 如果通过适当的设计, 如两层自由层的厚度不同, 则 F/X/F 结构可以形成亚铁磁性. 将亚铁磁性的 F/X/F 结构作为自由层, 其仍然对外磁场敏感, 但是其有效的 $M_s \times t$ 的乘积减小, 有利于提高传感器的输出信号. 采用合成亚铁磁自由层还有一个好处, 可以在窄场的自旋阀传感单元条中完全补偿形状各向异性带来的影响.

(6) 带有纳米氧化层的自旋阀 (图 2.48(f)~(h))

通过将自旋阀的部分被钉扎层和 (或) 自由层进行氧化处理引入厚度约为 1nm 的氧化层薄膜 (nano-oxide layer, NOL), 可成倍地提高自旋阀的巨磁电阻比值. 这一发现引起了国际自旋电子学研究领域的广泛关注. 目前人们普遍认为厚度为 2~3 原子层的纳米氧化层对自旋极化电子产生镜面反射作用, 通过金属/氧化物界面处的镜面反射作用可以延长多数自旋极化电子的平均自由程, 导致巨磁电阻效应明显增强, 因而这类引入了超薄氧化层的自旋阀被称为镜面反射自旋阀. 图 2.52 示出了这种增强效果[60]. 图中 (1) 的结构为 Ta(3nm)/Py(2nm)/IrMn(6nm)/Co$_{90}$Fe$_{10}$(3nm)/Cu(2nm)/Co$_{90}$Fe$_{10}$(1nm)/Cu(1nm)/Ta(1nm), (2) 的结构为 Ta(3nm)/Py(2nm)/IrMn(6nm)/Co$_{90}$Fe$_{10}$(1nm)/OX/Co$_{90}$Fe$_{10}$(1.5nm)/Cu(2nm)/Co$_{90}$Fe$_{10}$(4nm)/OX//Ta(2nm).

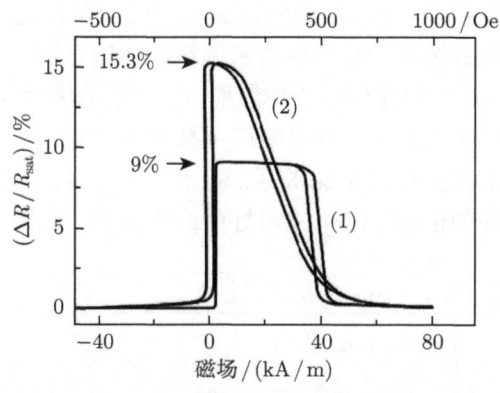

图 2.52 两种自旋阀的磁阻曲线

纳米氧化层不但能增强自旋阀的 GMR 效应, 而且能提高自旋阀的热稳定性. 首先 NOL 可以使晶粒结构平坦化, 从而降低了原子沿晶体边界的高温热扩散; 其次, NOL 能作为含 Mn 的反铁磁层阻挡层, 阻止 Mn 的扩散.

2.4.5 颗粒膜的巨磁电阻效应[61]

巨磁电阻效应是磁性纳米材料中较为普遍的现象, 在铁磁颗粒的尺寸及其间距小于电子平均自由程的条件下, 就有可能呈现 GMR 效应. 纳米颗粒合金是指纳米量级的铁磁性相与非磁性导体相非均匀析出所构成的合金. 纳米颗粒合金是 20 世纪 90 年代初开发出的新材料. 其形态有: 纳米颗粒薄膜、纳米颗粒薄带 (甩带法)、纳米颗粒块体合金. 其化学成分与金属超晶格中各层的化学成分相似: 铁磁性相金属: Fe,Co,Ni-Fe; 非磁性导体相金属:Cu, Ag, Au.

例如 Fe, Co 微颗粒镶嵌于 Ag,Cu 薄膜中而构成 Fe-Ag, Co-Ag, Co-Cu 等纳米

颗粒薄膜, 其中 Fe, Co 与 Ag, Cu 固溶度很低, 因此不构成合金, 亦难形成化合物, 而以纳米颗粒的形式弥散于薄膜中, 所以颗粒膜区别于合金、化合物, 属于非均匀相组成体系. 颗粒膜中丰富的异相界面对电子输运性质和磁、电、光等特性有显著的影响, 控制其组成比例、颗粒尺寸、形态就可以对颗粒膜的特性进行人工剪裁.

纳米颗粒合金中的 GMR 效应最早是在溅射 Cu-Co 合金单层膜 (膜厚数百纳米) 中发现的, 它表现出比较大的负效应 (室温下, 在 160kA/m 的磁场下, MR 比最大达 7%). 从电流与磁场方向的关系看, 纵效应、横效应是一致的, 即显示出各向同性, 这些与金属超晶格的 GMR 效应是一致的. Cu-Co 合金单层膜系统中的母相为 Cu, 其微观组织为面心立方结构, 在母相中弥散分布着 Co 纳米颗粒相, 后者具有磁矩. 当传导电子在 Cu 母相中流过时, 电子的自旋会受到 Co 纳米颗粒的散射作用. 与金属超晶格相类似, 纳米颗粒合金中的 GMR 效应正是源于此.

多层膜巨磁电阻效应源于与自旋相关的电子散射, 因此从本质上讲, 纳米颗粒合金与多层膜并无多大差别. 从多层膜的巨磁电阻效应延伸到纳米颗粒合金是顺理成章的, 它们有内在的必然性. 电子在纳米颗粒膜中输运时, 将受到磁性颗粒与自旋相关的散射, 该散射源于磁性颗粒的体散射以及磁性颗粒的表面 (界面) 散射. 实验与理论表明, 纳米颗粒膜中巨磁电阻效应主要源于界面散射, 它与颗粒直径成反比, 或者说与颗粒的比表面积成正比关系. 例如对 $Co_{20}Ag_{80}$ 纳米颗粒膜的巨磁电阻效应与 Co 颗粒半径的倒数 $(1/r)$ 成很好的线性关系, 如图 2.53 所示.

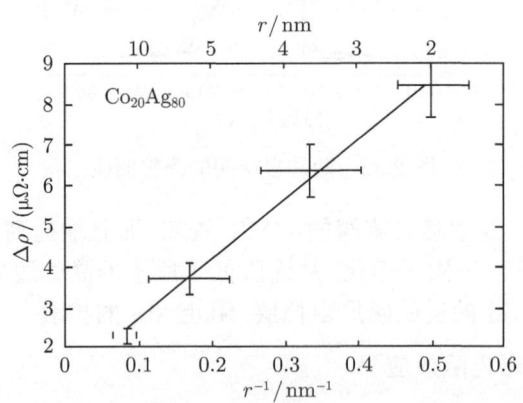

图 2.53 $Co_{20}Ag_{80}$ 纳米颗粒膜的巨磁电阻效应与 Co 颗粒半径的关系曲线

从材料制备工艺角度来看, 为了实现磁场对电子自旋散射的有效控制, 以满足不同的应用要求, 在非磁性导体母相 (Cu, Ag, Au) 中弥散析出铁磁性纳米颗粒 (Fe, Co, Ni-Fe) 过程中, 需要对下述影响微观组织的因素进行精细控制:

① 铁磁性颗粒的平均粒径、形状、分布及平均间距;

② 电子在非磁性母相中的平均自由程;

③ 电子在铁磁性颗粒相中的平均自由程, 与电子自旋相关的散射系数;

④ 相界面对不同自旋电子的散射系数;

⑤ 合金成分.

颗粒粒径越小, 其表面积越大, 从而界面所起的作用越大. Co_xAg_{1-x} 颗粒膜的巨磁电阻效应与 Co 含量 x 之间的关系如图 2.54 所示, 大约在 $x = 22\%$ 组成时呈现巨磁电阻效应极大值, 不同系列颗粒膜产生巨磁电阻效应极大值的组成范围大致在铁磁颗粒体积分数为 $15\% \sim 25\%$. 可以这样来理解: 当磁性颗粒体积分数低时, 颗粒数目少, 散射中心少; 此外颗粒间距大, 如间距大于电子在介质中的平均自由程时, 亦将降低巨磁电阻效应. 因此, 随着铁磁颗粒浓度增加, 总的趋势是增大巨磁电阻效应. 然而, 随着磁性颗粒体积分数的增加, 颗粒尺寸亦将变大, 当颗粒尺寸超过电子在颗粒内的平均自由程时, 亦将降低巨磁电阻效应. 此外, 随着颗粒浓度增加, 颗粒间相互作用增强, 在一定浓度时会形成磁畴结构, 巨磁电阻效应将消失, 于是在一定铁磁颗粒体积分数时将呈现巨磁电阻效应极大值. 理论研究表明, 当铁磁颗粒尺寸与电子平均自由程相当时, 巨磁电阻效应最显著. 除颗粒尺寸外, 巨磁电阻效应还与颗粒形态相关, 对合金进行退火处理可以促使进一步相分离, 从而影响巨磁电阻效应.

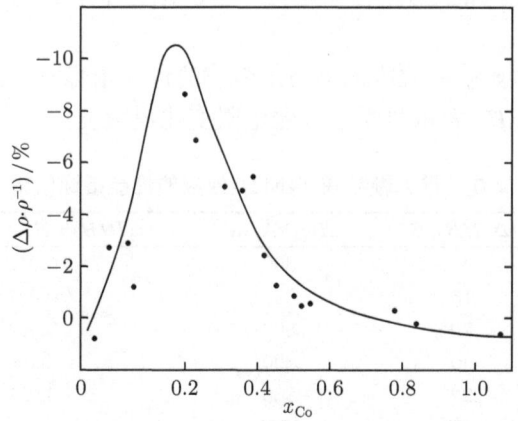

图 2.54 Co_xAg_{1-x} 颗粒膜的巨磁电阻效应与 Co 含量 x 的关系

纳米颗粒合金膜可以采用共蒸发、共溅射、离子注入以及化学工艺制备. 实验室中常采用磁控溅射、离子束溅射等方法, 所用的靶材为所需组分的复合靶、镶嵌靶, 例如 Co-Ag 颗粒膜的靶. 采用在 Ag 靶上贴 Co 片, 调整二者的相对面积, 可以制备出不同 x 值的 Co_xAg_{1-x} 颗粒膜. 当 Co 颗粒的体积百分比低于 Ag 时, Co 以微颗粒的形式嵌于 Ag 膜中.

除颗粒膜之外, 急冷薄带、块体合金等纳米固体都可产生纳米颗粒 GMR 效应.

金属微观组织的控制技术是该系列 GMR 效应的关键.

自旋阀多层膜具有较高的磁场灵敏度, 但 GMR 效应却很小, 而颗粒膜虽有较大 GMR 效应, 但饱和场都很高. 人们自然想到介于多层膜和颗粒膜之间的中间状态, 能否兼具二者的优点, 同时克服它们的缺点. 有报道将传统 NiFe/Ag 多层膜进行适当热处理, 形成所谓的 "非连续" 多层膜. 在这种体系中, 由于 Ag 原子的热扩散, 打破了原有均匀的多层膜结构. 磁性层被分割成一个个具有横向解耦的小岛, 但还没有形成颗粒膜中的单畴铁磁颗粒; 在适当条件下, 偶极子场使磁矩反平行排列, 在较低饱和场下获得 (0.8%~1.2%)/Oe 的灵敏度. 相应的 GMR 效应 ≈5%. 另外, Fert 等提出的具有超薄 Co 层 (4Å) 的 Co/Ag/NiFe/Ag 多层膜系统, 其超薄 Co 层可看作类似于上述的具有横向解耦的 "非连续" 层, 同时, NiFe 层又保留了高磁导率的优点. 这种结构的薄膜获得了 GMR 效应 ≈34.5%(4.2K 温度, 饱和场为 800A/m). 而磁场灵敏度达 6.5%/Oe 的历史最高值. 但在室温下由于非连续 Co 层向超顺磁性转变, 使得薄膜低场灵敏度大大降低.

"非连续" 多层膜独特的结构和极高的低场灵敏度, 成为继自旋阀以后, 有希望被应用于磁记录读磁头的巨磁电阻材料. 但用它制成的磁头器件将产生较大的巴克豪森噪音. Hylton 等人发展了所谓光刻图形多层膜, 在这种多层膜体系中, 磁性层被光刻成近似一个大的单畴结构, 避免了多畴结构中的巴克豪森跳跃, 有效地抑制了巴克豪森噪音.

表 2.5 列出一些典型颗粒膜的 GMR 效应的性能指标[62], 表中 H_s 是颗粒间耦合等效场, $(\Delta R/R):H_s$ 表示薄膜系统磁电阻变化灵敏度.

表 2.5 常见颗粒膜 GMR 效应的性能指标(300K)

材料结构	$(\Delta R/R)$/%	H_s/(kA/m)	$(\Delta R/R):H_s$/(%:kA/m)	T/K
$Co_{20}Cu_{80}$	9	800	0.011	5
$Fe_{30}Ag_{70}$	15	550	0.027	5
$Co_{26}Ag_{74}$	70	800	0.087	4
$(NiFe)_{20}Ag_{80}$	40	800	0.05	5
$Co_{20}Ag_{80}$	22	800	0.027	5
$Co_{32}Ag_{68}$	5	1600	0.003	300
$Co_{26}Ag_{74}$	25	800	0.031	300
$Co_{20}Ag_{80}$	4	5600	0.0007	250
$(CoFe)_{36}Ag_{64}$	20	1000	0.02	300

2.4.6 巨磁电阻传感器的转移特性曲线

多层膜与自旋阀的磁电阻可表示为

$$R(H) = R_p + \frac{(R_{ap} - R_p)}{2}[1 - \cos(\theta_1 - \theta_2)] \tag{2.76}$$

2.4 巨磁电阻传感器原理

这里, R_p 和 R_ap 分别是磁性薄膜平行与反平行时的电阻, θ_1 和 θ_2 分别是两层磁性薄膜的磁矩分布角度.

前面提到, 当用自旋阀作为磁传感器, 为了在弱场时获得好的线性度, 往往要求自由层的单轴各向异性与钉扎场的方向正交. 如果待测磁场很小, 满足

$$|H - H_\mathrm{coupl}| \leqslant H_\mathrm{a} \tag{2.77}$$

则式 (2.76) 可以简化为

$$R(H) = R_\mathrm{p} + \frac{(R_\mathrm{ap} - R_\mathrm{p})}{2}\left(1 - \frac{H - H_\mathrm{coupl}}{H_\mathrm{a}}\right) \tag{2.78}$$

为了求多层薄膜与自旋阀的转移特性曲线, 原则上讲, θ_1 和 θ_2 可以通过求单位面积的总能量的最小值得到. 下面以交换耦合多层薄膜结构为例来说明该方法[63].

对如图 2.55 所示的交换耦合薄膜结构, 其能量为

$$\begin{aligned}E = &-\mu_0 M H t[\cos(\phi - \theta_1) + \cos(\phi - \theta_2)] \\ &+ \mu_0 K t(\sin^2\theta_1 + \sin^2\theta_2) + \mu_0 J_\mathrm{s}\cos(\theta_1 - \theta_2)\end{aligned} \tag{2.79}$$

这里, H 是待测磁场, K 是各向异性常数, J_s 是磁性层间的交换耦合常数, t 是磁性层的厚度 (且假设两磁性层的厚度相等), M 是磁性层的磁化强度, 同样假设两磁性层的磁化强度相等. 上面的能量关系中没有考虑形状各向异性和电流感生磁场等因素的影响.

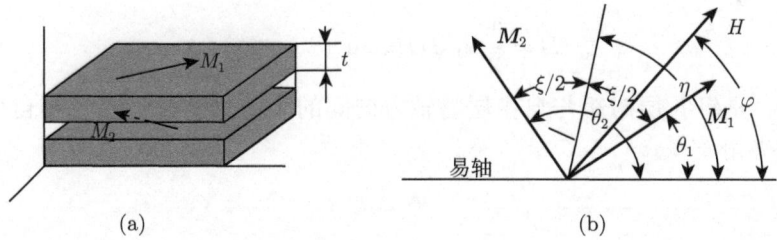

图 2.55 (a) 交换耦合薄膜的结构; (b) 计算模型中的磁化矢量方向关系

因为各向异性场 H_k 和层间交换耦合场 H_s 分别为

$$H_\mathrm{k} = \frac{2K}{\mu_0 M}$$

和 \hfill (2.80)

$$H_\mathrm{s} = -\frac{2J_\mathrm{s}}{\mu_0 M t}$$

将式 (2.80) 代入式 (2.79), 现只考虑 $\varphi = \dfrac{\pi}{2}$ 的情形, 即测量磁场在难轴方向的情形, 则得

$$E = -\mu_0 MtH(\sin\theta_1 + \sin\theta_2) + \dfrac{1}{2}\mu_0 MtH_k(\sin^2\theta_1 + \sin^2\theta_2) \\ -\dfrac{1}{2}\mu_0 MtH_s\cos(\theta_1 - \theta_2) \tag{2.81}$$

考虑到对称性, 令 $\theta_1 = \theta$, 则有 $\theta_2 = \pi - \theta_1$, 可将式 (2.81) 进一步简化后, 对其进行微分并令微分等于零, 就可得到

$$\sin\theta = \dfrac{H}{H_k + H_s} \tag{2.82}$$

将式 (2.82) 代入式 (2.78), 则可得耦合多层薄膜的转移特性

$$R(H) = R_P + (R_{ap} - R_p)\cdot\left[1 - \dfrac{H^2}{(H_s + H_k)^2}\right] \quad (H < H_k + H_s) \tag{2.83}$$

将式 (2.83) 绘于笛卡儿坐标中, 可得到交换耦合薄膜 GMR 传感器的转移特性曲线, 如图 2.56 所示. 需要说明的是, 由于在计算模型中做了很多简化, 得到的转移特性曲线与实际测试的转移特性曲线差别较大; 但是, 如果把传感器单元所涉及的能量都考虑完全, 则可以得到与实际一致的转移特性曲线. 比如多层薄膜的 MR 效应, 能量项中还包括双平方型 (biquadratic) 能量项

$$E = J_2\cos^2(\theta_1 - \theta_2) \tag{2.84}$$

对自旋阀型 GMR, 则应包括钉扎场的能量

$$E = \dfrac{1}{2}\mu_0 MtH_p\sin^2(\theta_p - \Phi_p) \tag{2.85}$$

上式中, θ_p 是钉扎层磁矩与自由层易轴方向间的夹角, Φ_p 是钉扎场与自由层易轴方向间的夹角.

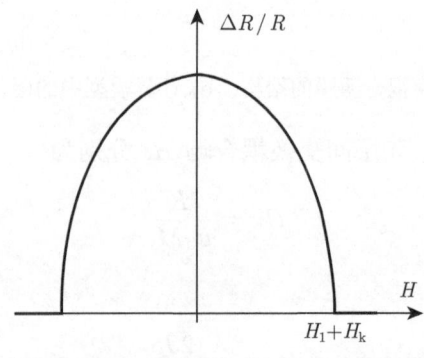

图 2.56 理论计算的交换耦合薄膜 GMR 传感器的转移特性曲线

下面介绍多层薄膜 GMR 和自旋阀型 GMR 的实际转移特性曲线. 图 2.57 是美国 NVE 公司采用耦合型多层薄膜制备 GMR 传感器的典型转移特性曲线图[64].

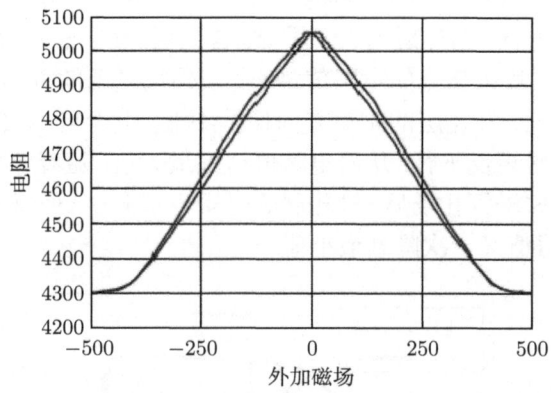

图 2.57　NVE 公司生产的耦合型多层薄膜制备 GMR 传感器的典型转移特性曲线

尽管 Fe/Cr 多层薄膜的 GMR 效应使我们意识到, 层间交换耦合与 GMR 具有密切的关系, 但反铁磁交换耦合并非是产生 GMR 的必要条件. 对于适当的软硬磁性薄膜材料组合, 也能产生巨磁电阻效应. 根据软磁磁性层间的耦合强度, 这种形式的多层薄膜 GMR 的转移特性可以分为三类, 如图 2.58 所示, 分别对应强耦合, 弱耦合和非耦合三种情形[65].

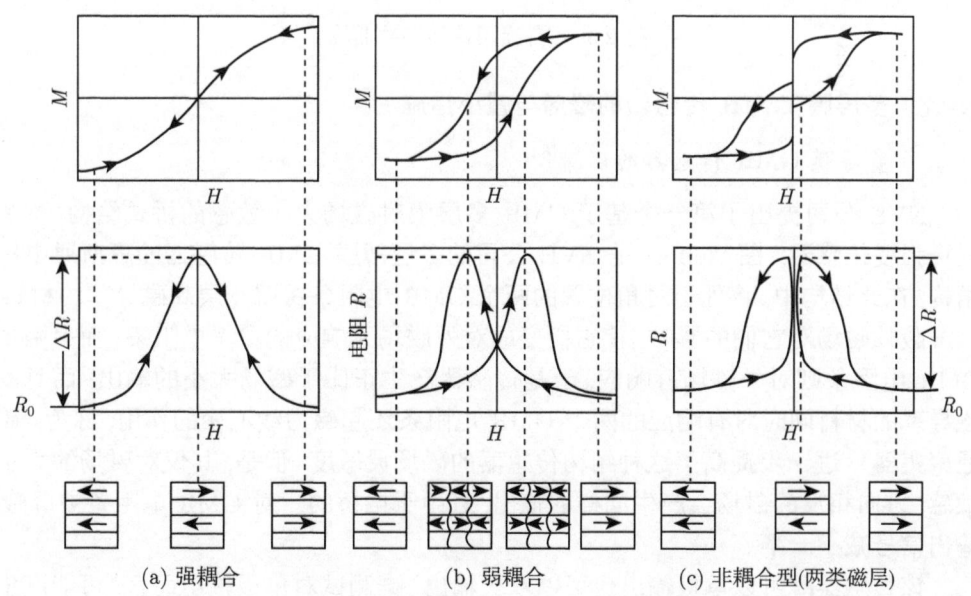

图 2.58　软硬磁性多层薄膜 GMR 的转移特性曲线分类

多层薄膜 GMR 的转移特性曲线是对称的, 而自旋阀 GMR 的转移特性曲线是非对称的. 如图 2.59 所示. 造成自旋阀 GMR 转移特性曲线的非对称性的原因是钉扎层 (pinned layer, PL) 的单向各向异性. 在图 2.59 中, 自旋阀的反铁磁钉扎场的方向沿坐标轴正方向, 当外磁场大于零时, 自由层 (free layer, FL) 的磁矩与钉扎层的磁矩方向同向, 故传感器的电阻值最小; 当外加磁场的方向转向负方向后, 当外加场不是足够大时, 钉扎层的磁矩方向保持不变, 由于自由层的磁矩转向, 使得自由层与钉扎层的磁矩反平行, 从而电阻值达到最大值. 随着外加磁场在负方向的继续增大到大于反铁磁钉扎场后, 钉扎层的磁矩也反向, 从而钉扎层与自由层的磁矩又平行排列, 电阻值又一次降到最小值.

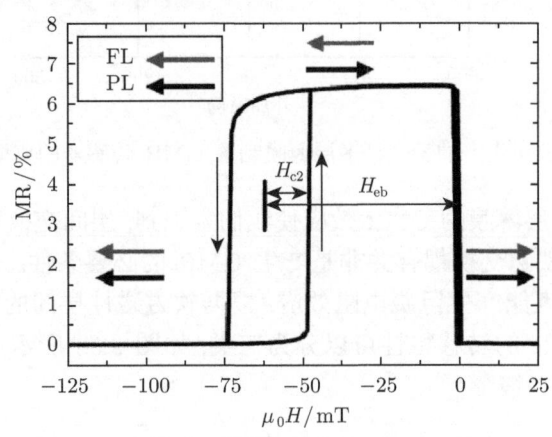

图 2.59 自旋阀转移特性曲线

2.4.7 多层膜 GMR 传感器的磁滞与减小措施

1. 多层膜 GMR 传感器的磁滞[64]

NVE 公司提出了第一个基于 GMR 多层膜对磁场大小敏感的桥式结构, 称为磁场强度传感器. 图 2.60(a) 是 NVE 公司的多层薄膜 GMR 传感器的惠斯通电桥结构, 在此结构中, 将处于对角位置的两个 GMR 电阻条覆盖一层高磁导率的材料, 以屏蔽外磁场对它们的影响, 使它们变成对外磁场无响应的参考电阻条, 而另两个 GMR 电阻条则对外磁场有响应, 于是传感器产生正比于磁场大小的输出. 而且高磁导率的材料同时对有响应的两个 GMR 电阻条还起磁力线汇聚的作用, 称为"磁通聚集器", 进一步提高了这种结构传感器的磁场灵敏度. 但是, 其仅对磁场的大小敏感, 方向相反的磁场会产生同样的输出, 且由于电桥的一对 GMR 电阻条被屏蔽, 输出信号减小一半.

该传感器既可以单极输出也可以双极输出. 据测试对单极输出而言, 可能产生高达 15% 的磁滞, 而对双极输出则更高, 达 39%, 给测试结果带来了很大的不确定

2.4 巨磁电阻传感器原理

性,且会引起传感器的灵敏度随工作点变化. 图 2.61 是 NVE 公司的 AA 系列传感器受到饱和单极磁场作用的输出特性曲线. 在单极磁场的作用下, 传感器工作在局部磁滞回线上, 此时磁滞现象对输出特性的影响较小.

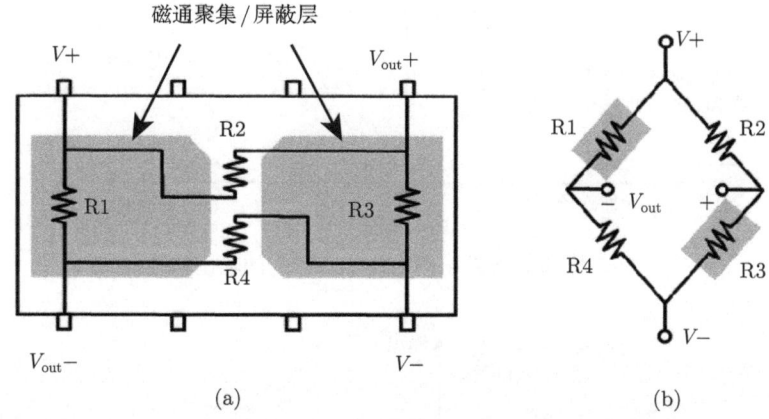

图 2.60 多层膜 GMR 传感器的磁阻条布局 (a) 和惠斯通电桥连接方式 (b)

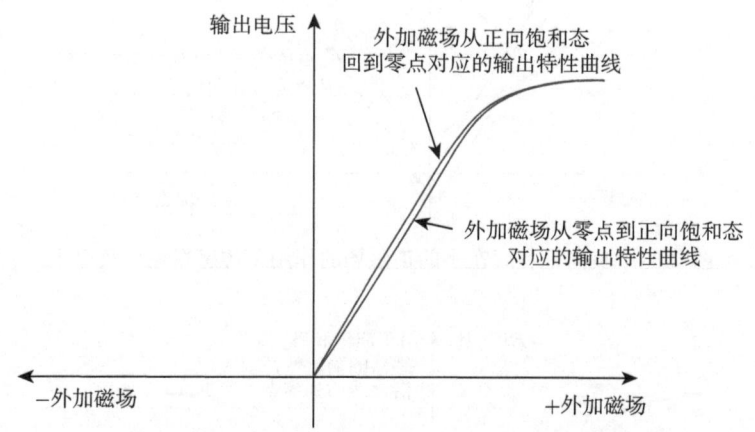

图 2.61 饱和单极磁场作用在传感器上的输出特性曲线

图 2.62 显示的传感器在饱和双极磁场作用下的输出特性曲线. 此时, 传感器工作在主磁滞回线上, 输出特性的磁滞现象相对就大得多, 将对传感器的输出电压带来较大的影响. 无论是正向还是负向磁场使传感器饱和后, 其输出特性曲线将沿主磁滞回线中的内侧曲线返回零磁场点. 当负向饱和磁场作用于传感器后, 当小的正向磁场作用于传感器, 传感器将输出一个负电压, 如图 2.63 所示. 然而对正向饱和后的传感器, 同样的小正向磁场作用, 则输出一个正电压, 如图 2.64 所示.

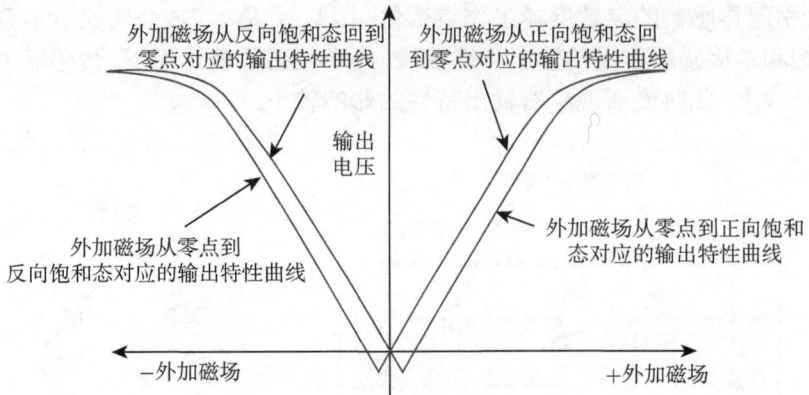

图 2.62　饱和双极磁场作用在传感器上的输出特性曲线

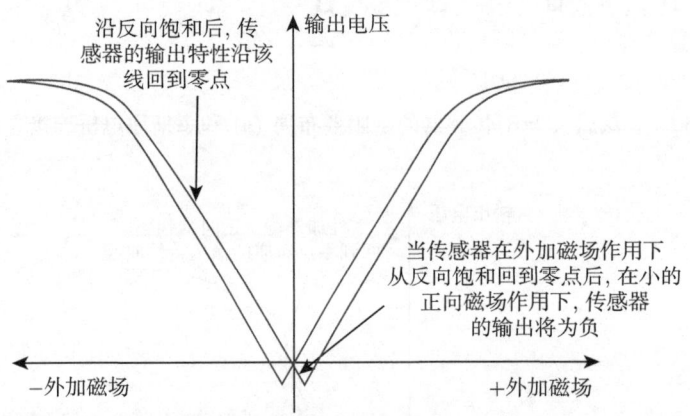

图 2.63　负向饱和后在小的正磁场的作用下传感器输出负电压

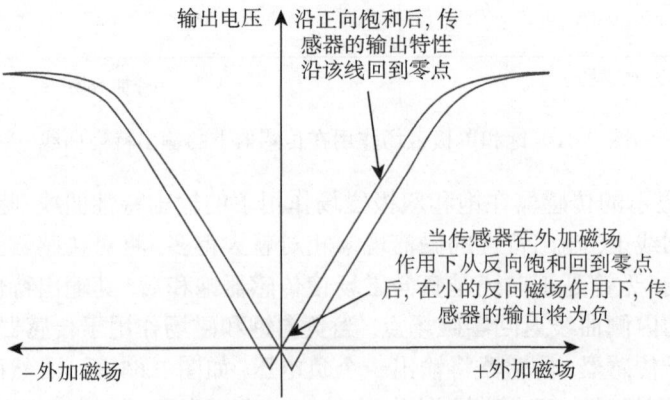

图 2.64　正向饱和后在小的正磁场作用下传感器输出正电压

2. 减小磁滞行为对测试结果影响的措施

这种令人混淆的输出结果经常在探测微弱磁场遇到. 解决此问题的常用方法是对传感器单元用磁场偏置, 这样传感器的工作点就在特性曲线的线性部分, 如图 2.65 所示. 磁场偏置一般用外加永磁体或者在传感器附近通电流产生磁场实现. 尽管采用此方法后, 传感器在小磁场作用下仍然有双极输出信号, 但是特征信号的斜率是相同的, 所以器件的磁灵敏度也是一样的.

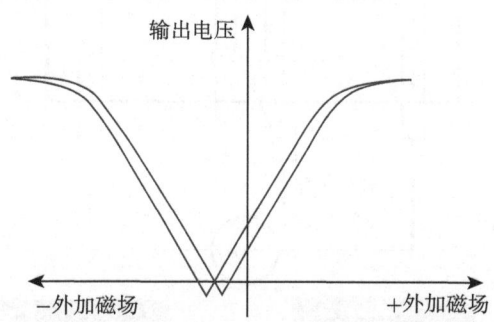

图 2.65　磁场偏置后的传感器输出特性曲线

意大利科学家[66]在分析了磁滞、非线性等因素对测试结构不确定性的影响基础上, 提出了另外一套解决方案是:

(1) 用置于传感器下的偏置条产生的直流磁场强制使传感器工作于线性区

直流磁场的产生可以采用 PCB 板实现. 在电路板的上面放置传感器, 下面测试产生直流磁场的偏置条, PCB 板的尺寸是 28mm×20mm×1.6mm, 偏置条的尺寸则是 3mm×20mm×90μm, 如图 2.66 所示.

(2) 在零磁场屏蔽腔对传感器进行退磁

把图 2.66 所示的电路放在磁屏蔽腔中, 在偏置条中通交变幅度减小的电流, 对传感器退磁.

(3) 用自动集成电子反馈电路固定和控制传感器的工作点

控制电路如图 2.67 所示. 其中 U1 是 LM318 放大器, 与 R1 和 C1 构成简单的积分器, 工作点设置电压 V_{SET} 由同相输入提供. 误差电流信号在 R1 上形成. U2 是 LM1877 双通道功率放大器, 其与 R7 一起放大误差电压并转化成修正电流提供给偏置条.

具体测试步骤如下. 对直流磁场测试:

① GMR 传感器退磁;

② 用偏置条构建单极定标曲线;

③ 由定标曲线确定传感器的灵敏度, 线性区和线性区的中点;

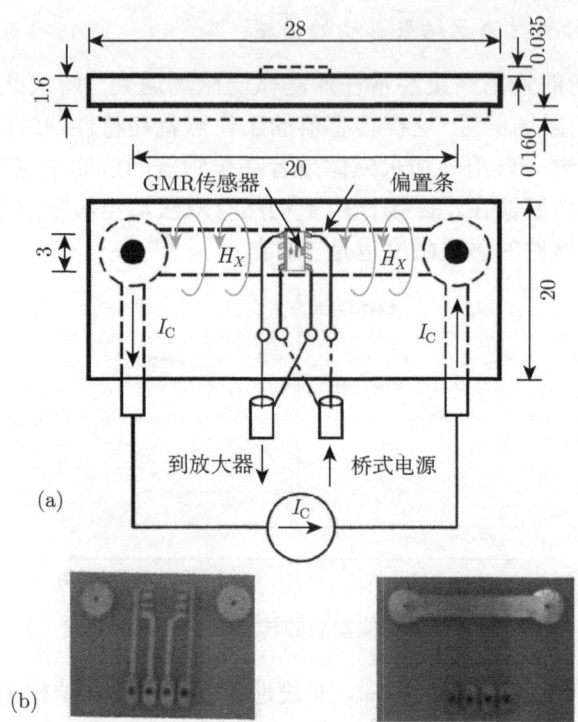

图 2.66 直流磁场产生的示意图 (a) 和 PCB 电路板实现 (b)

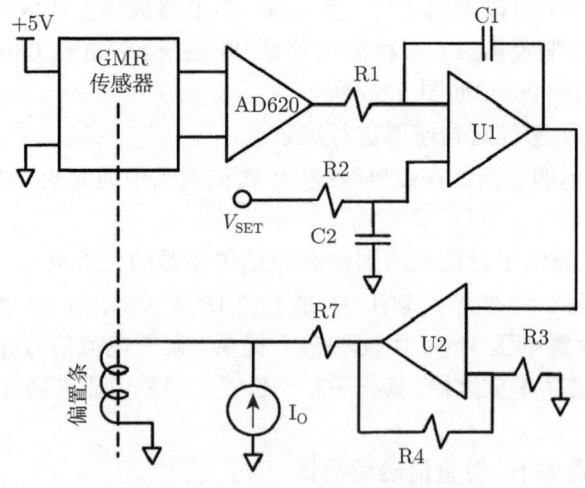

图 2.67 工作点控制电路

④ GMR 传感器再一次退磁,并利用控制电路将传感器的工作点设定在线性区的中点;

⑤ 利用传感器测试待测磁场 (此时工作点控制电路要关闭).

对交流磁场的测试步骤, 除工作点的设置以外其他步骤与直流磁场测试完全一致. 交流磁场测试中, 工作点的设置要保证有同样的交流灵敏度.

美国科学家[67] 则提出用线圈包裹 GMR 传感器, 测试前在线圈中通以脉冲电流使传感器饱和磁化, 强制传感器工作于从正向饱和回到零点的输出曲线支路上, 从而消除了磁滞对测试结果的影响. 图 2.68 是他们提出的产生脉冲电流的饱和电路.

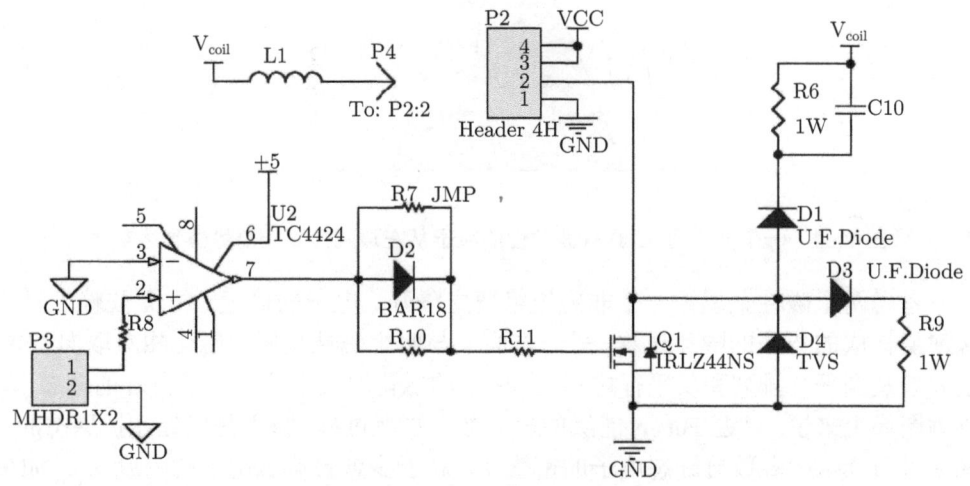

图 2.68　脉冲电流产生电路

当然, 与其他磁传感器一样, 消除磁滞对测试结果的影响, 也可以通过建立传感器输出的磁滞模型, 采用数值算法进一步消除, 具体实现方法可参见文献 [68].

2.5　隧道结磁电阻传感器原理

2.5.1　自旋相关隧穿过程与隧穿磁电阻效应

隧穿现象基于量子粒子的波动性. 与经典概念不同, 束缚在某个区域的粒子能隧穿一个能量势垒进入另一个区域, 如图 2.69 所示[69]. 出现明显隧穿有两个主要条件: ① 势垒一边有填充态, 而势垒另一边同样能级位置处存在未填充态; ② 势垒的宽度必须很薄. 用势垒作为中间层, 而两极是相同或不同材料就构成了各种隧道结. 在不加电压时, 两电极的 Fermi 面相等, 故没有电流通过隧道结. 加上偏置电压后, 两电极的 Fermi 面将发生相对位移. 利用 Fermi 黄金定则可以计算流经隧道结的具有一定能量的电子数目, 它正比于给定能量下一个电极的电子占据态的态密度与另一个电极的空态的态密度以及隧穿概率 (跃迁矩阵元的平方) 的乘积, 总的

隧穿电流是对流经隧道结的各种不同能量电子贡献的求和[69], 即

$$J(V) \propto \int |M|^2 g_1(E-eV)g_2(E)[f(E-eV)-f(E)]dE \tag{2.86}$$

这里 g_1 和 g_2 为 Fermi 面处的态密度, $f(E)$ 为 Fermi 分布函数.

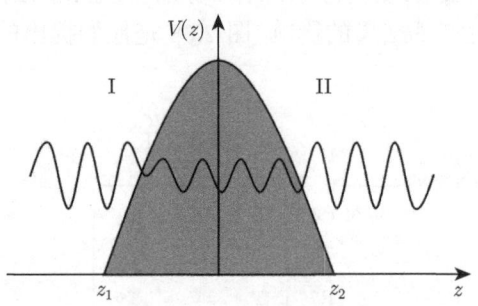

图 2.69　一个能量为 E 具有波动性的粒子从左边隧穿到一个势垒到达右边

考虑两个磁性金属被一个非磁绝缘薄层隔开. 电子的输运一方面依赖于对绝缘薄层构成的势垒的隧穿过程; 另一方面又与两个磁性金属的磁化相对取向有关, 主要涉及到平行排列和反平行排列. 金属中的磁化取决于传导电子自旋的分布. 从物理图像上来说, 靠近 Fermi 能级的电子参与输运过程, 特别是以处在扩展态的 s 和 p 电子为主. 多数自旋态电子的密度 $n_\uparrow$ 高于少数自旋态电子的密度 $n_\downarrow$. 如果两个铁磁金属电极的磁化方向平行, 则一个电极中多数自旋子带的电子将进入另一个电极中的多数自旋子带的空态, 而少数自旋子带的电子也从这个电极进入另一个电极的少数自旋子带的空态; 但如果两个电极的磁化方向反平行, 则一个电极中的多数自旋子带电子的自旋与另一个电极的少数自旋子带电子的自旋平行, 于是在隧穿过程中, 一个电极的多数自旋子带的电子必然进入另一个电极少数自旋子带的空态; 反之亦然. 可以理解, 当磁化取向平行排列时, 发射进结中的多数自旋电子与一个高密度的空态相遇, 因此磁电阻低, 反过来, 则电阻高. 也就是说, 磁化平行排列电阻小, 而反平行排列电阻高, 如图 2.70 所示[70]. 人们把由两层铁磁薄膜材料 (FM) 和中间绝缘层 (I) 组成的三明治结构称为磁性隧道结 (magnetic tunnel junction, MTJ), 当改变两个铁磁层的磁矩相对取向时, 磁性隧道结的隧穿电阻将发生变化, 这种现象称为隧穿磁电阻 (tunneling magnetoresistance, TMR) 效应.

磁性隧道结有很好的应用价值. 注意取有不同矫顽力的两个铁磁层, 如果开始时两个铁磁层取反平行组态, 隧道结处在高阻态, 加上磁场使其转为平行组态, 隧道结转至低阻态; 再将磁场减少直至负的, 则矫顽力小的铁磁层的磁化先反转, 于是两个磁层又成反平行排布, 电阻又成极大, 如此重复. 很明显, 磁场作为开关控制了电阻从高到低或从低到高的改变, 并且只需一个非常小的外磁场即可实现 TMR

极大值. 图 2.71 是一个隧道结的测试结果[71], 图中箭头的方向表示两磁性层磁矩的相对取向.

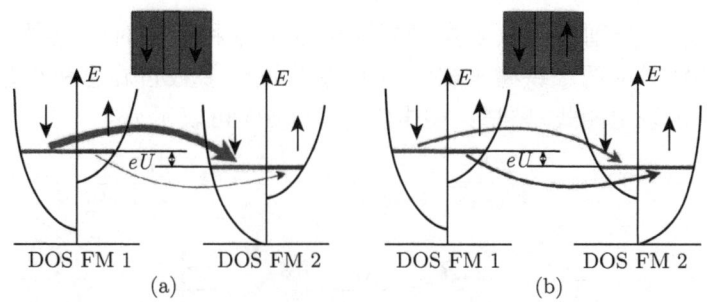

图 2.70　两磁性层在相互平行 (a) 和反平行 (b) 状态下, 向上自旋 (↑) 和向下 (↓) 自旋电子的态密度与隧穿示意图

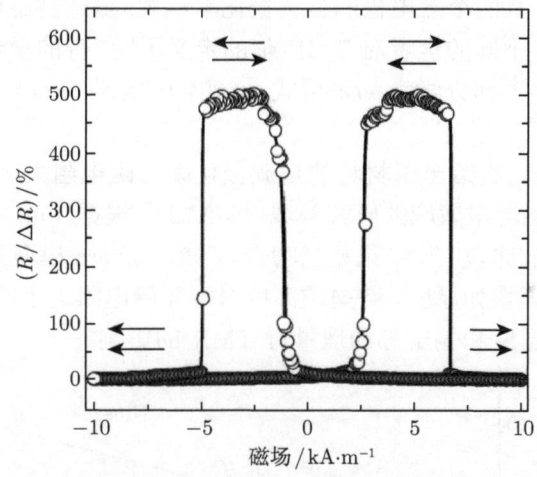

图 2.71　隧道结的典型测试结果

2.5.2　隧穿磁电阻效应的理论模型

1975 年, Julliere 提出了一个关于铁磁/绝缘体/铁磁三层膜的理论模型[72]. 该模型有两个假设: ① 电子在隧穿过程中的自旋是守恒的, 也就是电子穿越绝缘体势垒时其自旋方向保持不变; ② 每个自旋通道的电导与该通道上两个磁性层的费米面上的有效态密度的乘积成正比. 在零偏压, 当两铁磁层的磁化矢量处于平行位置时, 隧穿电导可以写为[73]

$$G_{\rm P} = C[N_{1,\uparrow}N_{2,\uparrow} + N_{1,\downarrow}N_{2,\downarrow}] \tag{2.87}$$

当两磁性层的磁化矢量处于反平行时,隧道电导又可以写成

$$G_{\mathrm{AP}} = C[N_{1,\uparrow}N_{2,\downarrow} + N_{1,\downarrow}N_{2,\uparrow}] \tag{2.88}$$

这里 G_{P}、G_{AP} 分别为两铁磁层的磁化矢量平行和反平行时的电导,C 为常数,$N_{(1,2),(\uparrow,\downarrow)}$ 分别对应两个铁磁电极 (1, 2) 费米面处多数自旋态和少数自旋态 ($\uparrow$, $\downarrow$) 的态密度. 由以上两式,隧道结磁电阻值 (TMR) 可表示为

$$\mathrm{TMR} = \frac{\Delta R}{R_{\mathrm{AP}}} = \frac{R_{\mathrm{AP}} - R_{\mathrm{P}}}{R_{\mathrm{AP}}} = \frac{\Delta G}{G_{\mathrm{P}}} = \frac{2P_1 P_2}{1 + P_1 P_2} \tag{2.89}$$

或

$$\mathrm{TMR} = \frac{\Delta R}{R_{\mathrm{P}}} = \frac{R_{\mathrm{AP}} - R_{\mathrm{P}}}{R_{\mathrm{P}}} = \frac{2P_1 P_2}{1 - P_1 P_2} \tag{2.90}$$

式中,R_{P} 和 R_{AP} 分别为两铁磁层磁化方向平行和反平行时的隧穿电阻,P_1 和 P_2 分别对应两个铁磁电极的自旋极化率. 显然,如果 P_1 和 P_2 均不为零,则磁隧道结中存在磁电阻效应,且两个磁电极的自旋极化率越大,隧道结磁电阻值也越高.

在文献报道中,不同的学者对 TMR 值的定义不同,有的学者采用式 (2.89) 的定义,但最近几年,大部分学者都采用式 (2.90) 的定义,所以出现 TMR 值大于 100%的情形.

Julliere 模型第一次给出了材料的自旋极化率与磁电阻大小的关系,该模型被广泛的运用在隧穿磁电阻效应的研究领域. 图 2.72 是根据 Julliere 模型计算的磁阻变化值与实验值的比较[73], 结果相当吻合. 但是 Julliere 模型具有一定的局限性,它没有给出其他物理量如厚度、势垒的高度对隧穿磁电阻大小的影响,它也不能用来具体的处理一些温度和偏压等物理量对 TMR 的影响.

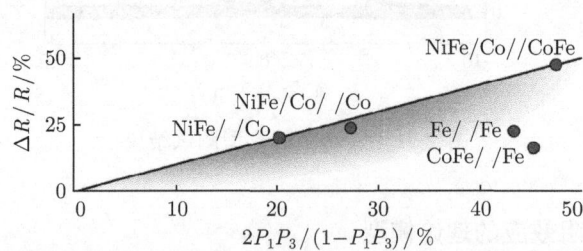

图 2.72 Julliere 模型计算的磁电阻变化值与实验值的比较 (圆点为实验值)

Julliere 模型模型的不足可以由 Slonczewski 模型解决. Slonczewski 模型的主要思想是用具有不同波矢 $k_\uparrow$ 和 $k_\downarrow$ 的自旋极化的近自由电子模型来描述两边铁磁金属中载流子的情况,用矩形势垒来模拟中间绝缘层,整个结界面处于平行状态. 这样,通过用量子力学方法求得一个更好的关于 TMR 的公式如下[74]:

$$\mathrm{TMR} = \frac{2P_{\mathrm{eff}1} P_{\mathrm{eff}2}}{1 + P_{\mathrm{eff}1} P_{\mathrm{eff}2}} \tag{2.91}$$

2.5 隧道结磁电阻传感器原理

其中，P_{eff1} 和 P_{eff2} 分别为两个电极的有效自旋极化率，它们分别为

$$P_{\text{eff1}} = \frac{k_1^\uparrow - k_1^\downarrow \kappa^2 - k_1^\uparrow k_1^\downarrow}{k_1^\uparrow + k_1^\downarrow \kappa^2 + k_1^\uparrow k_1^\downarrow} = P_1 \frac{\kappa^2 - k_1^\uparrow k_1^\downarrow}{\kappa^2 + k_1^\uparrow k_1^\downarrow} \tag{2.92}$$

$$P_{\text{eff2}} = \frac{k_2^\uparrow - k_2^\downarrow \kappa^2 - k_2^\uparrow k_2^\downarrow}{k_2^\uparrow + k_2^\downarrow \kappa^2 + k_2^\uparrow k_2^\downarrow} = P_2 \frac{\kappa^2 - k_2^\uparrow k_2^\downarrow}{\kappa^2 + k_2^\uparrow k_2^\downarrow} \tag{2.93}$$

其中，$k_i^\uparrow$ 和 $k_i^\downarrow$ 分别为两磁性层费米面上的自旋向上和自旋向下电子的波矢，而 κ 为势垒中的波矢

$$\kappa = \sqrt{(2m/\hbar^2)(V_{\text{B}} - E_{\text{F}})} \tag{2.94}$$

波矢 κ 来源于势垒/磁性层两个界面上波函数的连续条件，它与势垒的高度 $U_{\text{B}} = V_{\text{B}} - E_{\text{F}}$ 有关，其中 E_{F} 为磁性层的费米能级。由此可见在 Slonczewski 模型中考虑了势垒和界面的因素，因而比 Julliere 模型更接近实际。当势垒高度很高时，Slonczewski 模型可以简化为 Julliere 模型。

2.5.3 磁性隧道结传感单元的典型结构

铁磁体/绝缘体/铁磁体的三明治结构是磁性隧道结的核心结构。在磁性隧道结最早的研究中，Julliere 就使用了 Fe/Ge-O/Co 的三明治结构发现了低温下的隧穿磁电阻效应；而室温隧穿磁电阻效应也是首先在这种典型的三明治结构中发现的。在三明治结构磁性隧道结的设计中，一般情况下上下两层铁磁层要具有不同的矫顽力 (这种结构又称赝自旋阀结构)，在外加磁场作用下，矫顽力小的一层先翻转，从而形成两铁磁层的反平行排列，实现磁性隧道结的高阻态，其典型磁电阻曲线如图 2.73(a) 所示。三明治结构磁性隧道结的优点是结构简单和易于制备；由于没有反铁磁钉扎层，还避免了高温下反铁磁钉扎材料中 Mn 原子的扩散，可以进行较高温度的热处理，因而能获得较高的磁电阻比值。但在实际应用中，由于三明治结构中的上下层铁磁电极的磁矩都不 "固定"，抗外磁场干扰的能力和热稳定性相对较差；另外，三明治结构的磁电阻值和外加磁场的量值大小之间不能形成唯一的一一对应关系，在传感器中一般不用此种结构。

上一章曾提到自旋阀式磁性多层薄膜的巨磁电阻传感器具有诸多优点，所以室温隧穿磁电阻效应发现以后，自旋阀结构被广泛应用到磁性隧道结中，即钉扎型自旋阀式磁性隧道结，其磁电阻曲线如图 2.73(b) 所示。从图中可以看出：在大磁场下，磁性隧道结处于低电阻态，即两铁磁层磁矩处于平行态；在小磁场范围内，有两个回线，矫顽力较小的回线对应自由层的翻转，矫顽力大的回线对应于钉扎铁磁层的翻转。

自旋阀式钉扎型磁性隧道结的优点是自由层对小磁场的灵敏度大幅度提高，进而由于反铁磁钉扎层的存在，钉扎层铁磁电极的磁矩被相对 "固定"，增加了器件对

外界磁和热噪声的抗干扰能力；另外，磁电阻值和外加磁场的量值大小之间也能形成器件设计所需要的一种对应输出关系. 在实际制作隧穿磁电阻传感器时，为了提高其性能，其结构要复杂得多，图 2.74 是一种 TMR 传感器产品的实际构成.

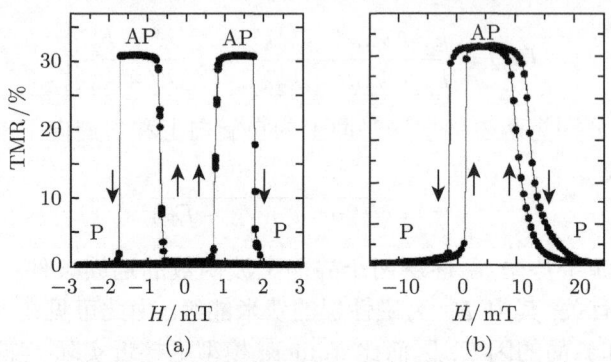

图 2.73 典型的磁性隧道结结构的磁电阻曲线

(a) 赝自旋阀; (b) 自旋阀

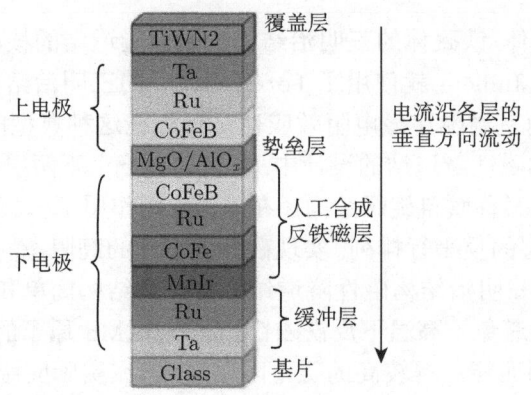

图 2.74 实际 TMR 传感器的结构

更多的磁性隧道结种类与特点，请参见中国科学物理所韩秀峰研究员撰写的章节[75].

2.5.4 TMR 的磁性层和势垒层材料

获得 TMR 值高且其他性能优良的 MTJ 有两个关键：一是寻找自旋极化率高的铁磁层材料；二是寻找优质的绝缘势垒层材料[76,77].

1. 铁磁层材料

由式 (2.89) 或式 (2.90) 可以看出，铁磁层的自旋极化强度越高，则获得的隧穿磁电阻值就越大，因此高极化率的铁磁性材料是磁性隧道结的关键，在铁磁金属材

2.5 隧道结磁电阻传感器原理

料 Fe, Co, Ni 等中其外层电子为 $3d$ 和 $4s$ 电子, 当它们形成金属或合金时, 其 $4s$ 电子形成很宽的能带, 接近自由电子状态. d 电子形成窄能带 (带宽约为几个电子伏特), 由于交换相互作用, 自旋向上的子带与自旋向下的子带发生相对位移使其占据数不相等, 两子带的占据电子总数之差正比于其磁矩. 此外尽管在费米面处还有受劈裂影响较少的 s 电子和 p 电子, 但由于费米而处自旋向上和自旋向下 d 电子的态密度相差很大, 一般铁磁性金属的传导电子极化率在 30%~50%. 在 TMR 传感器中常用的单质和合金材料的自旋极化率见表 2.6[78].

表 2.6 一些材料的自旋极化率

材料	Ni	Co	Fe	$Ni_{80}Fe_{20}$	$Co_{50}Fe_{50}$	$Co_{84}Fe_{16}$	$Co_{40}Fe_{40}B_{20}$
自旋极化率/%	33	42	44	48	55	55	58

然而对于上述具有高极化率的磁性材料, 都具有较大的磁致伸缩系数, 制备时会产生应力影响磁性能, 最终降低传感器性能. 目前主要采用的解决方法是由一层高自旋极化率的磁性层 (如 CoFe) 和磁致伸缩系数为零的 NiFe 层复合构成自由层结构.

除了采用铁磁材料外, 人们也在寻找具有更高极化率的材料. 理论预测表明半金属类材料具有高达近 100% 的自旋极化率. 磁性半金属(half-metal) 的概念首先由荷兰 Nijmegen 大学的 R. A. de Groot 等人提出[79]. 他们在 1983 年对半霍伊斯勒 (half-Heusler) 合金 NiMnSb 和 PtMnSb 作能带计算时, 得到了一种特殊能带结构的新材料, 如图 2.75 所示. 这种新材料的特性在于自旋向上与自旋向下的电子具有不同的导电特性: 一自旋方向的电子呈现金属的导电特性, 而另一自旋方向的电子则呈现半导体或绝缘特性. 由于半金属铁磁体的特殊能带结构, 导致其在费米能级附近只有一种传到电子, 因而具有接近 100% 自旋极化率. 表 2.7 列出了几种研究最为广泛的磁性半金属材料的特性[80]. 虽然这些材料具有极高的自旋极化率, 但还没有在 TMR 传感器产品中得到应用.

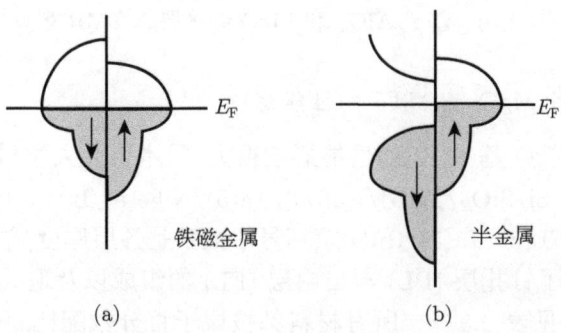

图 2.75 (a) 一般铁磁金属及 (b) 磁性半金属材料能带示意图

表 2.7 典型磁性半金属材料及其特性

材料	自旋向上电子	自旋向下电子	T_c/K	μ_B	自旋极化/%
NiMnSb		eg(Ni)	730	4	50
CrO_2	3d-t2g(Cr)		396	2	96
Fe_3O_4		3d-t2g(Fe)	860	4	98
$La_{0.7}Sr_{0.3}MnO_3$	3d-eg(Mn)	3d-t2g(Mn)	390	<3.7	100
Sr_2FeMoO_6	3d-t2g(Fe)	5d-t2g(Mo)	415	4	100

2. 势垒层材料

对于磁性隧道结，中间势垒层的性能是影响隧道结磁电阻高低的关键因素之一. 势垒层需要一种能在一个薄层 (几个 nm) 里能形成一个连续的薄膜，中间没有连通上下铁磁层的小孔绝缘层材料. 另外，绝缘层要求不能是铁磁性金属氧化物，以防止电子自旋方向在隧穿过程受铁磁性绝缘层的影响. 符合这两点要求的材料很多，但许多实验说明，目前为止应用最成功的是 $Al_2O_3(AlO_x)$ 和 MgO. AlO_x 的优点是易形成超薄而且致密的纳米厚度非晶薄膜，自旋极化电子将受到无序排布的原子散射；而对 MgO，如果选择 CoFeB 作为电极材料，在适当的工艺下 MgO 很容易形成单晶结构，极化电子则可能不受散射的直接通过绝缘层，并且 MgO 还具有高的自旋过滤效应，所以能显著的提高 TMR 比值，如图 2.76 所示. 图 2.77 是采用这两种势垒材料，TMR 比值的发展情况[81].

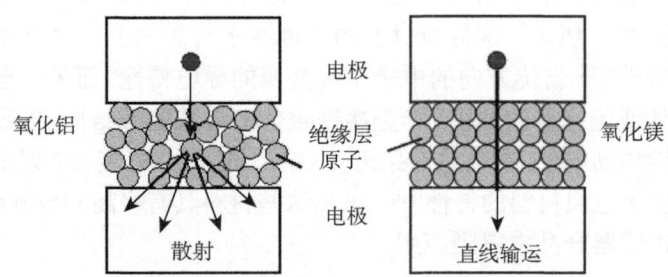

图 2.76 基于 AlO_x 和 MgO 绝缘层的 TMR 器件

3. 材料体系对 MgO 基 MTJ 的性能影响

材料体系对 MgO 基 MTJ 的性能影响很大. 日本东北大学科学家[82] 采用射频磁控溅射法制备了 Si/SiO_2/Ta(5)/Ru(50)/Ta(5)/NiFe(5)/IrMn(8)/CoFe(2)/Ru(0.8)/PL(3)/MgO(1.5)/FL(3)/Ta(5)/Ru(15)(括号中数字是各层厚度，单位是 nm) 的 MgO 基磁隧道结，研究了钉扎层 (PL) 与自由层 (FL) 的组成以及退火对隧道结的 TMR 比值影响，其结果见表 2.8[82]. 所有材料都按原子百分数配比，隧道结的结尺寸为 $0.8\mu m \times 4.0\mu m$，在真空环境下加 4kOe 磁场退火，退火温度 T_a=250~500°C，TMR 比值是在室温情况采用直流四探针法在 ±1kOe 下测得.

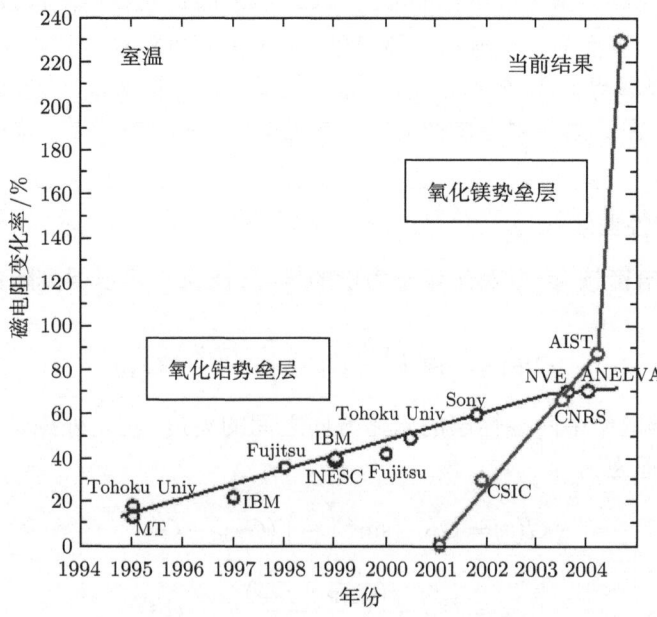

图 2.77 Al$_2$O$_3$(AlO$_x$) 和 MgO 在 MTJ 中应用的发展情况

表 2.8 具有不同材料组成磁性层对 MgO 基 MTJ 的性能影响

钉扎层	自由层	最佳退火温度/°C	TMR 比值/%
Co$_{40}$Fe$_{40}$B$_{20}$	Co$_{40}$Fe$_{40}$B$_{20}$	400	355
Co$_{20}$Fe$_{60}$B$_{20}$	Co$_{20}$Fe$_{60}$B$_{20}$	400	351
Co$_{40}$Fe$_{40}$B$_{20}$	Co$_{50}$Fe$_{50}$	400	277
Co$_{40}$Fe$_{40}$B$_{20}$	Co$_{90}$Fe$_{10}$	350	131
Co$_{50}$Fe$_{50}$	Co$_{40}$Fe$_{40}$B$_{20}$	325	50
Co$_{50}$Fe$_{50}$	Co$_{50}$Fe$_{50}$	270	12
Co$_{90}$Fe$_{10}$	Co$_{40}$Fe$_{40}$B$_{20}$	300	75
Co$_{90}$Fe$_{10}$	Co$_{90}$Fe$_{10}$	270	53

从表 2.8 中可以看出, 只有当自由层与钉扎层均为 CoFeB 合金时, MgO 基 MTJ 的 TMR 比值才能达到较大, 超过 350%. 原因是只有在 CoFeB 非晶上, 高度 (001) 取向且平整的 MgO 隧穿绝缘层才能形成.

4. 对铁磁电极与势垒层的基本要求

要两层磁性薄膜间成功实现隧穿, 则必须需要以下影响因素: ① 铁磁电极的表面/界面粗糙度; ② 良好的势垒层; ③ 界面质量; ④ 铁磁电极; ⑤ 畴壁.

粗糙的底铁磁电极表面会使上下两铁磁电极间产生偶极或 "橘子皮"(orange-peel) 耦合, 这些耦合会使两铁磁电极的磁矩不能独立翻转. 另外在粗糙的表面几乎不可能生长出能全覆盖低电极的薄隧道层. 一般隧道氧化层的厚度小于 20Å, 所以底铁磁电极的表面应该达到原子级平整. 由于表面对隧穿过程的影响很大, 另外在铁磁 — 绝缘体界面不能存在非磁表面. 如果存在非磁表面, 会在这里产生非极化电子和 (或) 在界面产生自旋散射. 在铁磁电极中有磁畴存在, 会降低磁隧道结对磁场的响应.

2.5.5 转移特性曲线

考虑隧穿哈密顿量, 并利用量子力学的推导方法[83] 可以得到隧穿电导的表达式为

$$G(\theta) = \cos^2\left(\frac{\theta}{2}\right) G_P + \sin^2\left(\frac{\theta}{2}\right) G_{AP} \tag{2.95}$$

其中, θ 为磁隧道结中两磁性层的磁化方向之间的夹角, 它是外磁场的函数. 上式可以进一步处理为

$$\begin{aligned} G(\theta) &= G_P + \sin^2\left(\frac{\theta}{2}\right)(G_{AP} - G_P) \\ &= G_P + \frac{(G_{AP} - G_P)}{2}(1 - \cos\theta) \end{aligned} \tag{2.96}$$

考虑到 $G_{AP} < G_P$, 式 (2.96) 可以改写为简单形式[84]

$$G(\theta) = G_0(1 + \varepsilon \cos\theta) \tag{2.97}$$

式中, G_0 和 ε 是常数, 由磁隧道结的电阻-面积、形状以及总电阻等确定. 图 2.78 是隧穿电导与磁隧道结两磁性层磁化强度方向夹角关系的实验结果, 由图 2.78 可见, 理论与实验符合得很好.

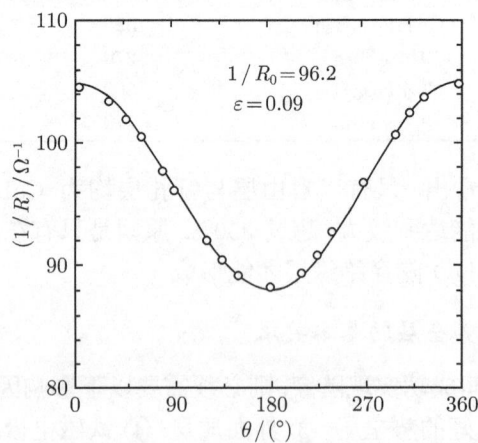

图 2.78　隧穿电导与磁隧道结两磁性层磁化强度方向夹角关系的实验结果

2.5 隧道结磁电阻传感器原理

考虑两种磁隧道结构情形. 当自由层的各向异性与钉扎层的单向钉扎各向异性相平行时 (图 2.79), 此时自由层中需要考虑的能量有[85]:

外磁场能: $-\mu_0 M_s^f H \cos\theta$

感生单轴各向异性能: $K \sin^2\theta = \frac{1}{2}\mu_0 M_s^f H_k \sin^2\theta$

自由层本身产生的退磁场能: $-\frac{1}{2}\mu_0 N M_s^{f2} \cos^2\theta$

钉扎层在自由层上产生的退磁场能: $\mu_0 H_d^p M_s^f \cos\theta$

两磁性层之间的 Néel 能: $-\mu_0 H_N M_s^f \cos\theta$

所以自由层总的自由能为

$$E = -\mu_0 M_s^f H \cos\theta + \frac{1}{2}\mu_0 M_s^f H_k \sin^2\theta - \frac{1}{2}\mu_0 N M_s^f \cos^2\theta \\ + H_d^p M_s^f \cos\theta - \mu_0 H_N M_s^f \cos\theta \tag{2.98}$$

上式中 M_s^f 是自由层的饱和磁化强度, H_k 感生各向异性场, H_N 是 Néel 场, H_d^p 钉扎层作用于自由层上的退磁场, N 是退磁因子, θ 是自由层磁矩与钉扎层磁矩的夹角.

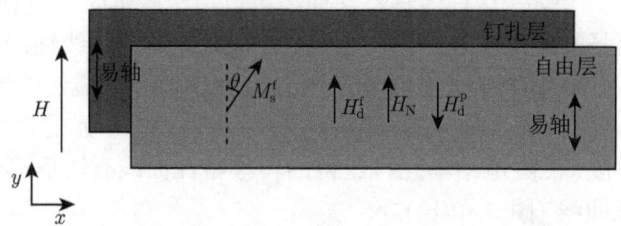

图 2.79 自由层与钉扎层的各向异性平行情形

由 $\partial E/\partial \theta = 0$ 得, 自由层能量最小的条件为

$$\sin\theta \left[\cos\theta (H_K - NM_s^f) + H - H_d^p + H_N\right] = 0 \tag{2.99}$$

其中式 (2.99) 有三种可能解. 即

① 由 $\sin\theta = 0$ 得到 $\theta = 0$ 或 $\theta = \pi$;

② 由 $H_k - NM_s^f = 0$ 和 $H - H_d^p + H_N = 0$;

③ $\cos\theta = (H - H_d^p + H_N)/(NM_s^f - H_k)$.

进一步考虑自由能的二阶微分可以得到

$$\frac{\partial^2 E}{\partial \theta^2} = 0 \rightarrow \begin{cases} H > H_d^p - H_N + (NM_s^f - H_k), & 对\theta = 0 \\ H < H_d^p - H_N - (NM_s^f - H_k), & 对\theta = \pi \end{cases} \tag{2.100}$$

由此, 可以得到各向异性平行的情形下的两种转移特性曲线, 如图 2.80(a) 和 (b) 所示.

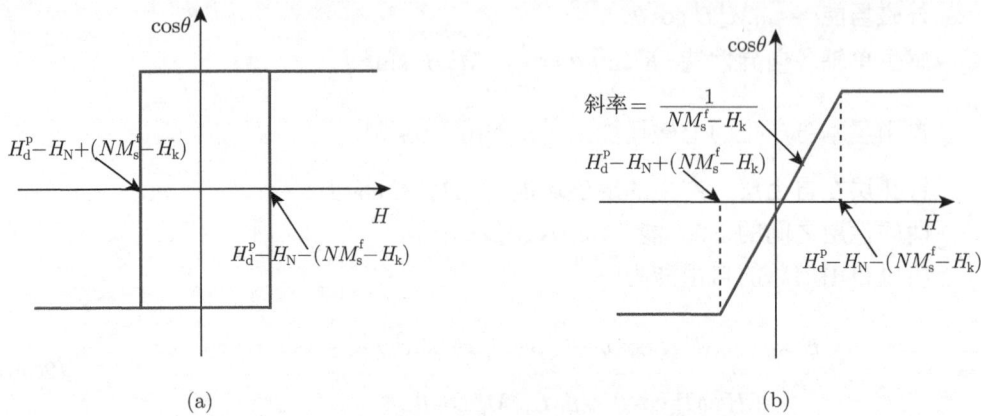

图 2.80 平行各向异性情形下的转移特性曲线
(a) 矩形转移特性曲线; (b) 线性转移特性曲线

从以上分析可知, 在平行情形下, 当 $H_k > NM_s^f$ 时, 转移特性曲线为矩形磁滞回线, 如图 2.80(a) 所示. 这种转移特性曲线可以用于磁电阻随机存储器 (MRAM) 但不能应用于磁场探测. 当 $H_k < NM_s^f$ 时, 转移特性曲线为线性, 正是磁场传感器所需要的, 如图 2.80(b) 所示. 在传感器制备过程中很容易通过控制传感器的尺寸 (即做成长条形) 获得 $H_k < NM_s^f$ 的条件. 通过控制 MTJ 单元的形状以及磁性层材料的磁特性和厚度, 磁隧道结单元可获得的转移特性曲线有矩形形式 (图 2.80(a)), 也可以得到线性曲线 (图 2.80(b)).

当自由层与钉扎层的各向异性相互垂直时 (图 2.81), 这时的能量关系中除感生单轴各向异性能的表达式有变化外 (从 $\sin^2\theta$ 变为 $\cos^2\theta$), 其他能量项与平行时的情形相同. 故此时总的自由能为

$$E = -\mu_0 M_s^f H \cos\theta + \frac{1}{2}\mu_0 M_s^f H_k \cos^2\theta \\ -\frac{1}{2}\mu_0 N M_s^{f2} \cos^2\theta + H_d^p M_s^f \cos\theta - \mu_0 H_N M_s^f \cos\theta \tag{2.101}$$

同样由 $\partial E/\partial \theta = 0$ 得, 自由层能量最小的条件为

$$\sin\theta \left[H - H_d^p + H_N - \cos\theta(H_k + NM_s^f) \right] = 0 \tag{2.102}$$

由式 (2.102) 可得, 两个可能解为:
① 由 $\sin\theta = 0$ 得到 $\theta = 0$ 或 $\theta = \pi$;
② $\cos\theta = (H - H_d^p + H_N)/(NM_s^f + H_k)$.

2.5 隧道结磁电阻传感器原理

进一步考虑自由能的二阶微分可以得到

$$\frac{\partial^2 E}{\partial \theta^2} = 0 \rightarrow \begin{cases} H > H_d^p - H_N + (NM_s^f + H_k), & \text{对}\theta = 0 \\ H < H_d^p - H_N - (NM_s^f + H_k), & \text{对}\theta = \pi \end{cases} \quad (2.103)$$

由上面的分析,得到各向异性相互垂直时的转移特性曲线 (图 2.82),这时转移特性曲线为线性. 虽然在这种情形下得到的转移特性曲线都是线性的,但是由于需要两步磁场退火,增加了工艺难度,也增加了层间扩散的几率 (从而降低了传感器的性能).

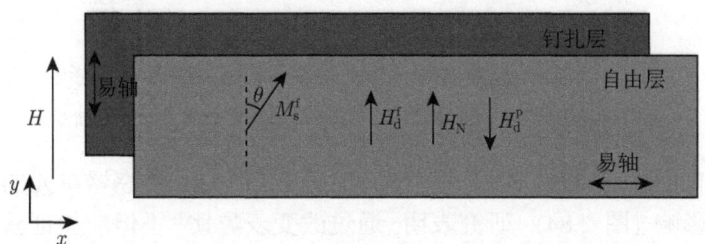

图 2.81 自由层与钉扎层的各向异性垂直情形

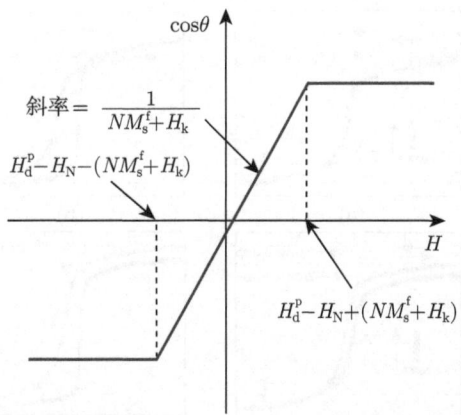

图 2.82 自由层与钉扎层的各向异性垂直时的转移特性曲线

葡萄牙科学家 Freitas 带领的研究小组[86] 详细地研究了自由磁性层厚度、形状各向异性 (形状尺寸的改变) 以及退火温度对 glass/Ta(50Å)/Ru(180 Å)/Ta(30 Å)/PtMn(180 Å)/CoFe(22 Å)/Ru(9 Å)/CoFe(30Å)/MgO(13.5 Å)/CoFeB(t_F)/Ru(50 Å)/Ta(50 Å) 结构的 MTJ 的转移特性曲线的影响. 他们首先考虑了自由层厚度对转移特性曲线的影响,实验发现,无论外磁场沿传感单元的长轴方向) 还是沿短轴方向 (图 2.83,当自由层 CoFeB 的厚度小于临界值 (15.5 Å) 后,其转移特性曲线就从原来的近矩形变为线性.

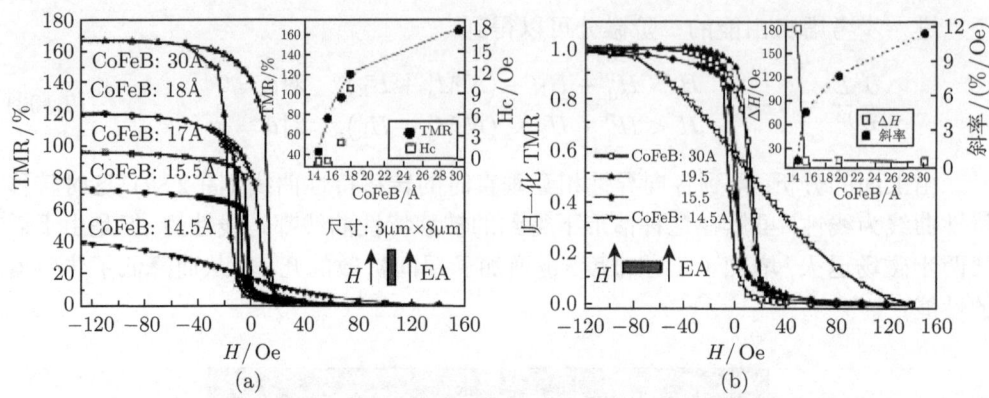

图 2.83 自由层厚度对 TMR 传感器的转移特性曲线影响

(a) 外磁场沿传感单元的长轴方向; (b) 外磁场沿传感单元的短轴方向

他们取自由层 CoFeB 的厚度为 15.5 Å, 继续研究了传感器单元的形状对转移特性曲线的影响 (图 2.84). 研究表明, 通过改变表象比, 不但能保证获得线性的转移特性曲线, 还可以改变转移特性曲线的线性区间.

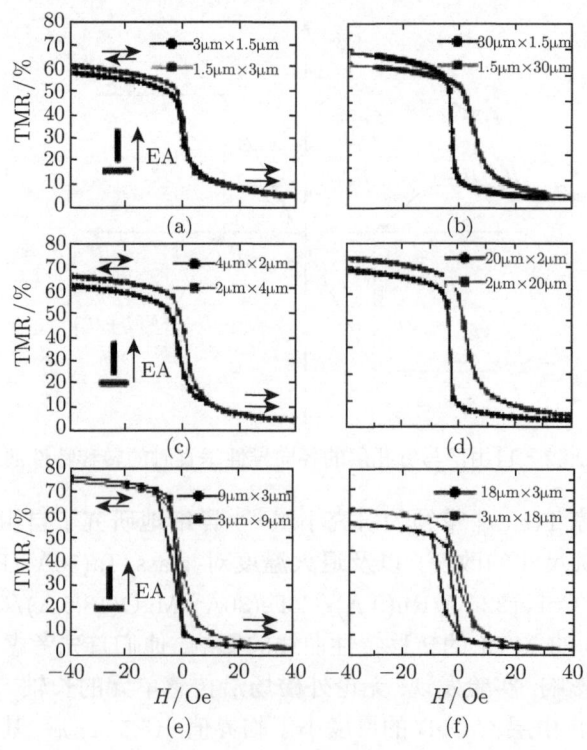

图 2.84 传感器单元形状对转移特性曲线的影响

2.5.6 TMR 传感器的输出信号与偏压之间的关系

TMR 传感器应用是必须考虑其输出信号对偏压的依赖关系,关系到其工作时的电气稳定性. 实验表明,无论结的质量如何,在各种温度情况下,TMR 比值都随直流偏压 V_{dc} 的增加而显著减小. 人们通常把隧穿磁电阻比值降到最大值一半时的偏压值,即半峰值对应的偏压,记为 $V_{1/2}$,来衡量磁隧道结的偏压特性. 在传感器使用中,磁隧道结的 $V_{1/2}$ 越高越好.

图 2.85 示出的 $Fe/Al_2O_3/Fe$ 磁隧道结的在 295K、77K 和 1K 时,TMR 比值都随直流偏压 V_{dc} 的变化关系[87],该磁隧道结的 $V_{1/2}$=0.2V. 图 2.85(b) 示出的是归一化关系,从图中可以看出,TMR 比值随偏压的变化与温度无关.

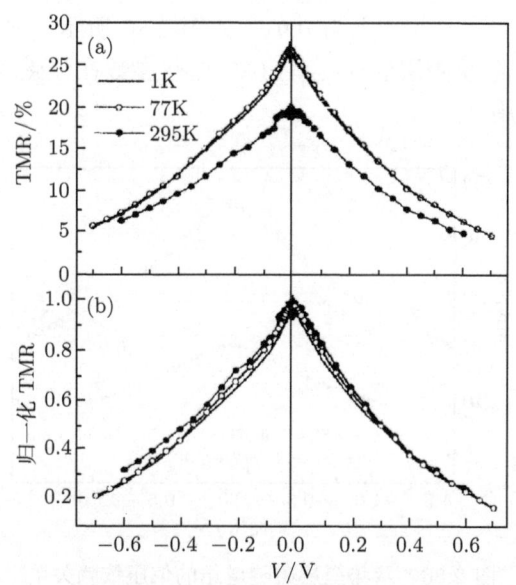

图 2.85 不同温度情况下 TMR 比值与直流偏压的关系

(a) 实验值; (b) 归一化值 (与零偏压归一)

研究表明,TMR 比值随直流偏压 V_{dc} 的增加而减小的幅度不仅与势垒层的类型和界面的质量有关,还与铁磁电极有关. 比如污染了的界面或低势垒层 (如 MgO) 的磁隧道结,TMR 比值随偏压的变化就剧烈些. 所以,掺杂结或具有两态隧穿的结由于在势垒层中存在缺陷态,会增加 TMR 比值随偏压的变化幅度. 另外,据实验测试,Ni 或 $Ni_{80}Fe_{20}$ 电极比 Co 或 CoFe 电极制成的磁隧道结的 TMR 比值随偏压的变化强烈. 影响偏压关系的机理有: 随着偏压增加,增加了磁隧道结的电导; 在铁磁电极/势垒层界面激发了磁振子或有自旋积累效应; 改变铁磁电极的能带结构效应会影响自旋极化的能量依赖关系. 影响磁隧道结偏压依赖的关系很难用一统一模型描述,有兴趣的读者可参阅相关书籍[88].

既然 TMR 传感器使用时,需要提高 $V_{1/2}$ 值,下面就介绍一些提高方法.

采用双势垒磁隧道结可以提高 $V_{1/2}$. 在双势垒磁道结中,电压分布于两个势垒层,从理论上讲,如果两个势垒层完全相同,称为对称 DMTJ,就应该观察得到 TMR 比值随偏压的变化关系减小,同时在低偏压时,其最大 TMR 变化值应该与单势垒 MTJ 一样. Colis 等[89] 制备了两种 [[IrMn/CoFe]/AlOx/SL/AlOx/[CoFe/IrMn]] 对称结构的双磁隧道结,其中 SL 软磁层,分别是 CoFe/NiFe/CoFe 复合软磁层和 NiFe 单软磁层. 具有复合软磁层的磁隧道结的电阻-面积积为 $35 \text{k}\Omega \cdot \mu\text{m}^2$,室温时最大 TMR 比值为 49%,而单软磁层隧道结的电阻-面积积 $195\text{k}\Omega \cdot \mu\text{m}^2$,室温时最大 TMR 比值为 20%. 这两中结构的磁隧道结均具有良好的偏压依赖关系,$V_{1/2}$ 大于 1 V(一般单隧道结的 $V_{1/2}$ 小于 1V,最大为 0.9V) 如图 2.86 所示. 其中,复合软磁层隧道结的 $V_{1/2}$=1.33V,而单软磁层的 $V_{1/2}$=1.0V,这些参数在强磁场 (50kA/M) 仍然稳定,适合做传感器使用.

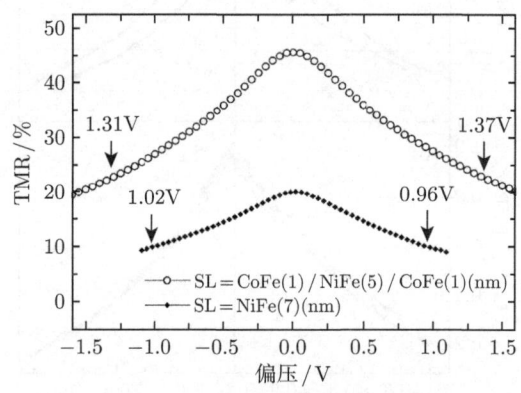

图 2.86 双势垒层磁隧道结的偏压依赖关系

用多个磁隧道结串联来构成 TMR 传感器也可以减小电压的依赖关系. Freitas 课题组[90] 采用 82 个 MgO 基隧道结单元构成了 TMR 传感器,如图 2.87 所示. 在阵列结构的 TMR 传感器中用了 CoCrPt 永磁体偏置以保证传感器的线性响应. 磁隧道结单元的材料结构为 Si/SiO$_2$(200)/Ta(5)/CuN(50)/Ta(5)/CuN(50)/Ta(5)/Ru(5)/IrMn(7.5)/CoFe(2)/Ru(0.85)/CoFeB(2.6)/MgO(1)/CoFeB(3)/Ta(0.21)/NiFe(16)/Ta(10)/CuN(30)/Ru(7)/TiWN(15),括号中的数字为各层厚度,单位是 nm.

图 2.88 示出了阵列式传感器的 TMR 比值与输出电压之间的关系 (自由层与钉扎层平行情形). 在 0.2V 时,阵列式传感器还能维持其最大信号的 99%,而单个隧道结传感器的输出信号就降到了一半,即单个隧道结传感器的 $V_{1/2}$=0.2V. 从图中可以看出,阵列式传感器的 $V_{1/2}$ 高达 10.5V. 更为重要的是,就是在这么高的电

压时,其输出信号仍可达到 1V(图 2.88 插图). 这种高的输出信号,特别适合要求在低电流工作的电路中使用.

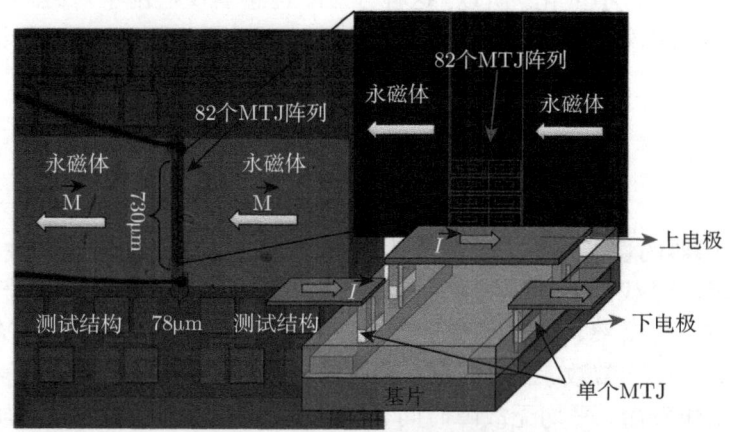

图 2.87 多个磁隧道结单元串联构成的阵列式 TMR 传感器结构

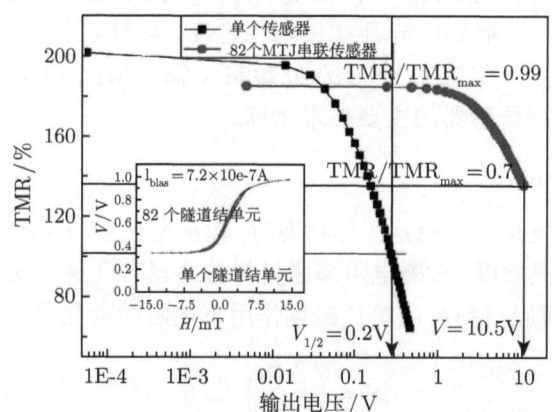

图 2.88 阵列式 TMR 传感器的 TMR 比值与输出电压的关系

用多个磁隧道结串联构成 TMR 传感器不但能减小电压的依赖关系,还能提高磁场检测精度,对 N 个磁隧道结组成的 TMR 阵列传感器,其磁场检测精度 $S_{\text{T array}}$ 为[91]

$$S_{\text{T array}} = S_{\text{T individual}}/\sqrt{N}$$

式中,$S_{\text{T individual}}$ 是单个隧道结的检测精度. 可见, 陈列 TMR 传感器的检测精度提高了 $1/\sqrt{N}$ 倍. 另外,由于是多个隧道结串联,大大增加了传感器的内阻,从而使输出信号增加 N 倍,可减少对后续信号放大电路的需求.

尽管采用阵列结构的 TMR 传感器有许多优点, 但也带来了不足. 这些不足包括很难实现传感器的良好线性响应, 以及由于多个磁隧道结串联会占据大量的芯片面积, 不利于集成与小型化. 所以, 这种 TMR 传感器仅适用于对磁场灵敏度要求高而对空间分辨率要求不高的场合, 如电流的表面成像, 生物医学中的横向磁体检测等领域.

2.6 磁电阻传感器的性能指标

所有传感器的性能指标大体可分为以下几类: ① 关于输入量的性能指标: 量程或测量范围、过载能力等; ② 关于静态特性指标: 线性度、磁滞 (迟滞)、重复性、精度、灵敏度、分辨率、稳定性和漂移等; ③ 关于动态特性指标: 固有频率、阻尼比、频率特性、时间常数、上升时间、响应时间、超调量、稳态误差等; ④ 关于可靠性指标: 工作寿命、平均无故障时间、故障率、疲劳性能、绝缘、耐压、耐温等; ⑤ 关于对环境要求指标: 工作温度范围、温度漂移、灵敏度漂移系数、抗潮湿、抗介质腐蚀、抗电磁场干扰能力、抗冲振要求等; ⑥ 关于使用及配接要求: 供电方式 (直流、交流、频率、波形等)、电压幅度与稳定度、功耗、安装方式 (外形尺寸、重量、结构特点等)、输入阻抗 (对被测对象影响)、输出阻抗 (对配接电路要求) 等.

下面介绍磁电阻传感器的主要技术指标.

1. **灵敏度**(sensitivity)

传感器的灵敏度是指在稳定工作状态时, 输出变化量与引起此变化的输入变化量之比, 用 S 表示灵敏度. 对磁电阻薄膜材料传感器有几种定义.

(1) 对磁电阻薄膜材料可用单位磁场作用下电阻的变化率表示, 即

$$S = \left(\frac{\Delta R}{R}\right) / \Delta H$$

对各向异性磁电阻薄膜材料又可以表示为

$$S = \left(\frac{\Delta \rho}{\rho_{\mathrm{av}}}\right) / \Delta H$$

(2) 对磁电阻传感器则常用稳定状态下单位磁场作用下磁电阻传感器的输出电压的变化率表示

$$S = \frac{\Delta U_{\mathrm{out}}}{\Delta H} \tag{2.104}$$

在 SI 单位制中, 灵敏度的单位是 V/T, CGS 单位制的单位是 V/Gs. 在磁电阻传感器产品中, 为了表示出传感器的输入与输出之间的关系, 往往用以下定义表示

2.6 磁电阻传感器的性能指标

灵敏度

$$S = \frac{\left(\frac{\Delta U_{\text{out}}}{\Delta U_{\text{in}}}\right)}{\Delta H}$$

所以, 其单位就变成 (mV/V)/T(SI 制), 或 (mV/V)/Gs (CGS 制).

2. **量程**(field range)

磁电阻传感器的量程就是其能准确测量磁场的范围.

3. **线性度**(linearity)

又叫线性误差. 实际工作中, 在输入量变化范围不大的条件下, 可以用切线或割线来代表实际曲线的某一段. 使传感器的静态特性接近于线性. 这种方法称为传感器静态特性的 "线性化". 所采用的切线或割线称为拟合直线. 实际特性曲线与拟合直线之间的偏差称为传感器的非线性误差, 也称线性度. 用图 2.89 中 y 坐标所示的输出. 取其中最大偏差值 $\Delta V_{\max}$ 与输出满刻度值 $V_{\text{F·s}}$ 的百分比称为非线性误差 (或线性度) 的指标.

$$L = \pm \frac{\Delta U_{\max}}{B_{\text{F·s}}} \times 100\% \tag{2.105}$$

式中, L 为非线性误差 (线性度), $\Delta U_{\max}$ 为最大非线性绝对误差, $B_{\text{F·s}}$ 为磁传感器满量程输出; 单位是%/F·s.

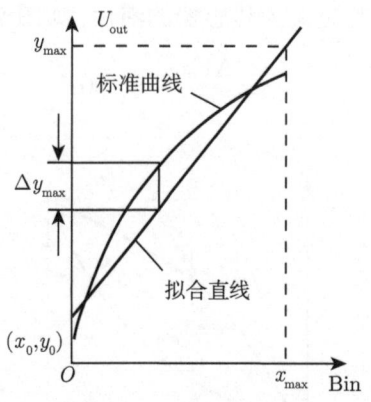

图 2.89 线性度的定义

4. **分辨率**(resolution)

又叫精度, 它反映磁电阻传感器所能测量的最小的外加磁场强度. 在外磁场太弱时, 由于噪声和零点漂移, 会使分辨率下降, 如果工作频带较宽, 则噪声是影响分辨率的主要因素, 所以, 对磁电阻传感器, 常常采用噪声水平来度量其分辨率. 此时必须考虑磁传感器的噪声功率谱密度 (power spectral density (PSD) of noise). 噪声主要来源于传感器的内部，比如对电阻型传感器来说，假设输出电压噪声主要来源是热 Johnson 噪声 $V_{\rm nT}$，

$$V_{\rm nT} = \sqrt{4k_{\rm B}TR\Delta f}$$

式中，$k_{\rm B}$ 是玻尔兹曼常数，T 温度，R 电阻.

从上式中看出，噪声与频率范围 Δf 有关系，所以噪声功率谱密度 $S(f)$ 为

$$S(f) = \frac{V_{\rm nT}}{\sqrt{\Delta f}}$$

输出电压的噪声密度的"单位"是 $V/\sqrt{\rm Hz}$，它可以换算为噪声等效磁场 (nosie-equivalent magnetic field, NEMF)$T/\sqrt{\rm Hz}$，转换关系为

$$\text{NEMF} = \frac{S(f)}{S}$$

其中 S 是传感器的绝对灵敏度 (V/T).

5. **磁滞**(hystersis)

磁滞特性表示传感器在输入量的振幅值增大或减小的整个行程期间，输出-输入特性曲线不重合的程度，对主要由磁性薄膜材料组成的磁电阻传感器来说，这种不重合度尤其严重. 对应于同一大小的输入信号，传感器正行程和反行程期间，传感器的输出值之间最大偏差定义为传感器的滞后，如图 2.90 所示，用 δ 表示，即

$$\delta = \pm\frac{\Delta V_{\max}}{V_{\rm F\cdot s}} \times 100\%$$

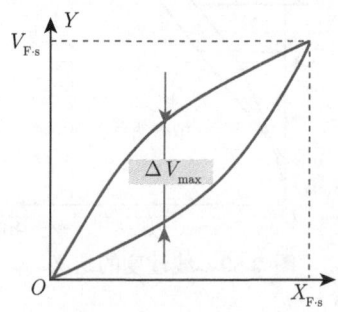

图 2.90 磁滞的定义

6. **重复性**

传感器在同一工作条件下，输入量按同一方向在测试量的全量程范围内连续多次测试时，所得特性曲线的不一致性的程度称为重复性. 不重复性指标 k 一般以输

2.6 磁电阻传感器的性能指标

出最大不重复误差 $\Delta_{\max}$ 与满量程 $V_{\text{F·s}}$ 的百分比表示, 即

$$k = \pm \frac{\Delta V_{\max}}{V_{\text{F·s}}} \times 100\% \tag{2.106}$$

多次重复测试的曲线越重合, 说明重复性愈好. 影响重复特性的因素很多, 其中包括与产生滞后现象相同的原因和随机误差等. 校准数据的离散程度是与随机误差的精密度相关的, 因此, 不能根据标准偏差来计算重复性的好坏.

7. 零点漂移(offset)

传感器在无输入或某一固定的输入时, 每隔一段时间进行读数, 其输出偏离零点或偏离原指标值, 称为零点漂移. 用 z 表示零点漂移值, 即

$$z = \pm \frac{\Delta V_0}{V_{\text{F·s}}} \times 100\% \tag{2.107}$$

式中, ΔV_0 为最大零点偏差 (或相位偏差), $V_{\text{F·s}}$ 为满量程输出.

8. 温度漂移

当环境温度改变时, 传感器输出值随着变化, 称为温度漂移. 一般以温度变化 1°C, 输出的最大偏离与满量程输出的百分比表示. 即

$$温漂 = \frac{\Delta V_{\max}}{V_{\text{F·s}} \Delta T} \times 100\%$$

式中, $\Delta V_{\max}$ 为输出最大偏离, ΔT 为温度变化范围, $V_{\text{F·s}}$ 为满量程输出.

在传感器的使用过程中, 往往需要对磁电阻传感器静态特性进行标定. 标定的目的是确定各特性的重复性等, 确定传感器的测量精度. 标定应该在一定的标准条件下, 采用比被标定传感器的测量精度至少要高一个数量级的标定传感器以及一定等级的标定设备上进行. 标定一般步骤如下: ① 将传感器测量的磁场范围分成若干等间距点; ② 根据传感器量程分点情况, 由小到大逐渐增大地输入标准磁场值, 并记录下与输入磁场相对应的输出电压; ③ 将输入磁场逐渐减小, 同样记录下与输入磁场相对应的输出电压; ④ 按照上述过程, 对传感器进行正、反行程往复多次循环测试, 将得到的输出—输入测试数据用表格或者曲线整理表示. 最后对测试数据进行必要的处理, 根据处理结果就可以确定传感器的线性度、灵敏度、磁滞、重复性等静态特性参数.

第 3 章 软/硬磁体在磁电阻传感器中的应用

除磁电阻传感器的感测单元必须用磁性薄膜材料外,另外在设计制备与应用时往往还需要具有高磁导率的软磁体与性能良好的硬磁体. 软磁体主要有三个用处: ① 作为磁通聚集器(magnetic flux concentrator, MFC), 增强作用于磁电阻感测单元的磁场强度, 从而提高磁电阻传感器的分辨率; ② 作为磁通导向器(magnetic flux guide, MFG), 用来改变磁通的方向, 在同一芯片上实现三维磁场探测; ③ 作为磁屏蔽体, 消除环境磁场的影响. 需要说明的是, 在多数文献中, 把磁通聚集器与磁通导向器统称为磁通聚集器, 本书也采用这种说法. 而硬磁体则常用来提供静态偏置场, 改变传感器的工作点, 满足传感器的使用要求. 另外, 硬磁体在磁电阻传感器用作角度/转速等应用时, 作为辅助磁体提供磁场使传感器饱和, 从而探测方向/角度等的变化.

3.1 高磁导率软磁材料

高磁导率软磁材料是指加较低的外磁场就可以获得大的磁化强度及高密度磁通量的材料, 软磁材料具有如下特征 [92]:

(1) 磁导率高;

(2) 剩余磁通密度 (B_r) 低, 饱和磁化强度 (M_s) 高;

(3) 矫顽力 (H_c) 小, 一般低于 100A/m.

广泛使用的软磁材料可以分为软磁合金和软磁铁氧体, 而软磁合金又分为晶态和非晶态、纳米晶软磁合金, 另外采用特殊工艺制造的纯铁也是常用的软磁材料 [93].

已经开发的晶态合金软磁材料有 Fe-Si 合金、Fe-Al 合金、Fe-Ni 合金和 Fe-Co 合金. 通过快速急冷 (冷却速率达 10^6K/s), 可获得非晶态软磁合金. 非晶材料由于缺乏晶体材料所具有的磁各向异性, 磁导率高, 损耗小, 另外它们还具有高电阻率 (比 Fe-Ni 合金高几倍), 因此, 即使是在高频范围内也能得到较小的涡流损耗和极好的磁特性. 非晶软磁合金按照基本化学组成元素分为铁基、铁镍基和钴基合金. 铁基非晶合金中一般含有摩尔比例约为 80%的铁和 20%的非金属 (硅、硼为主), 该合金在非晶软磁合金中属于高饱和磁感应强度材料 (1.6T 左右) 具有非常高的电阻率 (137μΩ·cm). 铁镍基非晶合金的饱和磁场强度大约为 0.75T, 初始磁导率较高, 最大磁导率很高. 钴基非晶合金的饱和磁致伸缩系数接近于零, 因而其具有极高的磁导率和低的矫顽力. 将非晶态的 Fe-Cu-M-Si-B(M=Nb, MO, W, Ta) 和 Fe-M-B(M=Zr, Nb, Hf) 合金进行晶化退火处理后, 可以得到以纳米尺寸的晶态相颗粒为主要组成相的纳米晶软磁合金. 最常用的纳米晶合金有两种: 一是 $Fe_{73.5}CuNb_3Si_{13.5}B_9$, 其商品牌号为 Finemet, 其性能为 $B_s = 1.24T$, $H_c = 0.53A/m$, $1kHz$、$0.4A/m$ 条件下有效磁导率为 100000; 二是商品牌号为 Nanoperm 的合金, 该合金是铁 (含量为 90%左右) 与过渡族金属 (锆、铪、铌等) 的非晶合金中加入适量非金属硼, 经过适当非晶化处理后得到的.

软磁铁氧体发现于 20 世纪 30 年代. 软磁性能最好的铁氧体属于立方晶系的尖晶石型, 其化学组成的通式为 MFe_2O_4, 典型的软磁铁氧体材料包括 Ni-Zn 铁氧体、Zn-Cu 铁氧体和 Mn-Zn 铁氧体等. 由于铁氧体材料为亚铁磁材料, 其饱和磁感应强度为 $0.2 \sim 0.5T$, 明显低于金属和合金材料.

表 3.1 给出了常见软磁材料的相对磁导率 μ_r 的值. 当磁性材料达到饱和磁感应强度时, 其相对磁导率 μ_r 会减小, 甚至会减小到真空中的磁导率强度 $\mu_r = 1$. 表 3.2 给出了软磁材料的饱和磁感应强度 B_s 的值 [1].

在磁电阻传感器应用中的软磁体, 特别是作为磁通聚集器使用时, 一般选用合金软磁合金和钴基非晶合金. 由于作为磁通聚集器使用时要求的磁体厚度较厚, 通常采用电化学 (电镀) 工艺制备, 在精度要求较高时, 也可以采用物理气相沉积 (如溅射法) 制备.

表 3.1 常见软磁材料的相对磁导率的值

材料	相对磁导率
NiZn 铁氧体	150
MnZn 铁氧体	1000~4000
铁粉	10~60
钴	250
镍	600
Ni(50%)Fe(50%) 合金	2000
Ni(48%)Fe(52%) 合金	4000
硅 (0.25%) 钢	2700
硅 (2.5%) 钢	5000
硅 (4%) 钢	7000
Co(50%)Fe(50%) 合金	10000
非晶合金	10000
纳米晶合金	15000~150000
Ni(80%)Mo(4%) 铁合金	50000
Ni(75%)Cu(5%)Cr(2%) 铁合金	100000
99.96%纯铁	280000
Ni(79%)Fe(21%) 合金	12000~100000
Ni(79%)Fe(16%)Mo(5%) 合金	1000000

表 3.2 软磁材料的饱和磁感应强度

材料	饱和磁感应强度 B_s(单位: T), $T = 20°C$
Co(50%)Fe(50%) 合金	2.3
硅 (0.25%) 钢	2.2
硅 (2.5%) 钢	2
非晶合金	1.6
Ni(79%)Fe(21%) 合金	1.5
Ni(79%)Fe(16%)Mo(5%) 合金	1.5
Ni(48%)Fe(52%) 合金	1.5
Ni(50%)Fe(50%) 合金	1.4~1.6
纳米晶合金	1.2~1.5
MnZn 铁氧体	0.4~0.8
NiZn 铁氧体	0.3

3.2 磁通聚集器

3.2.1 高磁导率磁体对磁通的聚集与导向作用

磁通聚集器由具有高磁导率、低矫顽力的软磁材料制成, 其对磁通的聚集作用可以用下面简单推导说明. 假设高磁导率的软磁体放置在一均匀的外磁场 H_{ext} 中, 则此时软磁体的磁通密度为

$$B = \mu_0(H + M) = \mu_0 \mu_r H \tag{3.1}$$

这里 μ_r 是软磁体的相对磁导率, M 为软磁体的磁化强度, H 是作用于软磁体内部的磁场强度. 由式 (3.1) 得

$$M = (\mu_r - 1)H \tag{3.2}$$

而作用于软磁体内部的磁场 H 为

$$H = H_{\text{ext}} + H_d \tag{3.3}$$

H_d 是软磁体的退磁场. 对均匀各向同性的软磁体, 其各个方向 (x、y 和 z) 的退磁场为

$$(H_d)_{x,y,z} = -N_{x,y,z} M \tag{3.4}$$

$N_{x,y,z}$ 分别是其对应方向的退磁因子. 这样软磁体各个方向的磁场为

$$H_{x,y,z} = (H_{\text{ext}})_{x,y,z} - N_{x,y,z}(\mu_r - 1)H_{x,y,z} \tag{3.5}$$

这样就可以得到软磁体某个方向 (假设为 x 方向) 的磁通密度为

$$B_x = \mu_0 \frac{\mu_r}{1 + (\mu_r - 1)N_x} \cdot H_{\text{ext}} \tag{3.6}$$

3.2 磁通聚集器

考虑到磁电阻传感器距离软磁体非常近, 近似情况下可以认为作用于传感器上的磁通密度为 B_x, 此时有增益因子

$$G = \frac{B_x}{B_{\text{ext}}} = \frac{B_x}{\mu_0 H_{\text{ext}}} = \frac{\mu_r}{1+(\mu_r-1)\cdot N_x} \tag{3.7}$$

从式 (3.7) 可以看出, 当 $N_x \mu_r \ll 1$ 时, 有

$$G = \mu_r \tag{3.8}$$

由式 (3.8) 可见, 通过软磁体的设计, 合理控制软磁体的形状, 减小退磁因子, 可以起到汇聚磁通的作用, 使磁传感器敏感区域的磁场增强. 当然对具体的磁聚集器其增益因子不能简单地由式 (3.7) 计算, 原因是退磁因子是形状与磁化状态的复杂函数, 往往没有解析解, 这就需要用有限元等方法通过计算机得到数值解, 图 3.1 所示的就是一对软磁体作为磁通聚集器对磁传感器敏感区域的磁场增强[94].

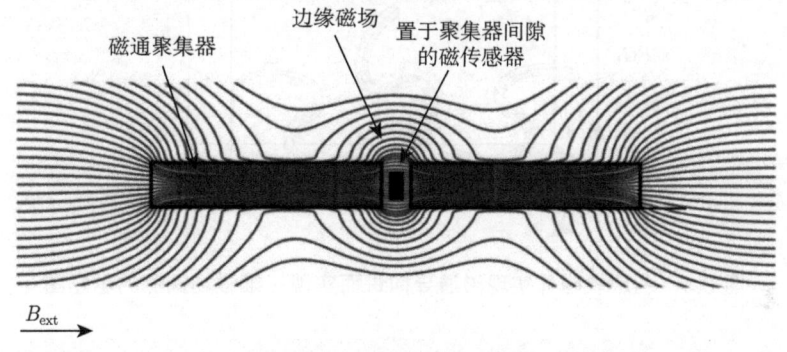

图 3.1 磁通聚集器增强磁传感器敏感区域磁场

至于高磁导率的软磁体对磁通的导向作用, 则可以利用磁阻的概念解释. 类似电路中的电阻, 在磁路分析中为分析方便引入了 "磁阻" 的概念, 其定义为

$$R_m = \frac{F}{\varPhi} \tag{3.9}$$

上式中, F 是磁动势, $\varPhi$ 是磁通. 对于如图 3.2 所示的简单磁体, 沿磁力线方向的长度为 L, 与磁力线垂直的截面积为 A, 假定磁体是均匀和线性的, 则有

$$R_m = \frac{F}{\varPhi} = \frac{HL}{BA} = \frac{HL}{\mu_0 \mu_r HA} = \frac{L}{\mu_0 \mu_r A} \tag{3.10}$$

由式 (3.10) 可见, 由于软磁体的高磁导率, 其磁阻相对于空气中的磁阻来说很小, 自然磁通会沿磁阻最小的路径流动, 即沿软磁体流动, 就如同良导体对电流的传播一样. 如果对软磁体进行特殊的形状设计, 就可以实现磁通的方向改变. 图 3.3

示出了一种利用软磁体的磁通导向作用在同一芯片上实现三维自旋阀型的 GMR 传感器的方案示意图[95]。

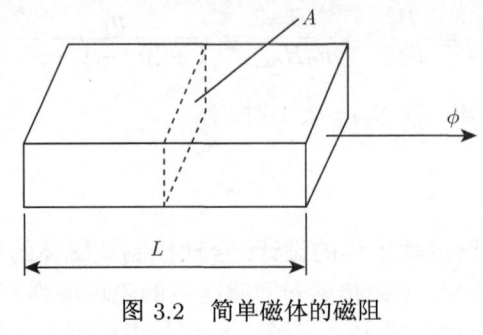

图 3.2　简单磁体的磁阻

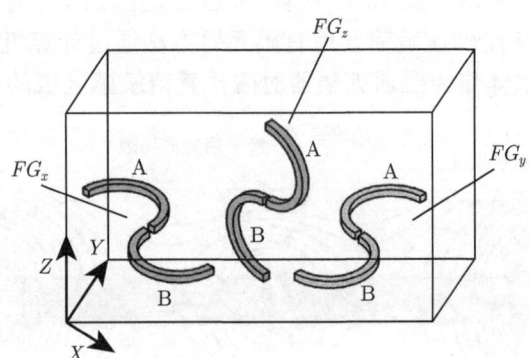

图 3.3　利用软磁体实现磁通导向进而实现三维磁场探测的示意图

3.2.2　影响磁通聚集器增益因子的因素

磁通聚集器的增益因子主要决定材料的选择与结构的设计。对材料,一般选用软铁、硅钢和坡莫合金等高磁导率材料,对薄膜型集成器件来说,经常采用 CoZrNb 合金薄膜,原因是其具有良好的黏附性能。由于软磁薄膜超过一临界厚度后会出现额外的面外各向异性,使磁通聚集器出现复杂的磁畴结构,从而使传感器的响应出现巴克豪森噪声和磁滞,这时可以采用人工反铁磁结构多层薄膜(如 CoFeB/Ru)来作为磁通聚集器[96]。在人工反铁磁结构多层薄膜中,由于各层之间的反铁磁耦合作用,有助于使磁聚集器呈现单畴结构,并且薄膜系统的静磁矩几乎等于零,这样改善传感器的线性特性,并且降低聚集器的对磁电阻噪声的影响[97]。

图 3.4 示出了电镀法制备的各种磁通聚集器结构,表 3.3 是这些结构对磁通聚集器的增益因子的影响[98]。

除了结构对增益因子具有较大的影响外,对同一种结构其尺寸也对增益因子有较大的影响。对磁聚集器设计,特别是在毫米量级以下的磁聚集器,最好利用磁场有限元分析软件辅助设计.

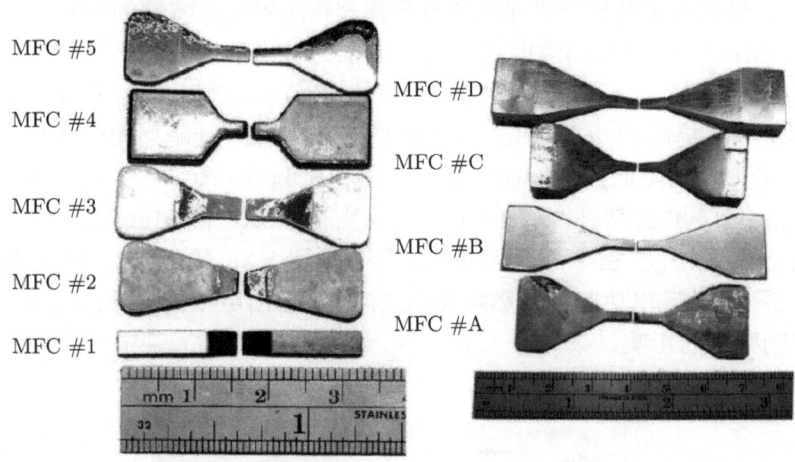

图 3.4 电镀法制备的各种磁通聚集器的结构

表 3.3 磁通聚集器结构对增益因子的影响

磁聚集器形状	MFC #1	MFC #2	MFC #3	MFC #4	MFC #5	MFC #A	MFC #B	MFC #C	MFC #D
增益	24	27	44	31	45	74	74	57	71

3.2.3 磁通聚集器的应用举例

葡萄牙 Freitas 研究小组[99]比较了采用单层 $Co_{93}Zr_3Nb_4$(CZN) 和 $(Co_{70}Fe_{30})_{80}B_{20}$/Ru 人工反铁磁多层薄膜 (SAF) 做磁通聚集器对自旋阀传感器的性能的影响, 其磁通聚集器的结构如图 3.5 所示. 磁通聚集器的形状用剥离工艺制备, 在离子束刻蚀时, 有意识将缝隙处的台面做成渐变 (tapered) 和陡峭 (steep) 形状, 用以比较对传感器输出性能的影响.

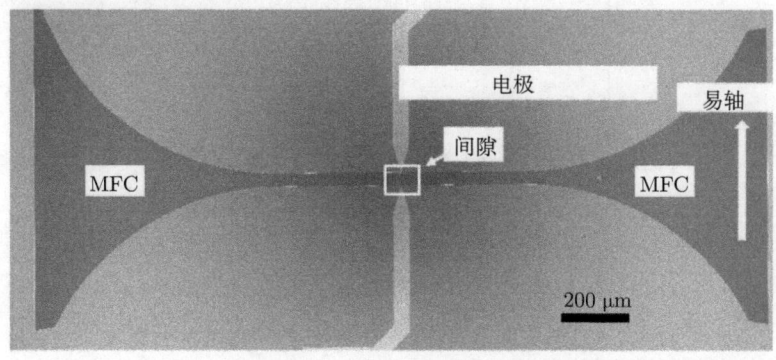

图 3.5 磁通聚集器的结构

研究发现,无论是哪种材料体系和结构均对自旋阀传感器的灵敏度有大幅度的提高,图3.6仅示出了渐变型磁通结构对自旋阀传感器转移特性的影响.对CZN磁通聚集器(MFC),陡峭型间隙的最大增益因子为39,而渐变型间隙的最大增益因子为43(如图3.6(a)所示).采用渐变型间隙的CZN MFC后,自旋阀传感器的灵敏度从0.63%/mT提高到26.9%/mT.对SAF MFC来说,陡峭型间隙的最大增益因子为9,而渐变型间隙的最大增益因子为10(如图3.6(b)所示),其灵敏度同样有所提高,从0.81%/mT提高到7.67%/mT.之所以采用SAF的MFC比CZN的MFC的增益因子低,原因是SAF的磁导率低.尽管采用SAF的MFC的传感器的增益因子低得多,但对噪声功率谱的影响却相当,其对输出电压信号噪声功率S_V和探测场噪声功率谱的影响结果见表3.4.

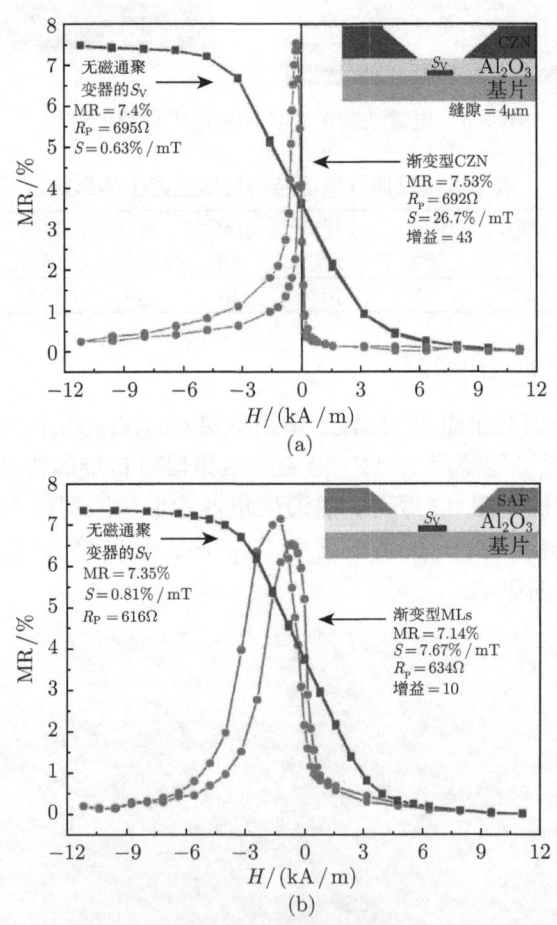

图 3.6　磁通聚集器对自旋阀传感器的转移特性的影响

从前面的叙述可以看出,MFC不但能提高磁电阻传感器的灵敏度,而且能大幅度提高低频时磁场探测精度,这特别是将 MFC 与微机械系统 (MEMS) 振动器结合,效果会更佳,具体细节请见下章.

表 3.4 不同材料体系与结构的 MFC 对噪声功率谱的影响

MFC 类型	最大增益因子 G	S_V @ 1Hz nV/Hz$^{1/2}$	S_V @ 10Hz nT/Hz$^{1/2}$	探测场@ 10Hz nV/Hz$^{1/2}$
无 MFC	−	737.5	225.6	61.2
陡峭型 CZN	39	876.6	250.0	1.8
渐变性 CZN	43	1395.2	410.9	2.7
陡峭型 SAF	9	826.3	243.3	3.6
渐变性 SAF	10	1069.4	339.1	5.0

3.3 磁屏蔽体

磁导率大的软磁材料同样也可起到磁屏蔽的作用,即隔离外界磁场的影响,这在如何减小各向异性磁电阻传感器的交叉轴效应中具有重要的作用.

磁屏蔽分为静磁屏蔽和电磁屏蔽两种情况. 静磁屏蔽的原理同样可以用磁阻的概念来说明,在外磁场中,一部分磁通在空气中穿过,另一部分磁通在铁磁回路中. 这就可以把铁磁材料与空腔中的空气作为并联磁路来分析. 由于 $\mu_{屏蔽} \gg \mu_{空气}$($\mu_{屏蔽}$ 和 $\mu_{空气}$ 分别是屏蔽材料和空气的磁导率),磁屏蔽体的磁阻很小,所以外磁场的磁通量的绝大分沿屏蔽铁磁材料通过,进入空腔的磁通量极少. 这样被铁磁材料屏蔽的空腔内基本没有外磁场,从而达到静磁屏蔽的目的,如图 3.7 所示. 材料的磁导率越高,材料越厚,屏蔽的效果越好,常用的静磁屏蔽材料有软铁、硅钢和坡莫合金等. 设计静磁屏蔽体,要避免在结构中使磁力线旋转 90°,坚持"最低磁阻路径"设计原则. 同样,复杂情形时的设计可以借助于磁场有限元软件辅助完成.

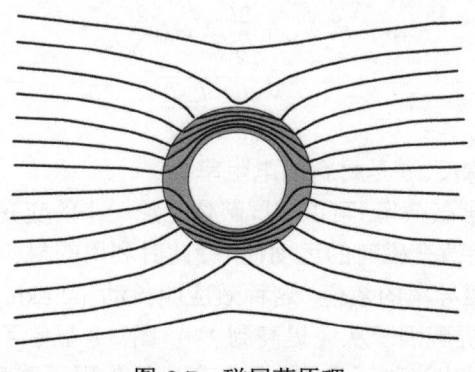

图 3.7 磁屏蔽原理

屏蔽的效率用参数 S 表示,其是屏蔽体外磁场 H_e 与屏蔽体内磁场 H_i 之

比 [100]:
$$S = \frac{H_e}{H_i} \tag{3.11}$$

对简单形状, 如球状、圆筒或立方体, S 参数可以通过近似公式计算, 比如对边长为 a, 壁厚为 t 的立方体, 其屏蔽效率为

$$S = 1 + \frac{4}{5}\frac{\mu t}{a} \tag{3.12}$$

又如, 对直径为 D 的长圆筒

$$S = 1 + \frac{\mu t}{D} \tag{3.13}$$

以上公式中的 μ 为屏蔽材料的磁导率. 从公式可以看出, 影响屏蔽效果的主要因素是材料的磁导率 μ, 其次是屏蔽体的厚度 t. 实验证明, 用多层结构的屏蔽体代替单层结构的屏蔽体, 其屏蔽效果更佳. 如对两层圆筒状的屏蔽体, 其直径分别是 D_1 和 D_2, 屏蔽效率分别为 S_1 和 S_2, 最终的屏蔽效率因子为

$$S = 1 + S_1 + S_2 + S_1 S_2 \left[1 - \left(\frac{D_2}{D_1}\right)^2\right] \tag{3.14}$$

电磁屏蔽的原理是利用高频干扰电磁场在屏蔽金属内产生涡流损耗, 消耗干扰磁场的能量来实现的. 因电磁波在良导体中衰减很快, 一般电磁屏蔽选铜和铝等金属材料, 也可以选用电导率高的软磁材料. 为了得到有效的屏蔽作用, 屏蔽层的厚度必须接近于屏蔽物质内部的电磁波波长. 在交变磁场下, 涡流与趋肤效应有助于提高屏蔽效率. 对长的圆柱屏蔽体, 交流情况下的屏蔽因子为

$$S_{AC} = p(S_{DC} + 1) \tag{3.15}$$

其中,
$$p \approx \frac{\delta}{2t}(\cosh\frac{2t}{\delta} - \cos\frac{2t}{\delta})^{1/2} \tag{3.16}$$

$$\delta = \sqrt{\frac{\rho}{\pi\mu_0\mu f}} \tag{3.17}$$

δ 是屏蔽材料的趋肤深度, ρ 是材料的电阻率.

为了进一步提高屏蔽效率, 可以在屏蔽体上加一小的交变磁场来提高材料的磁导率. 小的交变磁场将改变磁畴的运动性, 使此时利用的材料磁导率变为增量磁导率, 大大增加了可用磁导率的数值, 这种效应叫抖动 (shaking) 效应. 有实验证明, 可以通过这种方式将屏蔽因子从 4 提高到 150. 图 3.8 显示了屏蔽效果与频率的关系, 从图中明显可以看出当加了 50Hz 的交变磁场作用于屏蔽体后, 屏蔽效果大为增加.

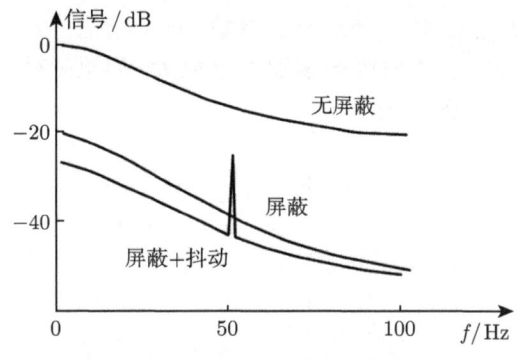

图 3.8 屏蔽效果与频率的关系

3.4 永磁体的设计

3.4.1 永磁材料的退磁曲线

永磁材料是指经充磁至饱和后,去掉充磁磁场,其仍然能保留磁性的磁性材料,从矫顽力的角度来讲,人们一般把矫顽力大于 10000A/m (125Oe) 的磁性材料称为永磁材料. 永磁材料又称硬磁材料.

永磁材料的特性用退磁曲线来描述. 它是磁滞回线位于第二象限的那一部分,一般是指从饱和状态起进行单调的磁场变化而退磁的曲线. 如图 3.9 所示. 退磁曲线可以用磁感应强度 B、磁极化强度 J 和磁化强度 M 随外磁场强度 H 反向单调变化关系 B–H, J–H 或 M–H 曲线表示. 以下为由退磁曲线可确定永磁材料的一些技术磁性参量.

(1) 剩磁 B_r 或 M_r. 当外加磁场强度 (包括自退磁场强度) 为零时的磁通密度 (磁感应强度) 或磁化强度, 国际单位为 T.

(2) 矫顽力 H_c. 在饱和状态退磁曲线上当 $B = 0$ 或 $M = 0$ 时对应的磁场强度就是矫顽力. 分别记作 $_BH_c$ 或 $_MH_c$. $_MH_c$ 称作内禀矫顽力.

(3) 剩磁比. 在指定的磁场强度下, 剩余磁通密度与该场下最大磁通密度之比, 也称为矩形比, 它表示在外磁场去掉后合金中磁化强度保留的程度.

(4) 最大磁能积 $(BH)_{max}$. 在退磁曲线可以用作图法求出最大磁能积, 如图 3.10 所示.

在退磁曲线上的 B_r、H_c 两点分别作平行于 H 轴和 B 轴的直线相交于 A 点, 连接 OA, 它与退磁曲线的焦点为 P, 即 $(BH)_{max}$ 点. 另外, 也可画出磁能积曲线, 即将退磁曲线每点相应的 BH 值, 绘在以 B 为纵坐标, BH 为横坐标中形成磁能积曲线, 如图 3.10 右半图所示, 在 BH–B 曲线中很容易得到 $(BH)_{max}$.

最大磁能积 $(BH)_{\max}$ 是一个重要的参数, 对于结构已定、工作气隙一定的磁路来说, $(BH)_{\max}$ 愈大, 工作气隙的磁通密度愈大. 如果磁体工作于 $(BH)_{\max}$ 上, 则可获得最大的工作气隙磁通密度.

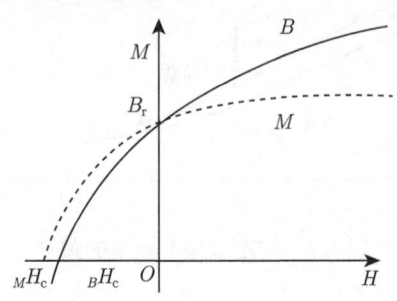

图 3.9 永磁体的退磁曲线

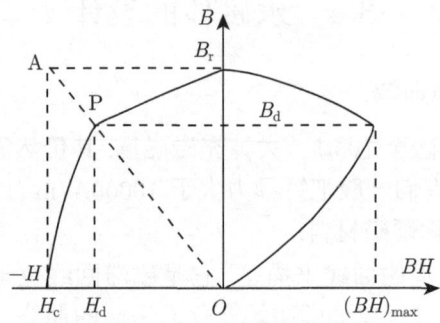

图 3.10 永磁材料的磁能积曲线

3.4.2 常见永磁体材料

永磁体种类很多, 常见的永磁材料按成分和工艺可以分为以下几类[101]:

1. 铝镍钴合金

铝镍钴 (AlNiCo) 合金的剩磁 B_r 为 8000~13540Gs, 温度系数低, 约为 0.029 (20°C), 最大磁能积可达 4~13MGs·Oe. AlNiCo 是高 B_s、低矫顽力 H_c 的永磁材料, 其磁导率较高 (大于 3), 所以其作为永磁体使用时必须做成长柱体或长棒形, 尽量减小退磁场作用, 另外在使用过程中要严格禁止任何软磁体接触 AlNiCo 永磁体, 以免造成永磁体的局部退磁, 磁路中的磁通分布发生畸变.

2. 铁氧体永磁材料

铁氧体永磁材料是目前应用广泛的一类重要永磁材料, 其成分为 $MO \cdot xFe_2O_3$ (其中 M 为 Ba, Sr 等), 其组分中由于不含有高价格的金属元素, 因此价格较低. 其剩磁 B_r 小, B_r = 2000~4200Gs, 矫顽力为 1600~3500 Oe. 铁氧体永磁材料的温度

3.4 永磁体的设计

系数相对较高,其矫顽力介于 AlNiCo 永磁与稀土永磁之间,同时由于剩磁磁通密度低,适合设计成扁平形状,即高与直径尺寸比小于 1 来使用. 另外,铁氧体永磁的剩磁虽然较低,但其矫顽力却高,可以通过精心设计,使空气隙的磁通密度达到 10000Gs 以上,体积也较小.

3. 稀土永磁材料

稀土永磁材料又分为稀土钴永磁材料和稀土铁永磁材料 (主要是钕铁硼 (NdFeB)).

稀土钴永磁材料分为两大类: 一类通式为 RCo_5, R 为稀土元素, 简称 1:5 材料; 另一类是 R_2Co_{17}, 简称 2:17 材料. Cu、Fe、Mn 等皆可取代 Co. 1:5 系列的矫顽力比 2:17 系统高, 2:17 系列的剩磁比 1:5 系列的高. 在退磁场较大的场合以应用 1:5 磁体为宜, 而在退磁场较小的场合则宜用 2:17 磁体. 稀土钴永磁材料性能优异, 但价格较高, 因此必须精心设计, 力求用最少之体积达到预期效果, 其矫顽力很大, 适宜做成薄片使用.

稀土铁永磁材料的主要成分是 $Nd_2Fe_{14}B$, 当 Nd 原子和 Fe 原子被不同的稀土 R 原子和其他金属原子取代后可发展成多种成分不同, 磁性能不同的 R-Fe-B 系永磁体. 钕铁硼永磁材料的优点是磁性能高, 其理论最大磁能积为 66MGsOe, 为铁氧体的 5~12 倍, 为 AlNiCo 的 3~10 倍, 它的矫顽力相当于铁氧体材料的 5~10 倍, AlNiCo 的 5~15 倍. 另外, 钕铁硼的机械力学性能比 SmCo 和 AlNiCo 永磁材料都好, 可进行切削加工和钻孔. 钕铁硼永磁材料的缺点是居里温度低, 温度温度性差, 化学稳定性也欠佳.

表 3.5 是常见永磁体的优缺点比较.

表 3.5 常见永磁体的优缺点

材料	B_r	$_BH_c$	$_MH_c$	$(BH)_{max}$	温定性		力学性能		价格
					温度系数	老化退磁	韧性	扰性	
AlNiCo	高	低	低	中	低	差	差	差	中
锶/钡铁氧体	低	中	中	中	高	差	差	差	低
FeCrCo	高	中	中	中	低	差	好	好	中
RCo_5	中	高	高	高	中	好	差	差	高
$R_2(CoTM)_{17}$	高	中	中	中	低	好	差	差	高
NdFeB	中	高	高	高	低	好	差	差	高
PtCo	中	中	中	中	好	好	好	好	特高
CuFeNi	中	低	低	低	低	差	好	好	中
黏结铁氧体	低	中	中	低	高	差	好	好	低

4. 永磁体的设计

准确的永磁体设计是一个复杂的任务, 往往需要借助相应软件, 通过计算机辅助设计完成. 永磁体设计包括以下几个要点: ① 分析设计要求, 预先确定磁体的用途, 对磁性能的要求、使用环境要求、结构上的要求、价格要求以及其他要求, 还需了解诸如材料来源及加工情况, 本磁体与其他部分之间的关系; ② 确定磁体结构, 根据磁体的要求, 确定磁体的大体结构, 有关知识可参阅相关专著; ③ 设计计算, 设计计算包括未定的几何尺寸, 以及要求的其他未定磁体指标, 对简单磁体结构, 可根据磁路定律用简析法设计, 对复杂磁体则需借助计算机采用有限元等数值方法计算; ④ 验证测试, 实际测试设计磁体, 修改设计中的不足.

而对于在角度/位置传感器中常用的一些简单永磁体, 则可以通过以下方式估算 [102]. 需要说明的是下面的估算方法只适用于退磁曲线为直线的永磁体, 并且计算的是简单磁体中心线产生的磁场.

(1) 圆柱形 (或圆形) 永磁体, 如图 3.11 所示.

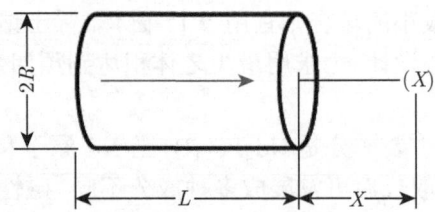

图 3.11 圆柱形永磁体

$$B_x(X) = \frac{B_r}{2}\left[\frac{L+X}{\sqrt{R^2+(L+X)^2}} - \frac{X}{\sqrt{R^2+X^2}}\right] \tag{3.18}$$

(2) 方体磁体, 如图 3.12 所示.

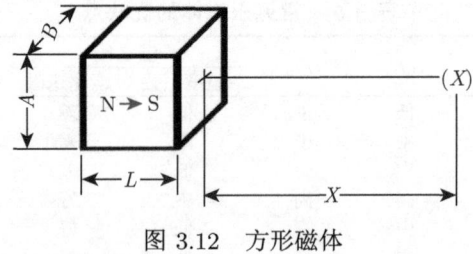

图 3.12 方形磁体

$$B_x(X) = \frac{B_r}{\pi}\left[\arctan\frac{AB}{2X\sqrt{4X^2+A^2+B^2}}\right.$$
$$\left. - \arctan\frac{AB}{2(L+X)\sqrt{4(L+X)^2+A^2+B^2}}\right] \tag{3.19}$$

(3) 圆环形磁体, 如图 3.13 所示.

3.4 永磁体的设计

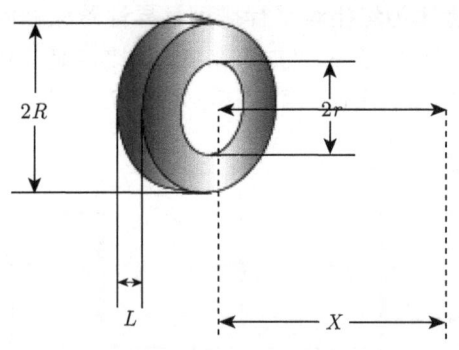

图 3.13 圆环形磁体

$$B_x(X) = \frac{B_\mathrm{r}}{2}\left(\left(\left(\frac{L+X}{\sqrt{R^2+(L+X)^2}}\right) - \left(\frac{L+X}{\sqrt{r^2+(L+X)^2}}\right)\right)\right.$$
$$\left. - \left(\left(\frac{X}{\sqrt{R^2+X^2}}\right) - \left(\frac{X}{\sqrt{r^2+X^2}}\right)\right)\right) \quad (3.20)$$

需要说明的是.

(1) 当在磁体的后方加有软磁片作为磁轭后, 如图 3.14 所示, 式 (3.18)、式 (3.19) 和式 (3.20) 中的 L 要用 $2L$ 代替. 软磁片要足够厚, 以防发生磁饱和现象.

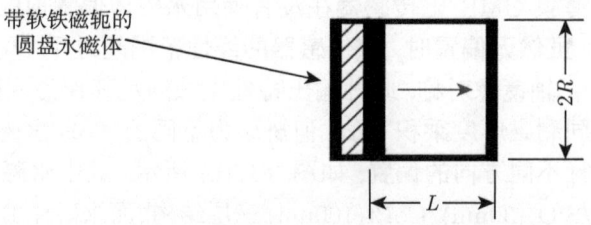

图 3.14 加有软磁轭的单个磁体

(2) 当两个相同的磁体相对平行排列且异性磁极相向, 如图 3.15 所示, 中心处 P 点的 B_x 值将加倍, 偏离中心处的 B_x 则分别由式 (3.18)、式 (3.19) 和式 (3.20) 计算 $X+P$ 处和 $X-P$ 处的磁场值后相加.

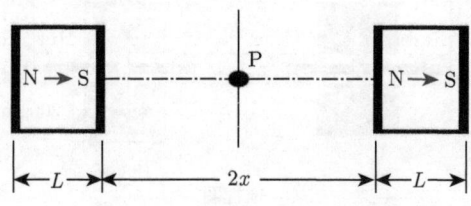

图 3.15 相向排布的两磁体

(3) 当两个相同的磁体仍然相对平行排列且异性磁极相向, 但同时有磁轭相连, 如图 3.16 所示, 中心处 P 点的 B_x 与式 (3.18) 相比也是加倍的, 但要注意在此种情形时, 公式中的 L 要用 $2L$ 代替, 偏离中心处的 B_x 的处理原则同 (2) 一样.

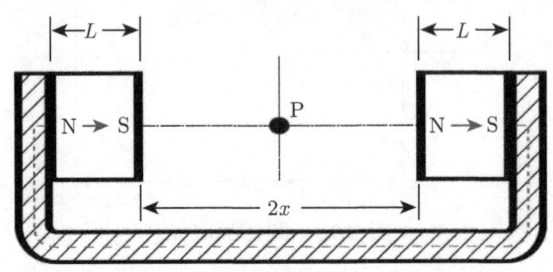

图 3.16 带有磁轭的相向排布两磁体

3.4.3 永磁体在磁电阻传感器中的典型应用

永磁体的偏置可以改变磁电阻传感器的工作点来提高传感器的线性度 (如第 2 章描述), 也可通过对组成惠斯通电桥的四个探测单元施加不同方向来改变传感器的线性检测范围. Freitas 研究小组[103] 用永磁体实现对桥式传感器的四个探测单元的不同方向的横向偏置, 将多层膜 GMR 传感器的线性范围扩大到 $-200 \sim +200$Oe, 其偏置方式如图 3.17 所示.

对桥式多层薄膜 GMR 磁传感器在没有使用永磁体偏置前的转移特性曲线如图 3.18(a) 所示. 虽然无偏置时, 该传感器的线性范围超过了 500Oe, 但是其转移特性曲线相对于 y 轴镜像对称, 此种输出特性无法满足其作为弱磁场传感器使用. 他们采用具有相同剩磁厚度乘积 Mrt, 但矫顽力不同的 CoP 永磁体对桥式传感器四个探测单元进行不同方向的偏置, 如图 3.17(a) 所示. 其中永磁体 PM I 的结构为 CoPt(100nm)/SiO$_2$(30nm)/CoPt(100nm) 三层结构, 而永磁体 PM II 是 200nm 厚

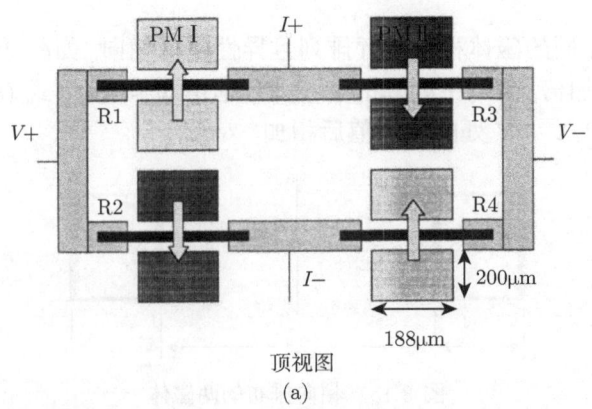

顶视图
(a)

3.4 永磁体的设计

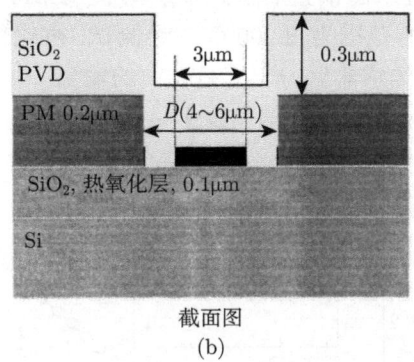

截面图
(b)

图 3.17 永磁体对多层膜 GMR 桥式传感器的四个探测单元的偏置

的 CoPt 单层结构,其他性能如图 3.18(b) 所示. 具有高矫顽力的永磁体 PM Ⅰ 分别对 R1 和 R4 进行相反方向偏置,而低矫顽力的永磁体 PM Ⅱ 对 R2 和 R3 进行相反方向偏置. 其他尺寸参数如图 3.18(b) 所示.

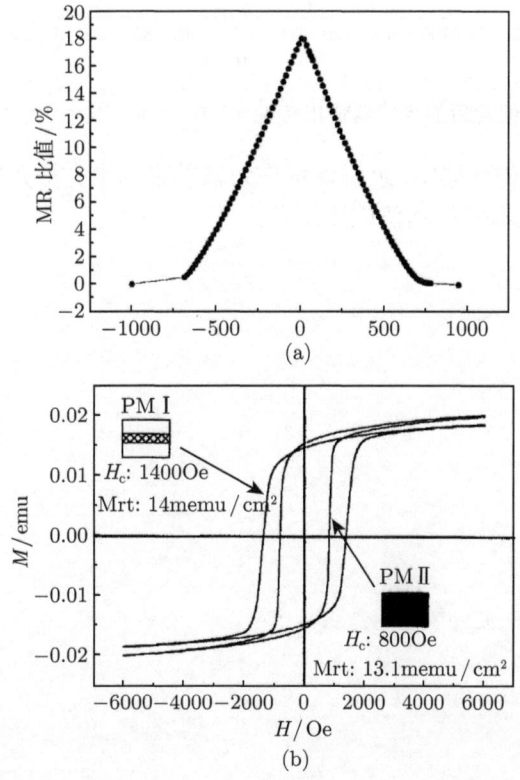

图 3.18 (a) 无偏置前桥式多层薄膜 GMR 传感器的转移特性曲线和 (b) 偏磁永磁体的性能

图 3.19 示出了经过永磁偏置后桥式多层薄膜 GMR 传感器的输出特性. 从图中可以看出, 其线性敏感范围为 ±200 Oe. 经测试, 桥式传感器的电阻为 900Ω, 当 20mA 的电流通过桥式传感器后, 产生 ±0.6V 的输出, 从而可得到传感器的灵敏度为 0.17mV/(V·Oe), 同时其线性度偏差少于 ±1%.

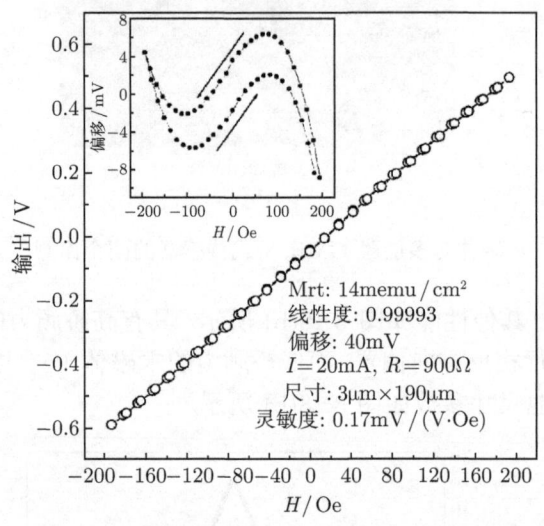

图 3.19　偏置后的传感器输出特性 (其中内插曲线示出线性度偏差)

在角度/转速等传感器中, 永磁体将作为辅助磁场来完成角度/转速等参量的测试, 其具体细节请见本书传感器应用章节.

第 4 章 磁电阻传感器的噪声

为了提高磁电阻传感器的性能, 一方面要不断提高磁电阻比值, 降低饱和磁场的数值, 另一方面还要求有较低的噪声, 其直接决定了器件的分辨率和使用范围. 目前的 GMR/TMR 传感器在分辨率等指标上还明显低于各向异性磁阻 (AMR) 传感器, 主要原因在于 TMR 与 GMR 磁阻传感器的噪声较高, 特别是 $1/f$ 噪声, 如果其 $1/f$ 噪声能降低到 AMR 传感器的水平, 其分辨率将大大提高. 因此进一步理解磁电阻传感器, 特别是 TMR 与 GMR 传感器系统的噪声产生机理, 减小噪声、提高信噪比是实现 GMR/TMR 传感器高分辨率的关键[104]. 另外, 噪声并不只是给人们带来负影响, 随着人们认识的深入, 发现磁电阻薄膜中的噪声实质上反映着系统内部的输运机制, 与器件内部微结构和缺陷密切相关, 人们也可以利用噪声来揭示系统的某些内在机制[105].

4.1 磁电阻传感器的噪声来源

构成磁电阻传感器的磁性薄膜材料虽然种类很多, 但其噪声谱十分类似. 按照物理起源的不同, 磁电阻薄膜中的噪声可分为白噪声和低频噪声. 白噪声是指与频率无关的噪声, 包括热噪声和散离噪声两种类型, 而低频噪声则包括 $1/f$ 噪声和随机电报噪声.

图 4.1 是白噪声、随机电报噪声和 $1/f$ 噪声信号的时域与频域谱, 其中 (a) 和

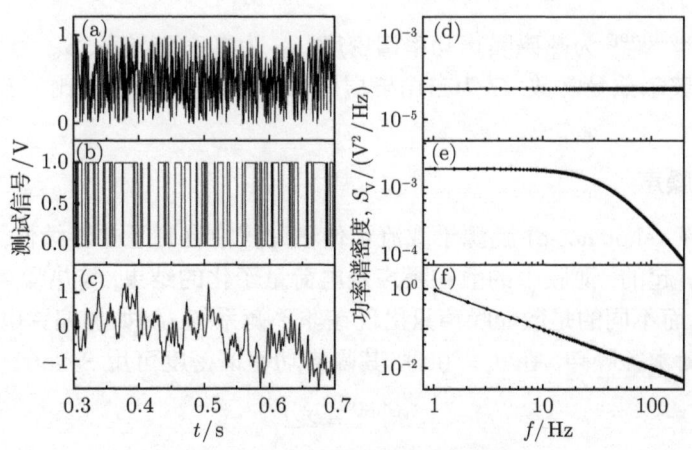

图 4.1 各种噪声的时域与频域谱

(d) 是白噪声, (b) 和 (e) 是随机电报噪声, (c) 和 (f) 是 $1/f$ 噪声[106]. 从图中可以看出, 随机电报噪声在低频时与白噪声一样与频率无关, 但高频时其功率谱密度随频率呈 $1/f^2$ 下降.

4.1.1 热噪声

热噪声 (thermal noise) 最先被 Johnson 观察到, 其后 Nyquist 实际测量热平衡态的电阻确实发现电阻器的两端存在电动势, 所以热噪声又称为 Johnson-Nyquist 噪声. 磁性材料中的热噪声分为热电噪声与热磁噪声.

1. 热电噪声

热电噪声起源于载流子的随机热涨落, 是普遍存在的噪声源. 即使在没有加电压偏置的情况下, 热电噪声也存在, 所以被称为平衡本征噪声. 热电噪声的功率谱密度只与电阻和温度有关, 可用 Nyquist 公式表示

$$S_V^{\text{therm-elec}} = 4K_B T R \tag{4.1}$$

其中, $S_V^{\text{therm-elec}}$ 为热电噪声功率谱密度, K_B 为玻尔兹曼常数, R 为导体的电阻, T 为热力学温度 (绝对温度), 单位是 V^2/Hz. 热电噪声与温度成正比, 当温度接近绝对零度时, 热电噪声消失. 热电噪声与电流的流动无关, 原因是电子的漂移速度与电子的热运动速度相比要小得多.

2. 热磁噪声

热磁噪声源于磁层自由体积磁序随机转动. 热磁噪声的功率谱密度与材料的性质和磁场强度有关, 可用下式表示:

$$S_V^{\text{therm-mag}} = \frac{4K_B T \mu_0 \alpha_G}{\Omega \gamma M_s} \tag{4.2}$$

其中, $S_V^{\text{therm-mag}}$ 为热磁噪声功率谱密度, μ_0 为真空磁导率, α_G 为 Gilbert 阻尼系数, K_B 为玻尔兹曼常数, Ω 为自由磁层体积, γ 为电子的旋磁比, M_s 为磁层饱和磁化强度.

4.1.2 散粒噪声

散粒噪声 (shot noise) 起源于载流子传输过程中遇到了非连续性, 它是载流子的微粒特性引起的. 薄膜中的散粒噪声是电荷量子化的结果, 与热噪声相同的是其也是白噪声, 而不同的是散粒噪声只出现在非平衡系统 (例如加偏置电压) 中, 因此被称为非平衡本征噪声. 在 $T=0$ 时, 其噪声功率谱密度可用 Schottky 公式表示:

$$S_V^{\text{shot}} = 2eI \tag{4.3}$$

其中, S_V^{shot} 为散粒噪声功率谱密度, e 为电子电荷, I 为电流密度.

4.1.3 1/f 噪声

1/f 噪声是指在低频时,噪声与频率呈 $(1/f^\alpha)$ 的关系,α 通常约等于 1. 磁电阻薄膜中,1/f 噪声来源于两个方面,即电 1/f 噪声和磁 1/f 噪声.

1. 电 1/f 噪声

电 1/f 噪声是金属薄膜中普遍存在的一种低频噪声. 电 1/f 噪声最典型的特征就是随着频率的增高,其噪声功率谱密度下降,一般可以用胡格公式来表示:

$$S_V^{\text{elec}-1/f} = \frac{\alpha_{\text{elec}} V^2}{N f^\gamma} \tag{4.4}$$

其中,$S_V^{\text{elec}-1/f}$ 为电 1/f 噪声功率谱密度,α_{elec} 为电 1/f 噪声胡格常数,V 为电压,N 为系统中的载流子数目,γ 为频率常数.

2. 磁 1/f 噪声

磁 1/f 噪声则来源于磁畴在亚稳态间的跃动,可用下式来表示:

$$S_V^{\text{therm}-1/f} = \frac{2B_s \alpha_{\text{mag}}}{\Omega f} \tag{4.5}$$

其中,$S_V^{\text{therm}-1/f}$ 为磁 1/f 噪声功率谱密度,α_{mag} 为磁 1/f 噪声胡格常数,B_s 为磁层饱和磁感应强度.

4.1.4 随机电报噪声

当磁电阻传感器的传感单元足够小时,随机电报噪声 (random telegraph noise, RTN) 成为主要的低频噪声来源,会限制传感器的灵敏度提高. 随机电报噪声又称为爆米花噪声或猝发 (burst) 噪声. 随机电报噪声通常出现在系统具有几种可能的能量亚稳态的物理系统中. 假设电报态的寿命符合泊松分布,则随机电报噪声信号的功率谱密度可采用洛伦兹形式,即

$$S_V^{\text{RTN}} = 4\Delta V^2 \frac{f_1 f_2}{(f_1 + f_2)} \cdot \frac{1}{(f_1 + f_2)^2 + (2\pi f)^2} \tag{4.6}$$

式中,f_1 和 f_2 分别是具有电压差为 ΔV 的两电报态特征寿命的倒数. 由此式可知当频率低于 $(f_1 + f_2)$ 时,电报噪声的功率谱密度就与频率无关.

4.2 磁电阻传感器的 1/f 噪声特征与影响因素

磁电阻薄膜 1/f 噪声具有如下基本特征[105]:

(1) 在一个相当宽的频带内,1/f 噪声功率谱密度与频率成反比,并且由于是能量信号,存在上下截止频率;

(2) $1/f$ 噪声功率谱密度与通过器件的电流的平方成正比, 这说明 $1/f$ 噪声源于电阻的涨落;

(3) $1/f$ 噪声功率谱密度反比于被测样品体积 Ω, 这是由于样品体积与载流子数成正比;

(4) $1/f$ 噪声功率谱密度随温度变化而变化, 并且在某些温度范围内很敏感. 但是变化关系复杂, 而且不同的样品都不一样.

根据 $1/f$ 噪声的以上特性, 人们提出了以下模型 [105].

4.2.1 $1/f$ 噪声模型

1. 电 $1/f$ 噪声的载流子数涨落模型

引起 $1/f$ 噪声的主要机制是载流子数涨落. 1957 年, 麦克霍特提出该模型, 材料中的陷阱中心交换载流子时间常数在一个相当宽的范围内连续分布, 为 $10^{-6} \sim 10^5$s, 与观测的 $1/f$ 噪声频率范围一致.

设载流子陷阱有宽范围分布的时间常数 t_1, 则占据该陷阱的载流子数目的涨落服从洛伦兹谱, 功率谱密度为

$$S_N(f) = \frac{2\Delta N^2[\arctan(\omega t_2) - \arctan(\omega t_1)]}{\pi f \ln(t_2/t_1)} \qquad (4.7)$$

N 为载流子数目, ΔN 是载流子数目的涨落, 在频率很低时, 该式近似化简为常数, 即为下截止频率. 在低频段相当宽的范围内, 功率谱密度与频率成反比. 在频率较高时存在上截止频率.

在研究载流子与陷阱相互作用的物理机制时人们提出了两种方式: 隧穿方式和热激活方式. 隧穿方式虽然在理论上非常容易理解但一直没有得到实验的证实, 现在人们普遍认为这种相互作用主要是一种热激活过程.

在磁电阻薄膜中, 虽然存在着大量的缺陷, 但陷阱中心交换载流子的数目相对于整个载流子数目来说仍然很小, 人们普遍质疑仅由载流子数涨落引起 $1/f$ 噪声的理论.

2. 电 $1/f$ 噪声的迁移率涨落模型

由于载流子传输属于近似平衡态, 服从涨落耗散定理. 按照爱因斯坦关系式

$$D = uK_{\mathrm{B}}T \qquad (4.8)$$

D 为扩散系数, u 为迁移率. 则迁移率涨落表现为扩散系数的涨落. Voss 和 Clarke 提出了 P 源热涨落模型, 主要是在传统的热扩散方程上加了个 P 源项, 以此得出 $1/f$ 谱.

P 源热涨落模型能够推出 $1/f$ 噪声随频率变化的公式, 也能解释 $S_V \propto I^2$ 和 $S_V(f) \propto 1/\Omega$, 但该模型没有给出 P 源项的物理基础, 而且从统计物理的观点看 P 源模型是不正确的. 并且按 P 源热涨落模型理论得出 S_V 值基本上不随温度 T 变化, 与实际情况不符.

3. 电 $1/f$ 噪声的载流子数和迁移率涨落复合模型

该模型认为, 在磁电阻薄膜中, 既存在由于大量陷阱导致的载流子数的涨落, 也存在着由于晶体结构缺陷引起的迁移率涨落. 噪声的 $1/f$ 特征是两者综合作用的结果.

后来又有人提出局域电子的扩散迁移模型等, 相关理论还在进一步探索中.

4. 磁 $1/f$ 噪声模型

在磁电阻薄膜中, 根据涨落耗散定理, 磁序变化可以由动态磁化率随外场变化的弛豫分量 (虚部) $\chi''(f)$ 来表示

$$S_V^{\mathrm{mag}-1/f} = \frac{2K_B T \chi''(f)}{\pi \Omega \mu_0 f} \tag{4.9}$$

其中, $\chi''(f)$ 为动态磁化率虚部, Ω 为自由磁层体积, μ_0 为真空磁导率.

综合热磁噪声和磁 $1/f$ 噪声, 磁噪声可以由下式表示:

$$S_V^{\mathrm{mag}} = \frac{\alpha'_{\mathrm{mag}}}{\mu_0^2 \Omega f} \left(\frac{1}{R}\frac{\mathrm{d}R}{\mathrm{d}H}\right)^{-2} \tag{4.10}$$

其中, α'_{mag} 为磁噪声胡格系数, $\frac{\mathrm{d}R}{\mathrm{d}H}$ 为电阻随外场的变化率.

4.2.2 磁电阻薄膜材料及影响 $1/f$ 噪声的因素

磁电阻薄膜中的 $1/f$ 噪声与许多因素有关, 制备方式、内部缺陷、磁畴分布、体系结构和界面等因素都对 $1/f$ 噪声有显著影响[104,105].

1. 制备方式

磁电阻薄膜的制备方式主要有真空蒸发、磁控溅射和分子束外延 (MBE) 等, 制备方式对 $1/f$ 噪声有明显影响. 磁控溅射效率很高, 内部缺陷多, 磁电阻薄膜噪声较大. 分子束外延效率较低, 内部缺陷少, 噪声水平很低. 用分子束外延方法制作的薄膜比真空蒸发的 $1/f$ 噪声减小 10 倍以上. 在以分子束外延方式制备的高质量 NiFe 单畴薄膜中, 通过比较室温下磁场角度、磁化率和噪声功率谱密度的关系, 表明 $1/f$ 噪声来源于两部分; 一部分是随外场变化的 $1/f$ 噪声, 可以用涨落耗散定理来说明; 另一部分则不随外场变化, 来源于晶格振动的晶格 $1/f$ 噪声. 而在磁控溅

射方式制备的 NiFe 薄膜中, 由于缺陷较多, 晶格 $1/f$ 噪声已经观察不到了. 在分子束外延生长的某些 Fe(110)/MgO(111)/Fe(110) 隧道结中, $1/f$ 噪声与铁磁层相对取向无关, 而与隧道结中的缺陷有关, 说明 $1/f$ 噪声主要来源于电荷在隧道结中的俘获和释放过程, 电 $1/f$ 噪声是 $1/f$ 噪声的主要部分. 而在磁控溅射生长的同类隧道结中, $1/f$ 噪声与铁磁层的相对取向有关, 且与磁电阻的变化一致, 说明 $1/f$ 噪声主要来源于自由层热激活引起的畴壁在钉扎位的可逆移动. 磁 $1/f$ 噪声是 $1/f$ 噪声的主要部分. 由此可见, 不同制备方式 $1/f$ 噪声不但大小有巨大的差异, 而且其物理来源也有所不同.

2. 内部缺陷

磁电阻薄膜材料的噪声大小与薄膜材料的内部缺陷密切相关. 薄膜材料内部有大量的空位和位错缺陷. 缺陷越多, $1/f$ 噪声越大. 因此可以利用磁电阻薄膜 $1/f$ 噪声来表征薄膜的缺陷和可靠程度. $1/f$ 噪声越小, 薄膜的预期寿命越长. 退火能改善磁电阻薄膜的 $1/f$ 噪声性能.

3. 磁畴分布

磁畴分布对磁电阻薄膜 $1/f$ 噪声影响很大. 一方面有序的磁畴排列能有效地降低 $1/f$ 噪声, 磁畴稳定性是影响 $1/f$ 噪声的一个主要因素. 另一方面在隧道结磁电阻薄膜和自旋阀巨磁电阻薄膜材料中, 自由层和钉扎层呈反平行排列时 $1/f$ 噪声较高, 约比平行态时高 10 倍.

4. 传感器单元结构的影响

对 NiFe/Ag 多层膜结构的巨磁阻单元进行了噪声研究, 发现 GMR 电阻单元的长宽比对噪声大小有非常大的影响. 通过对长分别为 10μm, 100μm, 1000μm 以及宽分别为 2μm, 4μm, 6μm, 10μm 的 NiFe/Ag 多层膜的研究表明, GMR 传感器单元长宽比越大, 所带来的噪声密度也就越大.

5. 直流偏置磁场和交流偏置磁场的影响

对 GMR 磁传感器在直流偏置磁场和交变磁场环境下的噪声作了分析, 通过分析传感器在不同大小的直流偏置磁场的影响可以看出, 外磁场的存在会加剧 $1/f$ 噪声. 通过改变外界交变磁场频率可以发现, GMR 磁传感器的 $1/f$ 噪声对外界磁场有着很强的依赖关系. 实验表明, 随着外磁场频率的增加, 噪声水平在交变磁场存在时有所下降.

6. 体系结构

不同种类的磁电阻薄膜材料中 $1/f$ 噪声物理来源有很大不同.

(1) 各向异性磁电阻薄膜 (AMR)

在 Ta/NiFe/Ta 各向异性磁电阻薄膜中，$1/f$ 噪声主要来源于磁畴磁矩取向在热平衡下的波动. 在有其他插层的各向异性磁电阻薄膜中，由于界面数增多引起的载流子散射增强，$1/f$ 噪声会明显变大.

(2) 隧道结薄膜 (MTJ)

隧道结磁电阻 TMR 主要是通过隧穿作用引起，属于有能级差的系统，$1/f$ 噪声的主要来源是磁畴壁在钉扎位的热致波动和电荷在隧道结中的俘获和释放过程. 在 NiFe/Al$_2$O$_3$/NiFe/FeMn 隧道结中，隧道结中 $1/f$ 噪声与磁电阻的变化一致，说明 $1/f$ 噪声主要来源于自由层热激活引起的畴壁在钉扎位的可逆移动. 而 MgO 基 MTJ 的电子噪声被认为主要来源于 MgO(或者 AlO$_x$) 中间层的缺陷，可能存在的缺陷分为两类: 较小的缺陷有孤立、剩余 O 空隙缺陷，Mg 空隙缺陷，不纯净，晶格移位和 MgO 晶界等，这些缺陷被认为会减小自旋相关电子的非对称散射率，增大噪声，减小 TMR; 较大的缺陷多是由于制备工艺的不足、过厚的 MgO 等和过大的 MTJ 结面积导致的针孔，从而引起缺陷辅助隧穿，TMR 的减小. 而 MgO 基 MTJ 的磁性噪声主要认为是 CoFeB 电极的磁畴结构的稳定性起主要作用. 目前，如何稳定电极材料的磁畴结构来进一步降低 MTJ 噪声、提升 TMR 是该领域的一个研究热点. 此外，根据 Stearrett 等的研究，通过淬火处理减少 MTJ 的缺陷数，但是并不意味着持续淬火有利于改善 MTJ 性能. 在最初的淬火阶段，更高的淬火温度和更长的淬火时间可以使得 MTJ 迅速升高，噪声也得到下降，但是，当淬火到一定程度，MTJ 和噪声分别达到最大 (小) 值. 可以认为淬火能够消除的缺陷总量是一定的，因此上述现象变得易于理解. 但是当淬火到一定程度，MTJ 的缺陷将无法被消除，或者说剩余的缺陷无法通过常规淬火消除，而且过度淬火会使 MTJ 的多层材料发生扩散，从而降低 TMR, 增大噪声. 此外，多个隧道结空间排列可以减小 $1/f$ 噪声，在双隧道结 CoFeB/MgO/CoFeB/MgO/CoFeB 中，$1/f$ 噪声显示双隧道结耦合作用很小，可以认为是两个隧道结的串联，在 375°C 退火时 TMR 达到 250%，而 $1/f$ 噪声胡格系数只有 1.2×10^{-10}μm, 小于单个隧道结的胡格系数.

(3) 异常霍尔效应薄膜 (AHE)

在异常霍尔效应薄膜中，霍尔电压与磁化过程变化一致. 霍尔电压 $1/f$ 噪声包含一阶 $1/f$ 噪声和高阶 $1/f^2$ 噪声. 一阶 $1/f$ 噪声主要来源于磁畴壁的可逆热运动，在霍尔电压 ($V_{\rm AHE}$) 开始转变处和结束处，以及拐点处都有 $1/f$ 噪声极值. 高阶 $1/f^2$ 噪声主要是由巴克豪森跳跃以及磁性驰豫引起，并随时间衰减.

(4) 巨磁电阻薄膜

自旋阀中由于自由层与钉扎层间没有耦合或耦合很小，磁矩能够一致转动，因此噪声较小. $1/f$ 噪声符合涨落耗散理论，主要来源于自由层的磁畴可逆热运动. 若外磁场继续增大，自旋阀中钉扎层发生反转，也会产生 $1/f$ 噪声.

在 GMR 薄膜中，由于两相邻铁磁层存在铁磁 (FM) 耦合和反铁磁 (AFM) 耦合，来源于热激活的磁畴结构的 $1/f$ 噪声较大，$1/f$ 噪声符合涨落耗散定理．但在外磁场较小时，与薄膜中缺陷相关的 $1/f$ 噪声表现显著．

在通过分析 GMR 磁传感器在不同大小的直流偏置磁场的影响可以看出，外磁场的存在会加剧 $1/f$ 噪声．通过改变外界交变磁场频率可以发现，GMR 磁传感器的 $1/f$ 噪声对外界磁场有着很强的依赖关系．实验表明，随着外磁场频率的增加，噪声水平在交变磁场存在时有所下降．

此外，在 CMR 薄膜中，$1/f$ 噪声与磁电阻变化一致，但对于起源有不同解释，有人认为起源于载流子密度的波动，也有些人认为起源于晶界缺陷．不同的 CMR 薄膜噪声水平相差很大．在氧化物超导材料中，$1/f$ 噪声主要来源于氧化物中氧原子的迁移．

7. 界面因素

$1/f$ 噪声除了与制备方式、体系结构有很大关系外，还对磁电阻薄膜中的界面因素非常敏感．在隧道结 Fe(110)/MgO(111)/F(110) 中，$1/f$ 噪声还与 MgO 的应力状态有关，通过改善隧道结界面可以降低 $1/f$ 噪声．在 Fe 中掺杂 10% 的 V 可以减小 Fe/MgO 的界面晶格失配度，明显降低平行和反平行态时的 $1/f$ 噪声，掺杂 C 也能起到相同的效果．在自旋阀结构中，如果自由层是多层膜结构，则 $1/f$ 噪声较大，这是由于多层膜结构增大了散射截面所致．在各向异性磁电阻薄膜中，界面数的增多也会导致 $1/f$ 噪声明显提高．

虽然目前人们对磁电阻薄膜的噪声研究有了很大进展，但是仍然有一些问题不十分清楚．比如应力状态能大幅改变 $1/f$ 噪声的具体机制是怎样的？磁畴结构状态对 $1/f$ 噪声的影响机理如何？

4.3 $1/f$ 噪声的抑制方法

自旋阀结构的 GMR 传感器以及磁性隧道结 (MTJ) 磁阻传感器因其饱和磁场较低、单位磁场灵敏度高及温度特性较稳定等优点，具有成为 nT，甚至 pT 超高灵敏度传感器的可能．目前的 GMR/TMR 传感器在分辨率等指标上还明显低于各向异性磁阻 (AMR) 传感器，主要原因在于 TMR 与 GMR 磁阻传感器的噪声较高，特别是 $1/f$ 噪声．比如有报道指出具有 MgO 势垒层的 TMR 传感器的在 500kHz 时磁场探测精度为 $2pT/Hz^{1/2}$，当待测磁场的频率降为 10Hz 时，其磁场探测精度增加到 $97pT/Hz^{1/2}$．

前面指出 $1/f$ 噪声来源于磁的热骚动，它极大的恶化传感器的线性响应特性以及低频检测能力．热骚动与磁化强度的翻转以及由于形状、应力、杂质、位移和非均

4.3 1/f 噪声的抑制方法

匀性等原因引起的复杂内各向异性场的波动有关. 原则上讲 1/f 噪声可以通过减小内各向异性场的波动以及通过优化制备工艺得到改善, 比如可以通过减小铁磁层的厚度, 增加其垂直各向异性, 但代价是灵敏度大幅度下降. 也可通过采用特殊的设计, 减小磁 1/f 噪声. 比如将传感单元设计成磁轭状, 由于形状各向异性的影响, 可在磁轭长臂中得到稳定的磁畴结构, 这样就可以减小与宏观磁畴壁移动有关的 1/f 噪声. Coey 课题组[107] 设计如图 4.2 所示的磁轭型 TMR 传感器的感测单元. 其 MTJ 堆积结构是 Ta(5nm)/Ru(30nm)/Ta(5nm)/Ni$_{81}$Fe$_{19}$(5nm)/Ir$_{22}$Mn$_{78}$(10nm) /Co$_{90}$Fe$_{10}$(2.5nm)/Ru(0.9nm)Co$_{40}$Fe$_{40}$B$_{20}$(3nm)/MgO(2nm)/Co$_{40}$Fe$_{40}$B$_{20}$(3nm)/Ta (5nm)/Ru(5nm), 将 MTJ 薄膜通过光刻和 Ar 离子刻蚀成如图 4.2(a) 所示的磁轭型, 通过两次磁场退火形成钉扎层和自由层的磁矩排布, 即钉扎层的磁矩垂直于磁轭的长臂方向, 自由层的磁矩平行于长臂方向.

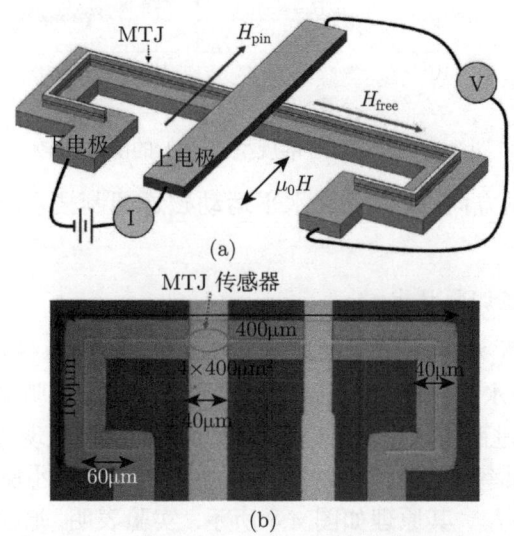

图 4.2 磁轭型 TMR 传感器的感测单元

(a) 三维示意图; (b) 实际器件的光学照片

图 4.3 是磁轭型与常规型 TMR 传感器的低频噪声比较. 从图 4.3 中可以看出采用特殊设计后, 低频噪声下降了 1 个数量级.

仅仅考虑传感器的材料、工艺以及结构的优化, 很难获得 pT/Hz$^{1/2}$ 的磁场探测精度. 选择合适的工作方式也可以减小 1/f 噪声. 从 1/f 噪声功率谱可以看出, 如果能采用某种手段将待测信号从低频调制或提升到高频 (>1kHz) 信号, 则磁电阻传感器的 1/f 噪声的影响可以大幅度的减小. 这里介绍磁通调制技术来抑制 1/f 噪声. 磁通调制技术的原理是: 用某种手段 (为了小型化, 一般采用振动的微机械系统磁通体 (flux guides)) 将低频磁场调制到高频磁场, 高频磁场通过磁电阻效应转换为交流电阻输出信号，从而抑制 $1/f$ 电阻噪声的影响. 尽管高频信号中含有谐波成分，但是可以通过滤波选择具有高 SNR 的基波作为传感信号. 在这种情形下，XMR 传感器的输出电压为

$$V_0 = E_m A_f B_a S_g \cos\omega t$$

上式中，E_m，A_f，B_a，S_g 和 ω 分别表示调制效率，磁通聚集器的磁增益，待测磁场的磁通密度，传感单元的灵敏度和调制频率.

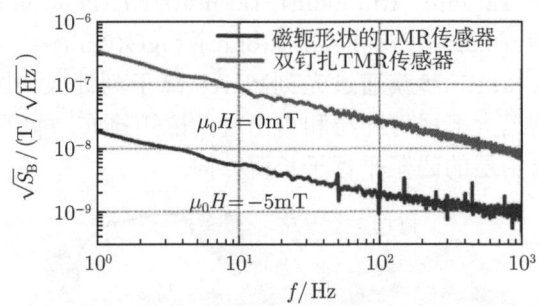

图 4.3　磁轭型与常规型 TMR 的噪声比较

根据磁通的调制方向，可以分为水平运动磁通调制技术和垂直运动磁通调制技术.

1. 水平运动磁通调制技术

Edelstein 等 [108] 将磁通聚集材料沉积在 MEMS 的弹簧片上，用梳齿驱动器 (flaps) 驱动弹簧片沿水平振动，则两磁通聚集器之间的空气隙大小会随着弹簧片的振动而周期性改变，进而使作用在磁电阻感测单元的磁场呈现周期变化. 一般说来，梳齿驱动器的驱动频率选择为弹簧片的共振频率 f_m，以减小驱动电压. 这样，待测磁场就会被调制到 $2f_m$. 其原理如图 4.4 所示. 实验表明，通过磁通聚集器相对距离来改变 GMR 的工作磁场频率可以将 GMR 传感器的 $1/f$ 噪声水平降低 10^4.

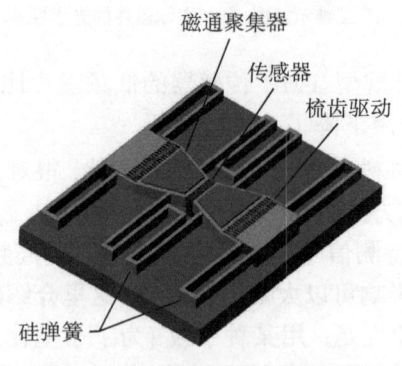

图 4.4　水平磁通调制技术原理

2. 垂直运动磁通调制技术

使用磁通调制技术，为减小成本往往要求调制结构简单些，但这与提高调制效率的要求相矛盾. 在以薄膜为悬臂梁的水平磁通结构中其调制的效率仅 0.11%，所以寻求高效率的磁通调制技术方案，垂直运动磁通调制 (vertical motion flux modulation, VMFM) 方案被提出[109,110].

图 4.5 是垂直运动磁通调制技术的原理图. 软磁薄膜作为磁通调制膜 (flux modulation film, FMF) 被悬挂在两磁通聚集器之间的空气隙上方，FMF 可以被 MEMS 驱动器沿垂直方向上下驱动，当 FMF 靠近空气隙时，由于 FMF 的磁导率大，磁通优先在其中通过，这样空气隙处的磁场就弱 (图 4.5(a)). 而当 FMF 远离空气隙后，空气隙中的磁场就恢复到正常值 (图 4.5(b)). 如果 FMF 上下振动，则空气隙处的磁场就可以在最大值与最小值之间交替变化，这样待测的低频磁场就可以被调制成高频磁场，从而减小 $1/f$ 噪声对测试结果的影响.

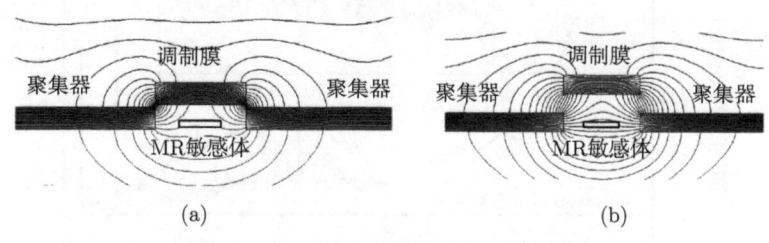

图 4.5 垂直运动磁通调制技术的原理

(a) FMF 靠近间隙时; (b) FMF 远离间隙时

图 4.6 是垂直运动调制技术的实现方案[111]. 主要组成部分包括：MR 敏感体，MEMS 磁通聚集器，MEMS 驱动结构，软磁调制薄膜和固定基底. 为了进一步增大磁场的放大倍数，提高磁电阻传感器的探测能力，在 MR 传感器的裸片的外部又设计了一对外部磁通聚集器，如图 4.7 所示. 外部磁通聚集器镂空的地方主要是为了引出传感器的电极，如果设计适当，不会对磁场的放大倍数造成多大的影响.

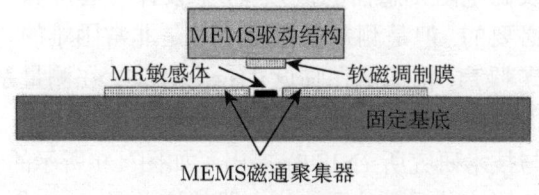

图 4.6 垂直运动调制技术的实现方案

采用这种技术，研究了对商用 AA002 GMR 传感器 (NVE 公司) 的抑制效果，如图 4.8 所示. 待测磁场是幅度为 1.2×10^{-3} mT 和频率为 1Hz 的交流磁场. 在 1Hz

时噪声电平是 $2.6\times 10^{-7}\mathrm{V}/\sqrt{\mathrm{Hz}}$, 在 3.569kHz 附近是 $1.0\times 10^{-8}\mathrm{V}/\sqrt{\mathrm{Hz}}$. 当 1Hz 的交流磁场被调制到 3.569kHz 后, 噪声水平至少减少了 26 倍. 经计算该种调制技术的调制效率可达 18.8%.

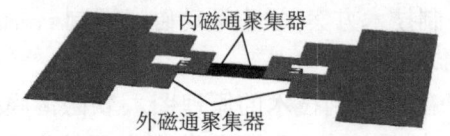

图 4.7 VMFM 调制技术中的双磁通聚集器结构

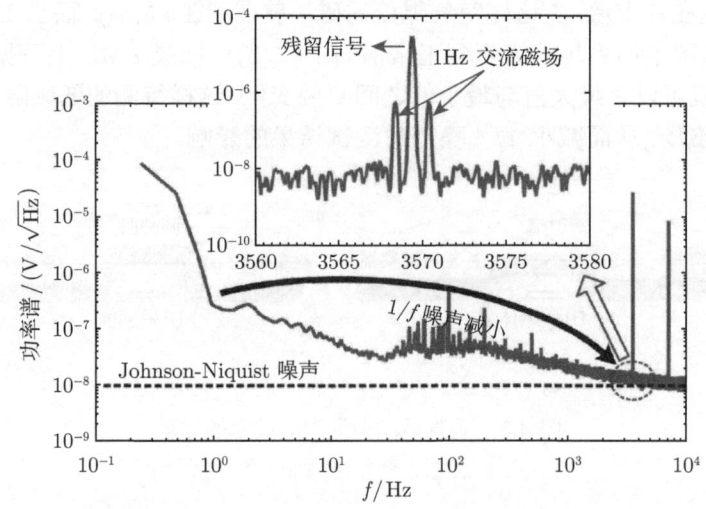

图 4.8 VMFM 调制技术对 $1/f$ 噪声的抑制效果

4.4 $1/f$ 噪声的测量

对于磁性薄膜及磁电阻传感器的低频噪声, 设计一套可靠、重复性好、精确的测量方法和系统是必要的. 但是测量低频噪声却是非常困难的, 原因在于所有电子器件均有内禀的 $1/f$ 噪声, 特别是在临近 1Hz 频率时. 在测量系统中, 尽量减小外界环境和测量电路的噪声是获取磁电阻传感器噪声的关键.

美国国家标准与技术研究所 (NIST) 提出了如图 4.9 所示的噪声测试系统[112]. 采用商用放大器作为噪声信号放大器, 放大器的增益是 100 或 500, 两个放大器可以组成单通道模式, 也可以是双通道交叉修正模式, 采用双通道交叉修正模式可以有效地减小测量系统的本底噪声. 图 4.10 示出了单通道和双通道噪声放大器对本底噪声的影响, 从图中可以看出采用交叉修正模式后本底噪声下降了 1 个数量级

4.4 1/f 噪声的测量

左右.

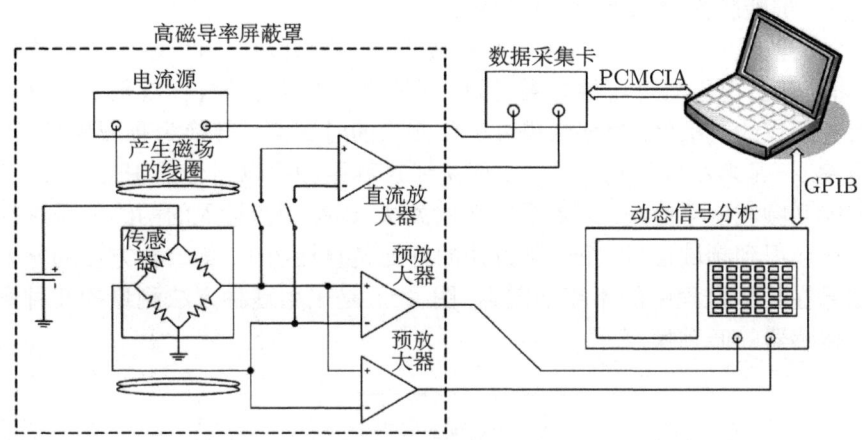

图 4.9 噪声测试系统

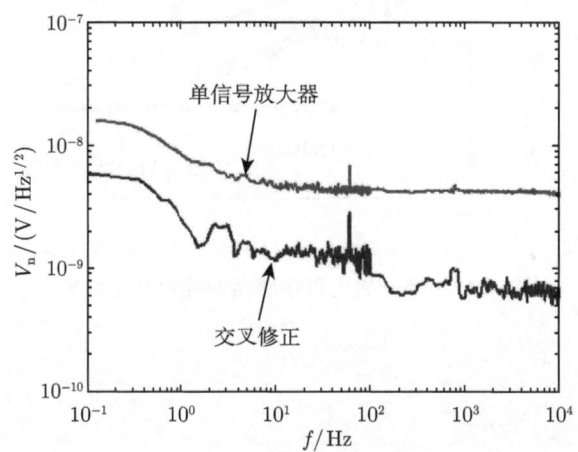

图 4.10 单通道和双通道噪声放大器对本底噪声的影响

为了进一步减低测量电路本底噪声, 必须采用输出噪声低的电池组供电. 同时如果测量传感器仅由一个感测单元构成, 则必须用四个这样的感测单元组成惠斯通电桥, 以降低温漂和接触噪声的影响. 磁场系统 (电磁铁或亥姆霍兹线圈) 则需要高稳定的电流源来形成偏磁场和交变磁场.

为了减小外界环境对测量的影响, 需要把测量电路系统 (除数据采集卡、频谱仪和计算机以外的其他部分) 放进一磁屏蔽腔中. 磁屏蔽腔能提供一个近零磁空间, 方便对磁电阻传感器进行测量. 设计的磁屏蔽腔采用内外层为铝层、中间五层为高导磁坡莫合金的结构. 由于高导磁坡莫合金对应力较为敏感, 所以在使用过程中严禁摔碰. 如果磁屏蔽腔被磁化, 屏蔽性能达不到使用要求时, 要对屏蔽腔进行消磁处理. 屏蔽腔内剩磁小于 1 nT[113].

通常的测量过程如下: 首先用直流磁场扫描测量磁电阻传感器的转移特性曲线, 即直流输出电压与直流偏置磁场的关系; 然后将转移特性曲线数字微分以确定每个偏置场点的灵敏度. 为把频谱分析仪测量的时域信号转换为频域信号, 可采用两种方案. 一是多次取平均值法. 主要是通过利用频率以自带的 PSD 经过多次取平均值得到频域信号曲线. 二是采用互相关法, 即把同源输入的两路信号进行互相关后再转换得到频域信号. 第一种方法的好处是直接明了, 第二种方法的好处是能消除信号在传输过程中的不相干因素. 图 4.11 是采用这种方法测量的几种商品化磁电阻传感器的低频噪声.

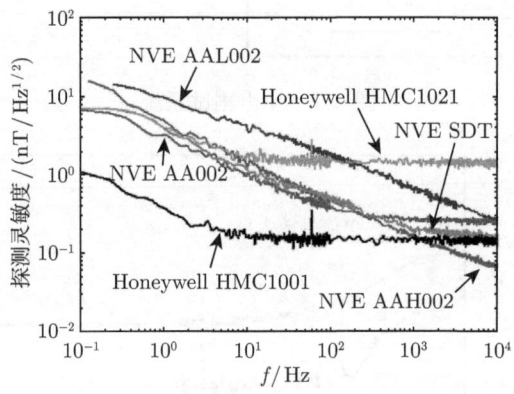

图 4.11 部分磁电阻传感器的噪声测量结果

第 5 章　磁电阻传感器的应用

　　磁电阻传感器作为磁场传感器,一个重要的应用方向就是硬盘中的读出磁头. 磁电阻磁头,特别是巨磁电阻和隧道结磁电阻读出磁头是硬盘向高密度和小型化方向发展的主要推手. 但是,由于磁电阻磁头的应用技术被垄断在国际上少数几个公司,所以本书不涉及此方面的内容. 除成功应用于硬盘的读出磁头外,磁电阻传感器的应用已被拓展到各个技术领域,如可以用磁电阻传感器来完成:角度测量、速度测量、电流测量、无损检测以及弱磁场测量 (磁强计) 等工作,可广泛应用于汽车、移动电话、医疗器件、工业机器人等领域.

5.1　角度测量

5.1.1　角度传感器概述

　　角度传感器主要用来测量固定部件 (定子) 和转动部件 (转子) 之间的旋转角度,角度测量一般是通过传感器获取转角信号,经转换成电路参数量,再通过转换电路转换成电信号输出. 随着自动控制水平的不断提高,作为自动控制系统的重要元件,角度传感器得到了迅速的发展,逐渐成为仪表测量、工业自动化、信号检测和航空航海等领域的一种重要传感器[114].

　　同一种信息可由不同的传感器来测量,角度信息也是如此. 其测量原理多种多样,较难分类,可按测量方式分为:相对式和绝对式;接触式和非接触式. 相对式测量实际上是两点相对角度位置的测量,系统加电时,无法确定当前基准点的绝对角度位置,一般只能用来测角度位移;接触式测量因存在机械接触,不但容易磨损,而且难免会产生误差,已逐渐被非接触式测量替代.

　　常见的非接触式角度传感器有编码盘式、光栅式、激光式、感应同步式、电容式、电感式和霍尔式等. 一般都是根据光学、电学或磁学等原理确定转子的角度位移或角度位置. 光学原理角度传感器性能较好,例如,利用莫尔条纹宽度测量角度的光栅角度传感器就具有较高的精度和分辨率. 但是由于光学仪表结构复杂、工艺要求高,不仅价格昂贵,而且易受振动影响,一般很难广泛使用. 电学角度传感器一般直接利用电学基本物理量与角度的某种关系直接构成,电容式角度传感器就是其中一种. 它由两个半圆形电极板同轴平行安装组成,连同空气介质构成电容器. 当作为定子的电极板旋转时,两电极板之间互相遮掩的面积随之改变,根据平板电容公式, 可转换为电容变化. 其结构简单, 易于实现, 但是输出特性为阶梯状、分辨力不高, 且由于边缘效应的存在, 实际应用中, 这种面积和电容的对应关系很不确定, 稳定性较差, 该问题还未有效解决. 此外, 以上两种具有代表性的光学和电学角度传感器易受空气中灰尘等杂质的干扰和影响, 可靠性较差.

磁学角度传感器应用磁敏感元件感应磁场的变化, 并将其转换为元件的磁性能变化, 该转换过程对应某种确定的角度关系. 除可实现耐污染的非接触角度测量外, 其抗振动、抗噪声能力较强, 即使在极为恶劣的环境下也能可靠、稳定的工作. 采用磁敏感元件测量角度信息已成为角度测量的常见方法. 现有磁敏感元件主要包括: 霍尔元件和磁电阻元件. 霍尔元件磁敏感范围较大, 但是和磁电阻传感器相比其灵敏度和分辨率较低, 高性能角度传感器一般不予采用. 表 5.1 是霍尔角度传感器与磁电阻角度传感器作为角度传感器的性能比较[114].

表 5.1　霍尔角度传感器与磁电阻角度传感器的性能比较

传感器	敏感物理量	敏感轴方向	信号处理
霍尔角度传感器	磁场的强度	垂直方向	有源、集成 无源、外部
磁电阻角度传感器	磁场的方向	面内	无源、外部

由第 2 章可知, 磁电阻效应本身就是与角度有关的效应, 其可以完美地用于非接触角度测量系统. 由于磁电阻角度传感器感测的是磁场方向, 而不是磁场的强度, 所以磁电阻角度传感器几乎不受任何因老化、温度和机械应力产生的磁偏移和漂移影响, 具有出色的线性度和温度漂移特性, 测量准确性高. 另外与采用霍尔效应角度传感器相比, 磁电阻角度传感器具有明显优势. 磁电阻传感器输出信号几乎不受任何磁铁误差、磁铁温度系数、磁铁 – 传感器距离以及定位误差影响. 磁电阻角度传感器的优势总结为[115]:

- 工作温度范围大 ($-40\sim+150°C$)
- 精确可靠
- 坚固耐用, 非接触式测量
- 无磨损测量
- 测量准确, 不受机械误差、温度/老化磁漂移影响
- 电阻技术降低机电系统总成本

磁电阻角度传感器基于磁场方向敏感实现非接触检测, 既保证了系统的可靠性又提高了使用寿命, 因此其应用范围广泛, 尤其在汽车、工业及消费领域更是无处不在. 在汽车领域, 从雨刮器到电动车窗, 从电动调节座椅到自动大灯, 从电子油门到方向舵等都含有角位移传感器. 在工业领域, 采用角位移传感器的旋转编码器已成为标准件, 并被广泛应用于阀门位置控制、伺服电机速度和位置控制等方面. 在

5.1 角度测量

消费领域,从音响设备的控制旋钮到直读式计量表中的字轮,从游戏娱乐设施的操控杆到空调导风的位置控制装置都有角位移传感器的身影.因此可以说,只要有旋转机构并需要检测和控制的场合都是 XMR 角位移传感器的应用天地.

5.1.2 磁电阻角度传感器的工作原理

1. AMR 传感器的角度测量原理[116]

重新写出 AMR 传感单元的转移特性

$$R = R_0 + \nabla R_0 \cos^2 \theta \tag{5.1}$$

其中,θ 是电流与磁化强度方向的夹角.

为了能使 AMR 传感单元应用于精密的角度测量,前提条件是磁性单元中的磁化强度矢量 M 与外磁场的方向一致.这个条件很容易通过增加作用在传感器上的外磁场 (一般通过永磁体提供,如图 5.1(a) 所示) 强度大于磁性单元的内场,使 AMR 传感器进入饱和工作模式,此时外磁场的方向就是磁化强度 M 的方向.因而,AMR 传感器的电阻大小只与外磁场的方向有关,而与外磁场强度无关.

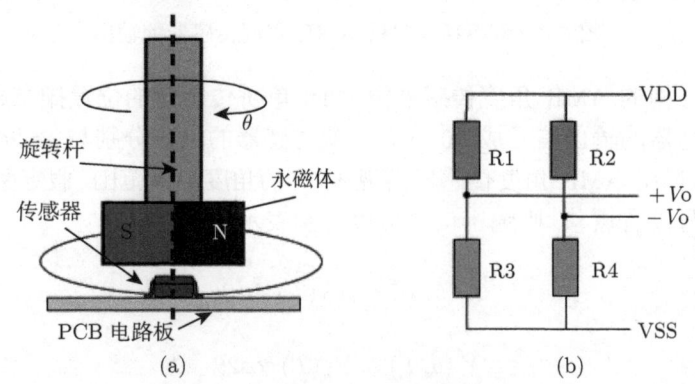

图 5.1 AMR 角度传感器工作原理

(a) 装配位置图;(b) 惠斯通电桥

AMR 传感器的制作过程往往是把四个相同的传感单元制作在同一芯片上,组成惠斯通电桥 (图 5.1(b)),惠斯通电桥的差分输出正比于 $\sin 2\theta$,这就意味着单电桥 AMR 磁阻角度传感器的角度测量范围仅为 90°(±45° 之间为工作区),如图 5.2 所示.

单惠斯通电桥 AMR 传感器的角度测量范围的局限性,严重影响了宽范围角度测量应用领域对磁阻角度传感器的需求性,并且单惠斯通电桥 AMR 传感器的温度性差,在使用时必须进行温度补偿.这些不足可以采用双惠斯通电桥的排列方式来弥补,如图 5.3 所示.

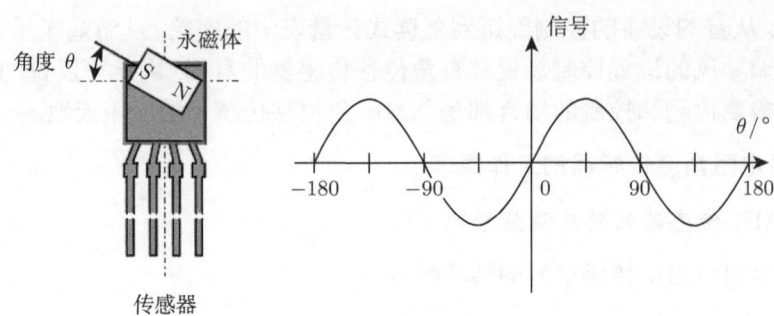

图 5.2 单惠斯通电桥 AMR 传感器的输出信号与角度的关系

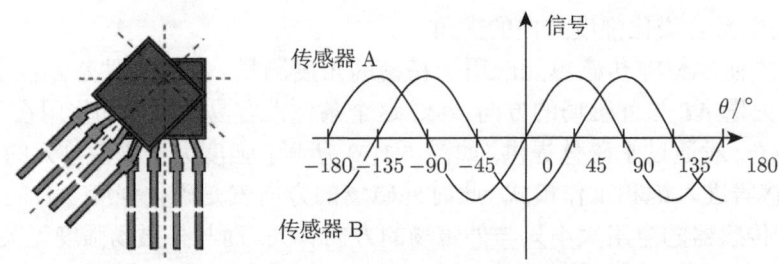

图 5.3 双惠斯通电桥 AMR 角度传感器的输出

在双桥结构的 AMR 角度传感器中,两个单桥传感器的位置排布成 45°. 这样,两个单桥传感器的输出信号成 90° 相移, 就传感器的输出分别与 $\sin 2\theta$ 和 $\cos 2\theta$ 正比, 这样就可以用 AMR 角度传感器实现 180° 的角度测量范围. 假定两个单桥传感器的输出信号没有漂移, 则输出信号可以分别表示为:

$$X(\theta,T) = X_0(T)\sin 2\theta \tag{5.2}$$

$$Y(\theta,T) = Y_0(T)\cos 2\theta \tag{5.3}$$

由于一般情况下,两个单桥传感器是采用同样工艺制备在同一芯片上,并且由同一电源供电, 因此认为 $X_0 = Y_0$ 是合理的. 这样,从上两式中,可求出

$$\theta = \frac{1}{2}\arctan\left(\frac{X}{Y}\right) \tag{5.4}$$

2. GMR/TMR 传感器的角度测量原理 [117]

对于自旋阀型的 GMR 与 TMR, 当外磁场的强度小于交换偏置场强度 (交换偏置场的强度也被定义为该类型角度传感器的最大工作磁场) 时, 电阻有如下关系:

$$R(H) = R_{\mathrm{p}} + \frac{(R_{\mathrm{ap}} - R_{\mathrm{p}})}{2}[1 - \cos(\theta)] \tag{5.5}$$

5.1 角度测量

这里 θ 是自由层 (FL) 与钉扎层 (PL) 的磁化强度方向的夹角.

与 AMR 测量角度的原理相似, 如果控制外磁场强度的大小适当 (外磁场的强度要大于磁电阻单元自由层的内场, 而小于交换偏置钉扎场), GMR/TMR 磁电阻传感器也进入饱和模式. 同样在这种模式下, GMR/TMR 磁电阻传感器的磁电阻效应的大小只与外部磁场的方向有关, 而与磁场强度无关.

自旋阀型 GMR/TMR 的电阻与自由成与钉扎成间角度的关系如图 5.4 所示. 与所有的 XMR 传感器一样, 在使用时都采用惠斯通电桥结构. 在自旋阀型 GMR/TMR 中, 相邻的磁阻传感单元的交换偏置场方向 (即钉扎层磁矩的方向) 呈 180°, 如图 5.5 所示. 设 θ 是自由层与钉扎层之间的夹角, 这样有

$$R_2(\theta) = R_1(\theta + 180°) \tag{5.6}$$

$$R_1 = R_4 \text{ 和 } R_2 = R_3 \tag{5.7}$$

于是, 可以得到惠斯通电桥的输出为

$$V_{\text{out}} = V_{\text{b}} \left(\frac{R_1(\theta) - R_1(\theta + 180°)}{R_1(\theta) + R_1(\theta + 180°)} \right) \tag{5.8}$$

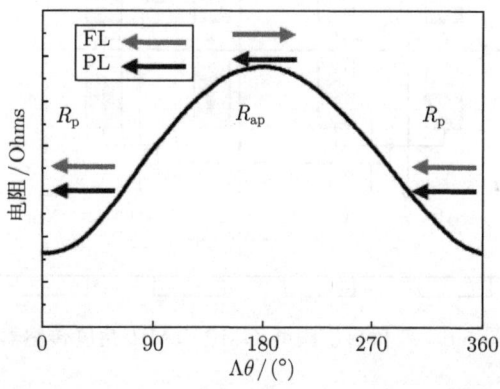

图 5.4 自旋阀型 GMR/TMR 的电阻与自由成与钉扎成间角度的关系

由式 (5.8) 可以得到, 单惠斯通电桥结构的 GMR/TMR 传感器的输出信号只有在 180° 的范围 (即两个极值输出信号之间的角度范围) 是确定的, 所以能测最大角度为 180°.

将两个惠斯通电桥结构成 90° 放置, 如图 5.6 所示, 可以将自旋阀型 GMR/TMR 角度传感器的角度测量范围从 180° 扩展到 360°[118]. 同图 5.5 一样图 5.6 中的箭头表示钉扎场的方向. 在这两个电桥结构中, 一个电桥输出的与 $\sin\theta$ 成正比的信号, 另一个输出的是与 $\cos\theta$ 成正比的信号, 如图 5.7 所示. 角度可以由下式求出:

$$\theta = \arctan\left(\frac{V_{\sin}}{V_{\cos}}\right) \tag{5.9}$$

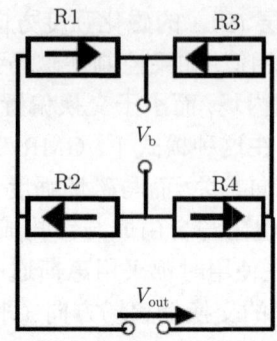

图 5.5 GMR/TMR 角度传感器的惠斯通电桥结构图

图中电阻器上的箭头表示钉扎层磁矩的方向

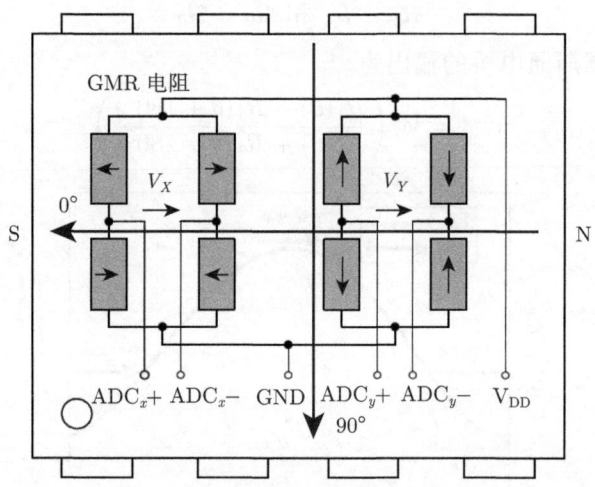

图 5.6 双桥自旋阀型 GMR/TMR 角度传感器

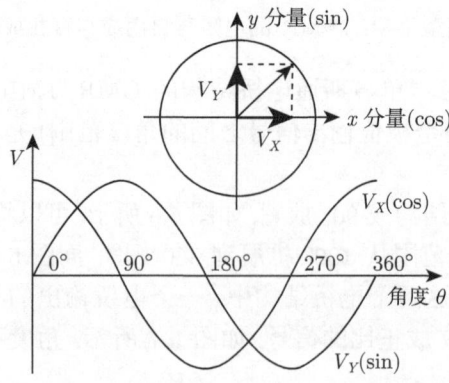

图 5.7 双桥自旋阀型 GMR/TMR 角度传感器的输出信号

3. GMR/TMR 角度传感器的定标方法 [119]

为了获得角度传感器最佳性能, 对传感器进行定标是必要的. 由于制备过程、封装以及温度等因素的影响, 传感器惠斯通电桥的原始输出信号不是理想的, 往往有偏移, 而且 x 和 y 方向信号幅度不相同, 而且相位也不是完全相移 90°. 通常传感器的 x 和 y 方向的原始信号可以写为

$$X = A_x \cdot \cos(\theta) + O_x \\ Y = A_y \cdot \sin(\theta + \varphi) + O_y \tag{5.10}$$

式中, A_x 是 X 方向的 $X(\cos)$ 信号幅度, A_y 是 Y 方向的 $Y(\sin)$ 信号幅度, O_x 是 X 方向的 $X(\cos)$ 信号的偏移量, O_y 是 Y 方向的 $Y(\sin)$ 信号的偏移量, φ 是正交的 X 与 Y 信号相位的偏差, 称为正交误差. 显然, 如果采用式 (5.11) 计算角度, 信号的偏移以及幅度与正交误差会带来误差.

$$\theta = \arctan\left(\frac{Y}{X}\right) \tag{5.11}$$

将具有信号偏移以及幅度与正交误差的 X 与 Y 信号绘于 X-Y 平面, 如图 5.8 所示. 从图 5.8 可以看出, 由于具有误差, 矢量 $S = \sqrt{X^2 + Y^2}$ 的轨迹不再是以 $(0, 0)$ 点为中心的圆 (对应理想情形), 而成为了一个中心已偏移了 $(0, 0)$ 点且倾斜的椭圆.

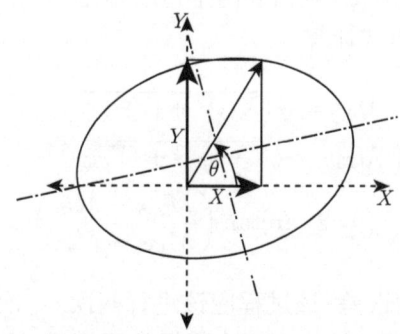

图 5.8 具有信号偏移以及幅度与正交误差的 X 与 Y 信号

定标算法的基本思想是通过测量椭圆形状, 确定偏移、幅度和正交相位误差, 从而计算修正后的信号 X_c 和 Y_c. 为了要达到该目标, 需要进行 360° 范围信号采集, 从而给出 X 和 Y 的最大值 $X_{\max}/Y_{\max}$ 与最小值 $X_{\min}/Y_{\min}$, 如图 5.9 所示. 确定了 $X_{\max}/Y_{\max}$ 与 $X_{\min}/Y_{\min}$ 后, 就有

$$A_x = \frac{X_{\max} - X_{\min}}{2} \\ A_y = \frac{Y_{\max} - Y_{\min}}{2}$$

$$O_x = \frac{X_{\max} + X_{\min}}{2}$$
$$O_y = \frac{Y_{\max} + Y_{\min}}{2} \tag{5.12}$$

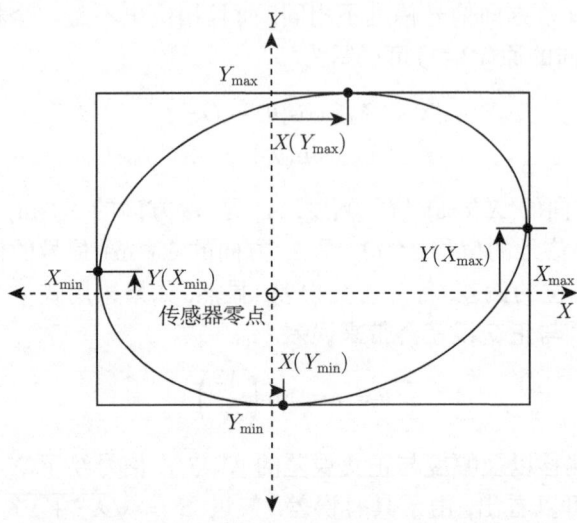

图 5.9　确定 X 与 Y 信号的最大与最小值的示意图

而要确定正交相位误差 φ, 则需要两个角度相差 $90°$ 的信号值, 如 $45°$ 和 $135°$. 正交相位误差 φ 按下列方式计算:

$$\begin{aligned} M_{45} &= \sqrt{(X_{45})^2 + (Y_{45})^2} \\ M_{135} &= \sqrt{(X_{135})^2 + (Y_{135})^2} \\ \varphi &= 2 \cdot \arctan\left(\frac{M_{135} - M_{45}}{M_{135} + M_{45}}\right) \end{aligned} \tag{5.13}$$

为了消除磁滞带来的误差, 该过程应该进行两次, 一次顺时针, 一次逆时针. X 与 Y 信号的幅度与偏移的有效值为两次测量的平均值. 进一步的利用式 (5.14) 进行补偿与修正, 即

$$\begin{aligned} X_c &= \frac{X - O_x}{A_x} \\ Y_c &= \frac{Y - O_y}{A_y} \end{aligned} \tag{5.14}$$

在 Y_c 信号中的正交相位误差用式 (5.15) 补偿,

$$Y_c' = \frac{Y_c - X_c \cdot \sin(-\varphi)}{\cos(-\varphi)} \tag{5.15}$$

进而可以得到修正后的角度

$$\theta_c = \arctan\left(\frac{Y_c'}{X_c}\right) \tag{5.16}$$

5.1.3 永磁体对磁电阻角度传感器性能的影响

对 AMR 角度传感器,如果永磁体的磁场不是足够的强或排布不对称,将会带来三个方面的不利局面:

(1) 使传感器的输出信号畸变 (变为非正弦输出),并且传感器的响应出现迟滞;

(2) 由于永磁体相对于传感器排布不对称,将在传感器上产生非均匀磁场,从而使传感器的磁矩分布不对称,进而使传感器输出信号畸变;

(3) 抗其他外磁场的干扰能力减弱,对于外磁场的干扰问题,一个减小影响的方法就是采用合适的磁屏蔽.

图 5.10 描述了永磁体作用在某商业 AMR 角度传感器的磁场强度与角度测试误差的关系,从图中可以看出,永磁体的磁场强度如果过小,将增大角度测试误差.

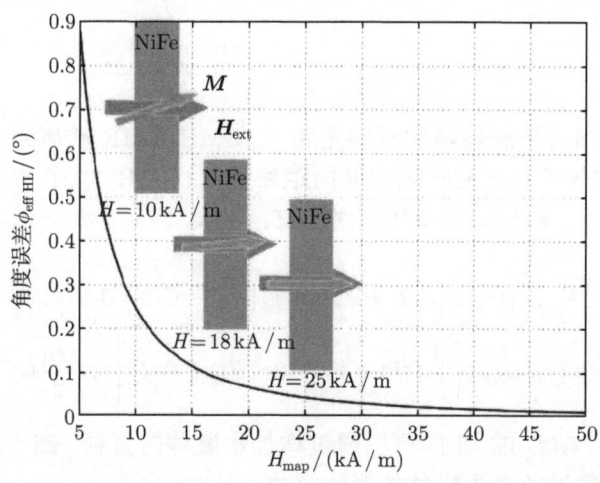

图 5.10 永磁体的磁场强度对 AMR 传感器的角度测试误差的影响

对 GMR/TMR 角度传感器,磁体的磁场强度不是越大越好,而是受到反铁磁交换耦合偏置磁场的限制. 在选择永磁体时,有两点必须考虑: ① 作用于 GMR/TMR 传感器上的磁场强度应该在给定值范围 (一般在 30~50mT);② 作用于 GMR/TMR 传感器上的磁场应足够均匀,并保证装配公差最小.

GMR/TMR 与永磁体的装配示意图如图 5.11 所示. 装配时会产生装配误差,如传感器与永磁体的相对于中心旋转轴倾斜和偏心,这些将会给角度的测试带来误差.

下面介绍如何计算和减小这种装配误差[120]. 如图 5.11 所示, GMR/TMR 传感器位于旋转轴上 $z = \varepsilon_Z$ 处, 永磁体在该处产生的磁场为 $B_y(0, 0, \varepsilon_Z)$, 则偏心形状函数为

$$E(\varepsilon_z) = \frac{1}{|B_y(0,0,\varepsilon_z)|} \frac{\partial^2 B_y(0,0,\varepsilon_z)}{\partial x \partial y} \tag{5.17}$$

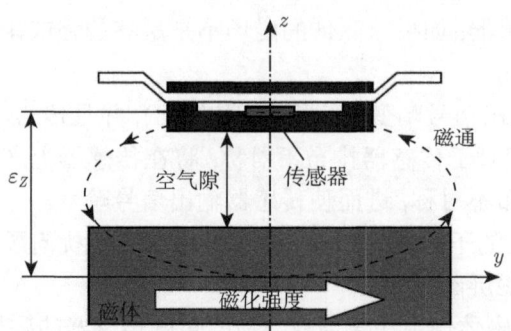

图 5.11 GMR/TMR 与永磁体的装配示意图

倾斜函数为

$$T(\varepsilon_z) = \frac{-1}{|B_y(0,0,\varepsilon_z)|} \frac{\partial B_z(0,0,\varepsilon_z)}{\partial y} \tag{5.18}$$

假设永磁体相对于旋转轴的倾斜角为 β, GMR/TMR 传感器相对于旋转轴的倾斜角为 λ, 永磁体相对于旋转轴的偏向距离为 δ_r, GMR/TMR 传感器相对于旋转轴的偏心距离为 ε_r, 则装配误差按下式计算:

$$\begin{aligned}ME = &\left(\frac{\beta}{2}\right)^2 |1 + 2\varepsilon_z(T + \varepsilon_z E)| + \left(\frac{\lambda}{2}\right)^2 + \beta\lambda|1 + \varepsilon_z T| \\ &+ (\varepsilon_r + \delta_r)\left[\frac{\beta}{2}(|T| + |T + 2\varepsilon_z E|) + \lambda|T|\right] + \frac{|E|}{2}(\varepsilon_r + \delta_r)^2\end{aligned} \tag{5.19}$$

计算表明, 当 ME 过大时, 可以通过增加永磁体的直径、减小永磁体与传感器之间的间隙以及通过改变永磁体的形状解决.

5.2 转速测量

5.2.1 转速传感器概述

在工程实践中, 经常需要测量旋转物体的速度. 按照不同理论及方法, 目前国内外常用的转速测量方法主要有磁场探测 (包括霍尔、感应和磁电阻探测等) 测速法、振动测速法、测速发电机测速法和光学测速法. 振动测速法是通过测量壳体的振动位移、速度或者加速度, 测得振动波的周期, 从而获得转速体的转速, 但在测量

5.2 转速测量

低频振动时存在漂移的问题. 测速发电机测速法是利用直流发电机的电枢电动势与发电机的转速成正比的这种关系来测量转速的, 但存在延时、纹波、易受温度影响等问题. 光学测试法的最大特点是非接触测量, 允许高速转动, 且精度较高, 是目前应用最广的, 但它对烟雾敏感, 受环境因素影响较大, 可靠性差.

而磁场探测法能实现非接触测量, 该法是通过磁传感器检测磁场强度变化的测量方法, 根据信号脉冲之间的时间长度来确定转速的, 该测量方法不但不会受温度或负载电阻的影响, 而且由于磁场具有穿透的特性, 只要磁传感器与被测磁场之间没有被磁屏蔽介质隔离, 就可以检测到磁场强度变化, 因此其几乎不受外界环境的影响, 可以处于恶劣的工作环境. 此外, 该测量方法对安装工艺要求低, 易于实现系统的小型化.

作为磁场探测法测量转速的磁传感器主要有霍尔效应传感器、感应线圈磁传感器和磁电阻传感器等三种[121]. 感应线圈式转速传感器无需外电源, 但是信号幅度的变化取决于信号转子的转速, 低转速性能比较差, 体积较大, 不方便安装和测量. 霍尔式转速传感器的输出信号幅值不受信号转子转速的影响, 但是由于其磁场检测灵敏度的限制, 测量间距需在 1.5 mm 左右, 易受机械振动等因素影响. 此外, 由于霍尔材料本身特性, 其温度稳定性不好. 由于磁电阻效应的灵敏度高, 用磁电阻传感器可实现在宽测量间距时对转速的准确测量, 并且能测量极低的转速, 甚至达 0Hz. 总结起来, 磁电阻传感器作为转速传感器具有诸多优点[122]: ① 零速测量能力; ② 宽工作间隙; ③ 宽工作频率 (0~25kHz); ④ 宽的工作温度范围; ⑤ 抗电磁干扰能力强. 磁电阻转速传感器可以应用于汽车工业的防抱死系统 (ABS)、发动机管理系统 (曲轴、凸轮轴)、变速器系统、车速等领域.

5.2.2 磁电阻转速传感器的测量原理与梯度磁电阻传感器

1. 磁电阻转速传感器的工作原理[122,123]

下面以齿轮转速为例来说明磁电阻传感器作为转速传感器的工作原理. 磁电阻转速传感器的应用方式分为主动式和被动式.

被动式应用针对的是齿轮采用铁磁材料 (如钢铁材料) 制成的情形, 其工作原理如图 5.12 所示. 磁电阻齿轮转速传感器是通过采集齿轮的凸齿和凹齿在转动过程中对分布在敏感芯片周围磁场的不同扰动信号, 从而得到齿轮转速. 齿轮是由导磁材料 (钢铁材料) 做成的, 易被放置在磁电阻传感器后的永磁体磁化. 磁电阻传感器的磁敏感轴方向沿齿轮运动方向. 被磁化的齿轮在转动过程中会使分布在磁电阻传感器周围的磁场信号发生变化, 当齿轮的凸齿正对着磁电阻传感器时, 分布在磁电阻传感器上的磁场方向垂直于磁敏感轴; 随着齿轮的转动, 凸齿逐渐远离敏感芯片时, 分布在磁电阻传感器上的磁场会沿着磁敏感轴向上形成一个分量; 当凹齿正对着磁电阻传感器时, 分布在磁电阻传感器上的磁场方向又逐渐恢复垂直于磁敏感轴; 当下一个凸齿逐渐接近磁电阻传感器时, 使得分布在磁电阻传感器上的磁场沿着磁敏感轴向下形成一个分量. 磁电阻传感器可以灵敏地感应微弱磁场信号的变化, 并把它转换输出相应的电压信号. 传感器的输出信号幅度与偏置永磁体的磁场强度、传感器与齿轮间的距离, 以及齿轮的形状有关. 显然, 加大永磁偏置磁体的磁场强度, 有利于提高传感器的信号输出幅度, 当然也可以使传感器与齿轮间的距离增大, 实现宽测量间距测量, 从而满足在环境恶劣的工业场所和汽车领域使用. 图 5.13 是被动式磁电阻转速传感器的装配示意图.

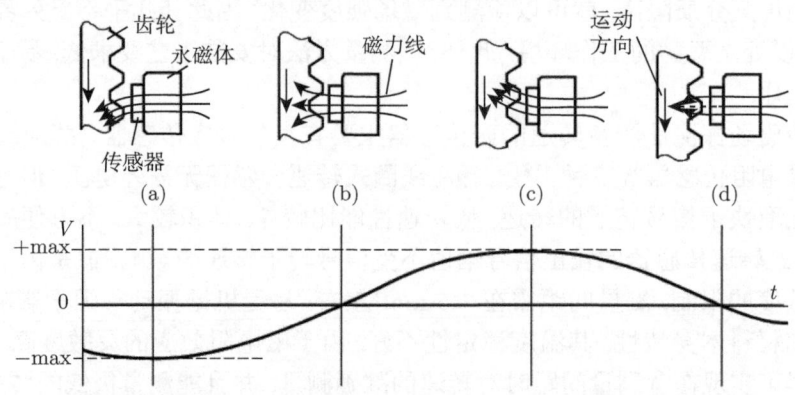

图 5.12 被动式磁电阻转速传感器的工作原理

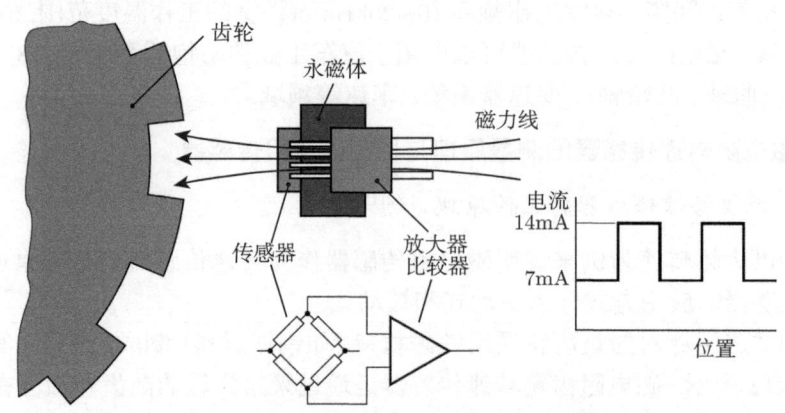

图 5.13 被动式磁电阻转速传感器的装配示意图

主动式应用时转子则由非磁性材料制成, 但需要在转子表面包覆或涂覆一层经过周期性磁化的永磁体, 如图 5.14 所示. 由于永磁体周期性地被磁化, 将在转子表面产生周期性的有规则的泄露磁场, 当转子转动时, 泄露磁场随着转动, 作用于磁电阻传感器上的泄露磁场周期的变化, 引起磁电阻传感器输出信号的改变.

5.2 转速测量

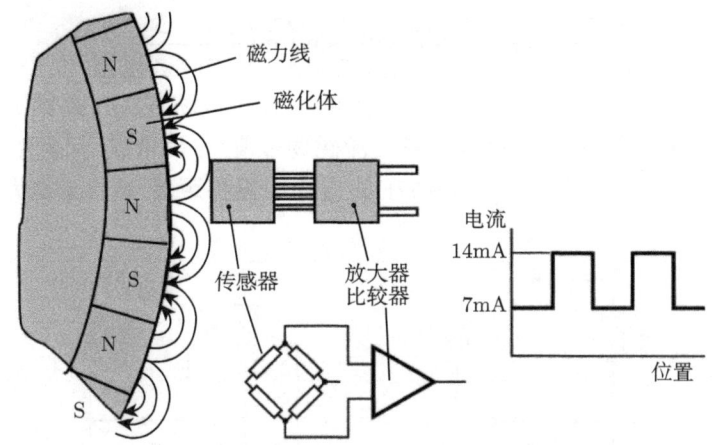

图 5.14 主动式磁电阻转速传感器的装配示意图

与磁电阻角度传感器不同,磁电阻转速传感器是工作于磁电阻效应的线性输出区. 为了将磁电阻传感器应用于转速测量, 组成磁电阻传感器惠斯通电桥的四个感测单元往往需要特殊布置或设计, 使传感器的输出对磁场的空间梯度敏感, 这种磁电阻传感器称为梯度传感器或微分传感器.

2. XMR 梯度传感器

对 AMR 传感器可以通过改变构成惠斯通电桥四个感测单元的布局来实现梯度传感器[124]. 在对空间磁场 (包括大小与方向) 敏感的成 AMR 传感器的惠斯通电桥布局通常是如图 5.15(a) 所示, 其特征是每个臂上的探测单元的巴贝电极偏置的方向均不同 (在图中斜线的方向代表巴贝电极的偏置方向), 且相近邻的探测单元的巴贝电极偏置呈 90°. 正如第 2 章指出的那样, 这种布局能保证传感器具有宽的线性输出范围和零场附近良好的线性度. 如果将惠斯通电桥布局的左右两边半桥的两个探测单元的巴贝电极偏置方向分别相同, 且左右两边的巴贝电极偏置呈 90°, 如图 5.15(b) 所示. 在这种惠斯通电桥布局情形下, 当有均匀外磁场作用时, 左边半桥的电阻 R_1 和 R_3 会同时增加, 就会有右边半桥的 R_2 和 R_4 同时减小, 根据惠斯通电桥的原理, 此时 AMR 传感器将不会有输出. 但是如果作用于传感器的磁场在左右两边存在梯度, 则传感器会有输出.

现在来分析这两种布局的惠斯通电桥 AMR 传感器应用于转速测量的性能. 如图 5.16 所示, 偏置永磁体的磁化方向沿 x 方向, 其决定了传感器的灵敏度, 当增加角度 Φ_{mag} (它是永磁体磁化方向与偏置体中心线的夹角), 传感器的灵敏度降低. 假设图 5.16 中的圆盘齿轮有 $n = 60$ 个齿, 则磁电阻传感器输出信号周期是 6°(该角度又称为曲柄角), 当齿轮与传感器之间的缝隙 $d > 1\mathrm{mm}$ 时, 由偏磁体作用于传感器上的磁场可近似表示为[125]

$$H_{y,i} = H_{\text{off},i}(d) + \hat{H}_y(d) \cdot \sin\left(n\left(\Phi - \frac{\Delta y}{r_{\text{wheel}}}\right)\right) \tag{5.20}$$

式 (5.20) 中 $H_{y,i}$ 是作用于第 i 个感测单元的 y 方向磁场，$H_{\text{off},i}$ 是第 i 个感测单元的直流磁场偏移，d 是空气间隙，$\hat{H}_y$ 是交流磁场峰值，n 齿轮数，Φ 是曲柄角，Δy 是传感器芯片中探测单元与芯片中心线在 y 方向的偏移距离，r_{wheel} 是齿轮的半径.

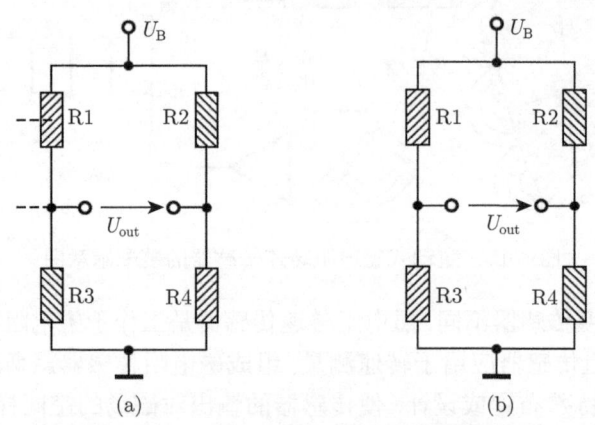

图 5.15　AMR 传感器的惠斯通电桥布局

(a) 一般传感器；(b) 梯度传感器

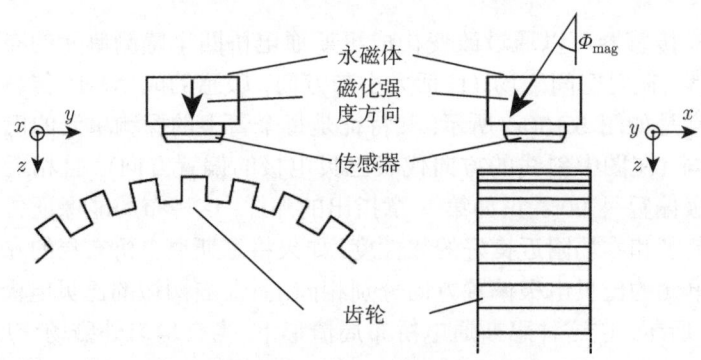

图 5.16　x 方向磁化的偏置磁体与旋转齿轮

前面提到，用于旋转速度测量的磁电阻传感器是工作于线性区的，则有

$$R_{MR} = R_0 \cdot (1 + S \cdot H_y) \tag{5.21}$$

上式中，R_{MR} 是磁电阻探测单元与外磁场有关的电阻，R_0 是没有外磁场时磁电阻探测单元的电阻，S 是探测单元的灵敏度. 由式 (5.20) 和式 (5.21) 可以得到惠斯通电桥磁电阻传感器的输出信号

$$\frac{U_{\text{out}}}{U_B} = \frac{R_3}{R_1 + R_3} - \frac{R_4}{R_2 + R_4}$$

5.2 转速测量

$$= S\hat{H}_y \sin(n\Phi) \cos\left(n\frac{\Delta y}{r_{\text{wheel}}}\right) \tag{5.22}$$

当同时有一均匀外磁场 $H_{\text{ext}}(t)$ 作用于桥式传感器时，对于图 5.15(a) 所示的惠斯通电桥布局，磁电阻传感器的输出为

$$\frac{U_{\text{out}}}{U_B} = S\hat{H}_y \sin(n\Phi) \cos\left(n\frac{\Delta y}{r_{\text{wheel}}}\right) + SH_{\text{ext}}(t) \tag{5.23}$$

可见，图 5.15(a) 所示的桥式磁电阻传感器的输出中将有正比于外磁场 $H_{\text{ext}}(t)$ 的偏移，这不利于后续电路的处理. 而对图 5.15(b) 所示的惠斯通电桥布局，在均匀外磁场作用下，传感器不会有信号输出，所以不会对外磁场 $H_{\text{ext}}(t)$ 发生响应，从而会大大简化后续信号使用. 所以，在转速测量领域中，一般都是用梯度磁电阻传感器.

由于组成每个半桥的感测单元不可能完全一致，所以采用如图 5.15(b) 所示简单的惠斯通电桥布局的对干扰磁场的抑制往往不彻底. 图 5.17 是均匀外磁场对图 5.15(b) 所示的简单桥式结构的梯度磁电阻输出特性影响曲线. 从图中可以看出，在某些曲柄角，特别是小曲柄角情形，外部磁场对传感器输出性能的干扰还是很大的. 在实际应用中可以通过在磁电阻传感周围加磁屏蔽来进一步抑制外磁场的影响，也可以通过设计新的传感器结构来满足要求[124].

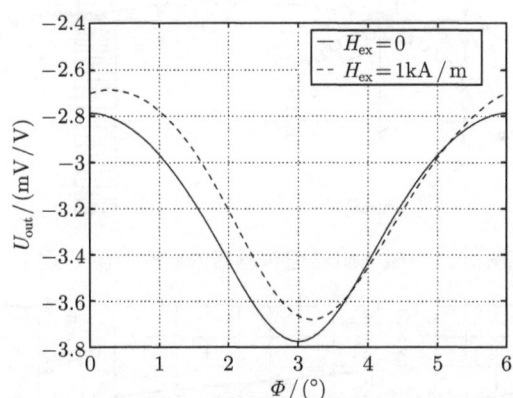

图 5.17 均匀外磁场对简单梯度磁电阻传感器的输出特性影响

对 GMR/TMR 实现梯度传感器则简单得多了，通过对磁电阻传感器中四个传感单元不施加任何磁屏蔽的布局就可实现，如图 5.18 所示[126].

当四个传感单元组成惠斯通电桥时，不在这些传感单元上加任何屏蔽，所以它们的电阻均能对外磁场的作用有响应. 当外磁场从右端处靠近传感器芯片时，右端两个磁阻传感单元的电阻将先于左端两个磁阻单元的电阻减小，从而使电桥有非平衡输出. GMR/TMR 梯度传感器的输出可以是单极也可以双极输出，其形状可以通过磁偏置和外磁场整形设计 (即磁通聚集器) 来改变.

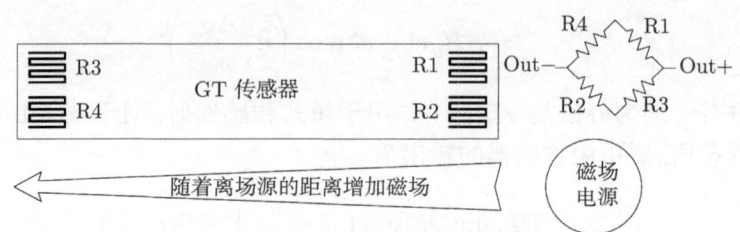

图 5.18　磁电阻差分传感器原理

5.2.3　磁电阻转速传感器的装配

磁电阻转速传感器在使用时要特别注意装配间隙,以及齿轮与传感器的相对位置. 图 5.19 是磁电阻转速传感器的装配间隙 d 的定义. 显然,随着 d 的增加,传感器的输出会减小,所以,一般说来,每个公司的产品都有一个最佳的装配间隙范围. 传感器的最佳位置应该处于齿轮盘的中心对称轴上,沿任意方向有偏差,都会减小传感器的输出信号或增加输出信号的偏移. 如图 5.20 示出了 Philips 公司的 KM15 产品沿 y 轴、角度和 x 轴有装配偏差时,都会减小最佳装备间隙 d,进而减小传感器输出信号[127].

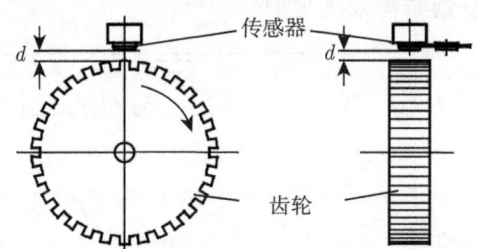

图 5.19　磁电阻转速传感器的装配间隙的定义

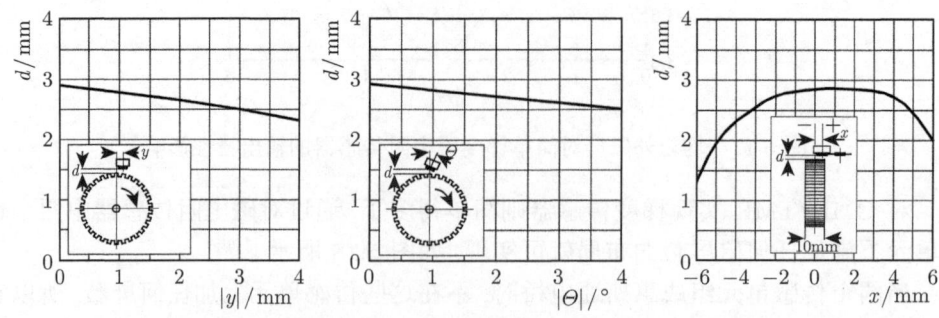

图 5.20　装配偏差对磁电阻转速传感器性能的影响

另外偏置永磁体也会影响传感器的输出信号,对工作于高温的转速传感器,要选用居里温度高的永磁体.

5.3 电流测量

5.3.1 电流传感器的分类与基本原理

对电子与电气设备来讲知道电流的信息是很重要的. 在不同的应用情形, 对电流传感器的价格、隔离、精度、带宽、测量范围或尺寸等要求也不同. 能进行电流感知的传感器很多, 根据工作原理, 主要分为下面四类[128].

1. 欧姆定律

分流电阻测量法是依据欧姆定律的最原始、最简单的测量电流方法. 其测量原理是根据测试已知电阻或分流器上的电压降来确定被测电流大小. 分流器的特点是结构简单, 工作无需电源, 测量准确度不受外磁场影响, 性能稳定可靠. 缺点是结构笨重, 能耗高, 被测电流必须通过分流器, 拆装需要停电断开母排, 测试精度不高, 电流测量范围窄, 仅适宜电流在 10 kA 以下且测量精度要求不高的场合使用. 分流器的误差主要受电阻数值不稳定、电流分布不均、负载大小、电位钮位移、热电势等因素影响. 工业用的分流器准确度通常为 0.5 级.

2. 法拉第电磁感应

电流变压器 (又称电流互感器) 和罗氏线圈就是基于法拉第电磁感应制成的电流传感器, 适合测量交流电流.

电流变压器的典型结构与普通变压器相似, 如图 5.21 所示[129]. 由铁芯、一次绕组和二次绕组构成. 根据电磁感应定律可知, 当一次侧激磁电流在铁芯中引起磁通时, 二次绕组获得感应电势从而产生二次侧电流, 其输出信号为电流信号, 并且存在:

$$I_1 w_1 = I_2 w_2 \tag{5.24}$$

其中, I_1 为被测电流, I_2 为二次测电流, w_1、w_2 分别为一次和二次绕组匝数. 对于一个电流变压器, 一次、二次绕组的匝数是已知且固定的, 通过测量二次侧电流即可测量被测电流的大小.

电流变压器有两个作用: 一是通过测量较小的电流实现对较大电流的测量; 二是实现测量回路与被测回路之间的电气绝缘, 避免了测量回路与一次电流之间的直接电连接. 电流变压器的传感原理简单, 精度较高, 其变比仅仅与一次和二次侧的绕组匝数有关, 长期稳定性和温度稳定性有保障, 因此, 它在电力系统中的电流计量、电力分配、继电保护、控制和监视等方面起着非常关键的作用. 虽然电流变压器在工业现场交流电流的检测中十分普及, 但是其原理决定了其难以从根本上摆脱以下方面的缺陷: 电流变压器仅适用于数千安培以内的交流电流测量, 被测电流过大，则变压器的激磁电流不再可以忽略不计，过大的激磁电流使铁芯工作在饱和区，变压器的测量误差将急剧增大；交流电流变压器比较适用于电网工作频率附近频段的电流测量，不可用于过高或者过低频率电流的测量；被测电流中存在暂态直流分量时，铁芯将进入饱和区域，变压器的测量精度将急剧恶化．

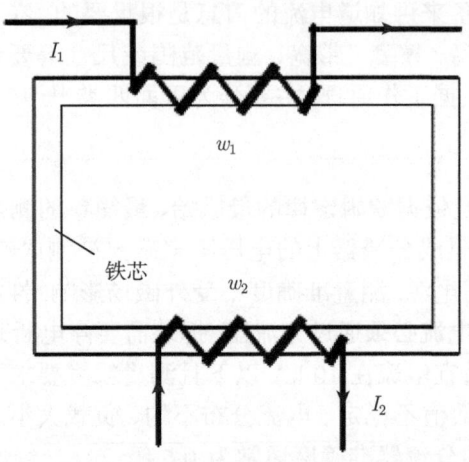

图 5.21　电流变压器的典型结构

罗氏线圈是由俄国科学家 Rogowski 在 1912 年发明的，其是一个空芯线圈．罗氏线圈往往采用将漆包线均匀的绕制在环形骨架上制成，骨架采用塑料或者陶瓷等非铁磁材料，骨架的相对磁导率与空气中的相对磁导率相同，这便是罗氏线圈有别于带铁芯的交流电流互感器的一个显著特征．罗氏线圈的典型结构如图 5.22 所示，圆柱形载流导线穿过空芯线圈的中心，两者的中心轴重合，空芯线圈上的漆包线绕组均匀分布，且每匝线圈所在的平面穿过线圈的中心轴．

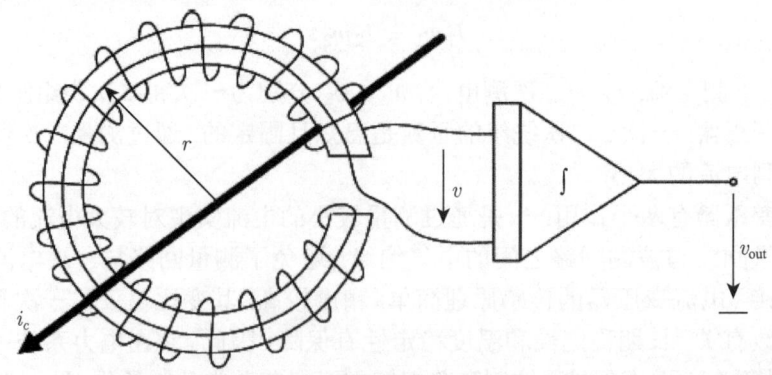

图 5.22　罗氏线圈的结构与工作原理

下面说明罗氏线圈的工作原理．设待测导体位于罗氏线圈中心，则距离导体为

r 的任一点的磁感应强度 $B(r)$ 可表示为

$$B(r) = \frac{\mu_0 I(t)}{2\pi r} \tag{5.25}$$

式中, μ_0 为真空磁导率, $I(t)$ 为待测导体中流过的电流.

由法拉第电磁感应定律可知, 当穿过一定面积的线圈的磁通量发生变化时, 该线圈上将感应到一定大小的电压, 该电压的方向与磁通量的变化方向有关, 该感应电压的大小为 $d\phi/dt$, 即

$$v = -N\frac{d\phi}{dt} = -\frac{NA\mu_0}{2\pi r}\frac{di(t)}{dt} \tag{5.26}$$

式中, N 是线圈匝数, A 是线圈的截面积. 由此可以看出, 将测得的感应电势进行积分处理即可得到被测电流的大小, 积分环节可以采用模拟积分器或者数字积分器, 所以, 通常而言, 罗氏线圈是一种有源式电流检测方法.

罗氏线圈不含有铁芯, 骨架中的磁感应强度与被测电流可始终保持线性关系, 所以罗氏线圈不存在磁饱和问题, 而且, 一定频率下, 罗氏线圈的输出电压信号随被测电流的增加而增加, 对感应电势的处理和检测更为容易, 所以, 罗氏线圈在大电流或高频率电流测量中有着先天的优势. 罗氏线圈在交流电流的测量中拥有体积小、重量轻和价格低等优点, 在电力系统暂态电流测量和工业脉冲大电流测量中有比较成熟和普遍的应用, 但是测量精度不高、难以大批量生产、不适合用于小电流测量等缺点在一定程度上阻碍了罗氏线圈的大面积推广.

3. 磁场传感器

可通过测量被测电流产生的磁场的大小来实现对电流的测量. 磁场可由安培定律得出, 即磁场强度沿着电流流过的路径的积分, 就等于电流, 即

$$\oint H \cdot dL = I \tag{5.27}$$

其中, H 为磁场强度, I 为电流, dL 为电流流经的路线的微分.

对于一个无线长的圆形导体, 选定远离导体中心距离为 r, 则 H 和 dL 始终指向同一方向, 如图 5.23 所示. 沿同一个同心圆, H 值大小一样, 且有 $dL = rd\theta$, 则

$$\oint HdL = H\int_0^{2\pi} rd\theta = 2\pi rH \tag{5.28}$$

从而得到 r 处的磁场为

$$B = \frac{\mu_0 I}{2\pi r} \tag{5.29}$$

其中, μ_0 是真空磁导率. 例如: $I = 1A$, $r = 1cm$, 则 $B = 20\mu T$ 或 $0.2Gs$.

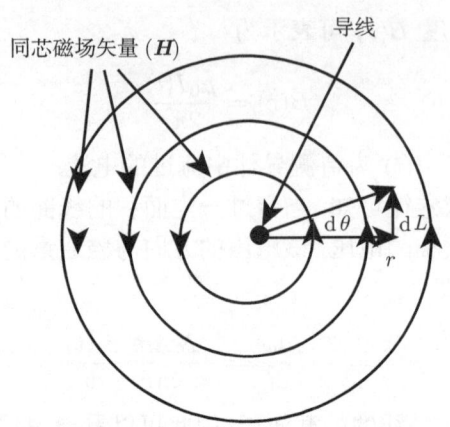

图 5.23 通有电流导体周围的磁场

安培法则的应用前提是一个无限小的导线，适用于远距离磁场计算．所以如果使用的是一根一定长度的导线，且截面非圆形，或较长的导线，且需要用专用软件计算其周围的磁场分布．

用于电流测量的磁场传感器的类型很多，比如有霍尔效应电流传感器、磁电阻效应电流传感器、磁通门电流传感器等．

4. 磁光法拉第效应

光学电流互感器可以采用多种物理效应，如：法拉第磁光效应、磁致伸缩效应、压电效应和电光效应等，其中研究最为充分、最具有实用化前景的是基于法拉第磁光效应的电流传感器，它通过测量由被测电流 i 引起的磁场强度的线积分来间接测量 i．根据法拉第磁光效应，线偏振光在与其传播方向平行的外界磁场的作用下通过介质（磁光晶体或磁光玻璃）时，其偏振面将发生偏转，偏转角 θ 为

$$\theta \propto V \int_L H \cdot dL \tag{5.30}$$

其中，V 为磁光材料的 Verdet 常数，它与介质的特性、光源波长、外界温度等有关；H 为作用于磁光材料的磁场强度；L 为通过磁光材料的偏振光的光程长度，如图 5.24 所示．为求出上述积分而实现电流测量，可使线偏振光围绕 i 形成回路，根据安培环路定律可知：

$$\theta \propto VNi \tag{5.31}$$

其中，N 为线偏振光围绕 i 的环路数．

光学电流互感器的原理如图 5.25[130] 所示，它能测交流，也能测直流，具有非常宽的频带，光学材料的极限频带宽度由材料的驰豫时间和光穿过传感头的时间决定．驰豫时间是电子磁矩受磁场激励后，由高能态返回低能态所需的时间，一般为

几纳秒；光穿过传感头的时间取决于光速和传感头尺寸，可以忽略. 所以法拉第磁光效应原理的光学电流互感器能够完美再现电流变化的动态过程. 然而，法拉第磁光效应的电流传感器面临两个困扰：测量精度受环境温度的影响达不到计量的要求和长期运行稳定性问题.

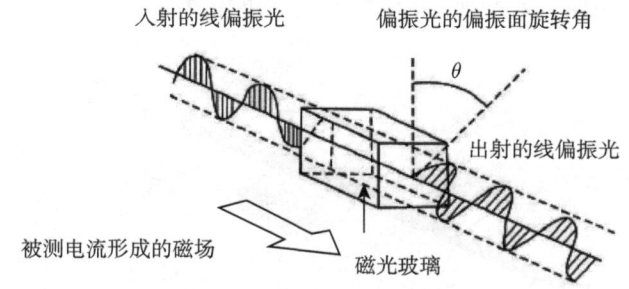

图 5.24　法拉第磁光效应原理

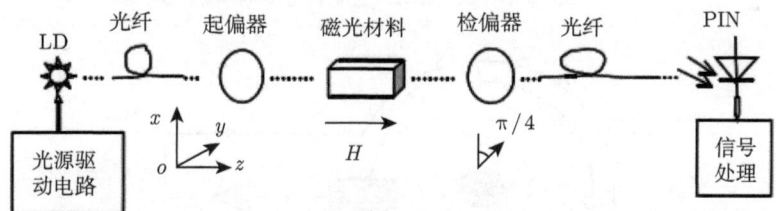

图 5.25　基于法拉第磁光效应的光学电流互感器的工作原理

各种电流传感器的性能比较与应用指南见附录 2.

5.3.2　XMR 传感器在电流测量中的应用

1. XMR 分离式电流传感器

XMR 分离式电流传感器是将 XMR 放在待测导体附近来完成的电流测量的. 按照测量原理，XMR 电流传感器可分为开环传感器和闭环传感器[131].

开环式 XMR 电流传感器通过直接测量长直导线上电流产生的磁场来测量电流. 如图 5.26 所示，电流方向与传感器的敏感轴方向正交，电流产生的磁场方向与敏感轴方向平行. 假设流经导线的电流为 I，传感器距离导线的距离为 d. 当电流变化时，磁场随之变化，XMR 的电阻也发生变化，利用电桥结构将电阻的变化输出为一个电压信号. 由于 XMR 电阻和磁场之间具有线性变化规律，输出的电压正比于被测电流，从而实现电流信号的测量功能.

相比于开环式传感器，闭环式 XMR 电流传感器多了一个由运放和反馈线圈组成的反馈回路，如图 5.27 所示. 其工作原理为：XMR 元件放置在环形铁心的空隙中，让被测电流 I 所产生的磁通 ϕ 集中穿过 XMR 元件，由于 XMR 效应在 XMR

元件的电压端上产生电压 U, 此电压再经放大输送到磁芯的补偿线圈, 在补偿线圈中即产生磁通 ϕ_0, 当磁通 ϕ_0 完全补偿被测电流产生的磁通 ϕ_0 时, 电流 I_0 就能通过取样电阻 R 上的电压 U_out 反映出, 而待测电流 I 也可以通过 U_out 测出. 运用该磁场反馈方法可改善传感器的线性度, 并增宽动态测量范围. 然而, 集成反馈线圈的方法会使器件能耗大量增加, 并使器件工艺更加复杂.

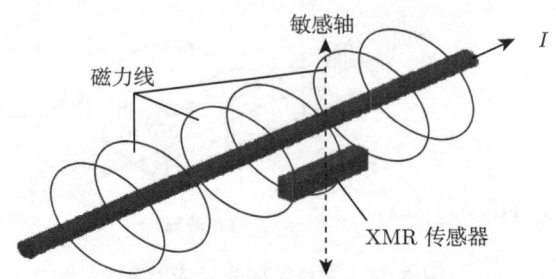

图 5.26　开环式 XMR 电流传感器测量原理

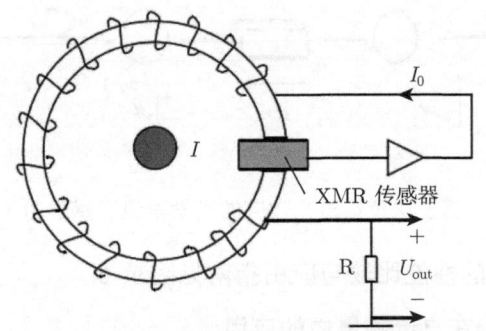

图 5.27　闭环式 XMR 电流传感器测量原理

闭环电流检测有一些优点: ① 允许大的一次电流, 但不会使传感器饱和; ② 输出线性度高, 且精度高, 带宽高; ③ 高回路增益, 使得器件误差对产生性能影响小; ④ 动态范围大. 总之, 闭环电流传感是一种精确且有效的测量电流的方法.

分离式 XMR 电流传感器的使用中, 要注意以下问题.

(1) 传感器与导线的相对位置

如图 5.28 所示, 传感器伴于 (0, 0) 导线位于 (x_1, y_1), 由于传感器只测量 y 轴分量, 则有

$$B_y = \frac{2 \times 10^{-3} I}{R} \sin(\theta - 90) = \frac{-2 \times 10^{-3} I x_1}{x_1^2 + y_1^2} \tag{5.32}$$

上式说明, 导线沿 x 轴靠近, B_y 会升高. 而沿 y 轴靠近, B_y 也会升高, 但变化量相对大得多, 近似于平方变化.

5.3 电流测量

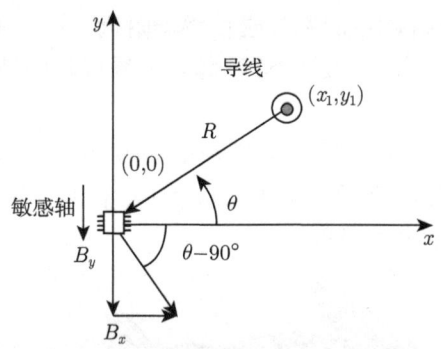

图 5.28 XMR 传感器与待测导体的相对位置

图 5.29 显示了 1A 电流的导线,在不同的 x_1 轴和 y_1 值下,传感器测量到磁场分量,可见在使用分离式 XMR 电流传感器要特别注意相对位置,并注意做好定标工作.

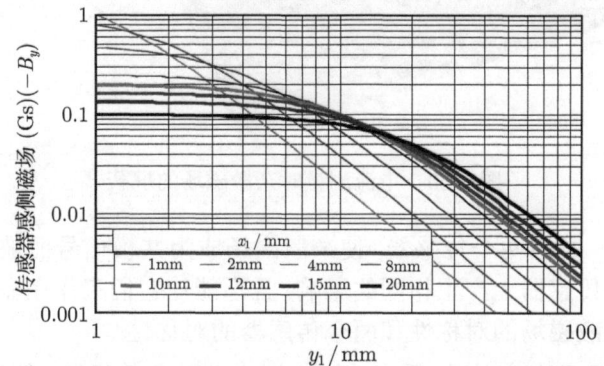

图 5.29 1A 电流产生的磁场大小与位置的关系

(2) 杂散磁场的影响 [132]

不可控的杂散磁场会严重影响电流传感器的性能,如地磁场有大约 1/2Gs. 因此,设计电流传感器时,杂散磁场的作用一定要考虑进去.

一个最简单的去除散磁场影响的方法,是使用滤波器,交流耦合可以消除直流影响,地磁场或附近的直流电,低通滤波可以消除高频部分. 杂散磁场的大小千万不能导致磁传感器工作在非线性段,否则会降低电流传感器的性能. 如果大的杂散磁场饱和了磁传感器,或杂散磁场的频率和被测的一次电流频率一致时,滤波方法就无效了. 高频杂散磁场,可以被抗流器或电感环消除,因为高频会产生抵消磁场变化量的感应电流,这就是磁场的低通滤波器.

另一个方法,是将电流传感器屏蔽于杂散磁场之外,即外加一个高导磁材料做的盒子,且此材料要足够厚,不会被杂散磁场饱和,要特别注意的是:从一次电流产生的磁力线,要在屏蔽材料中,而不是磁传感器附近.这样,传感器要在所有的面都屏蔽,包括被测量的那一面,若设计不当,想要磁场屏蔽的地方,可能会出现磁通聚集的情况.

一个好的方法是利用软铁芯,一来屏蔽杂散磁场,二来电流感应的磁通的集中,有利于位置误差,此方法很有效,如图 5.30 所示.但是,与杂散磁场的产生物相比较起来,此方法耗材尺寸大且昂贵.

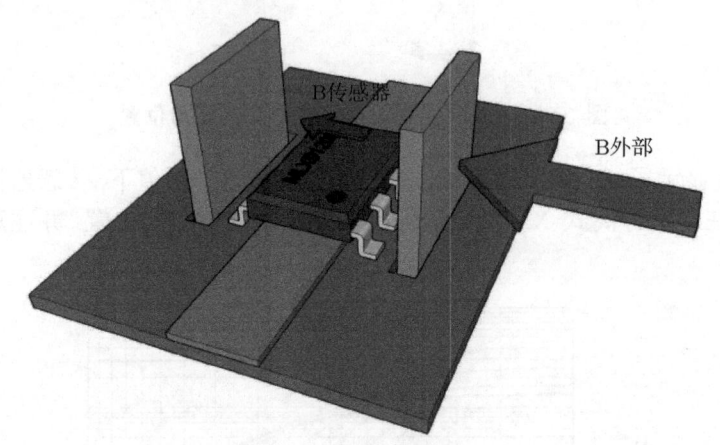

图 5.30　电流测量时杂散磁场的屏蔽

另一种方法,是用两个传感器,使杂散磁场成为共模信号而被抵消,这种杂散磁场要求在两个传感器上产生相同的影响,且不能使它们工作在非线性区.这种方法非常依赖于杂散磁场的对称性和两个传感器的对称性.

有时,也可根据特殊应用,采取特别方法来消除杂散磁场.例如:有些情况下,在起动阶段、休眠阶段或周期发生时的杂散磁场的值是已知的,我们可以在这些时间采样,采样结果减掉已知的磁场值的影响.这种方法,比较适合消除直流磁场影响.

2. 集成式 XMR 电流传感器

XMR 电流传感器得到了越来越广泛的应用.分离式电流传感器使用起来很不方便,需要后期繁琐的定标.许多公司开发了将集成式的 XMR 电流传感器,即将待测电流直接引入传感器芯片中,实现电流的测量.

为了使传感器具有良好的线性输出特性,集成式的 XMR 传感器中的四个感测单元放置于 U 型电流导体形成惠斯通电桥,如图 5.31 所示.当电流流过 U 型导体将在左右两组感测单元上产生方向相反的磁场,从而使两边的电阻呈现不同的变化,在惠斯通电桥上产生差分输出信号,从而极大的提高了检测灵敏度.

5.3 电流测量

德国 Sensitec 公司根据上述原理开发了一系列的产品,最大能测量的电流达 220A,其工作原理如图 5.32 所示[133]。其灵敏度比用霍尔传感器的灵敏度高 50 倍,而且重量只有 5g 左右,精度达 0.8%。

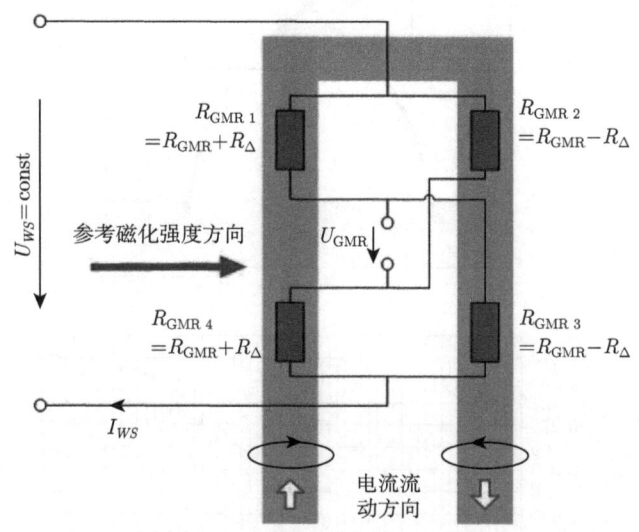

图 5.31 集成式 XMR 电流传感器感测单元的基本构造

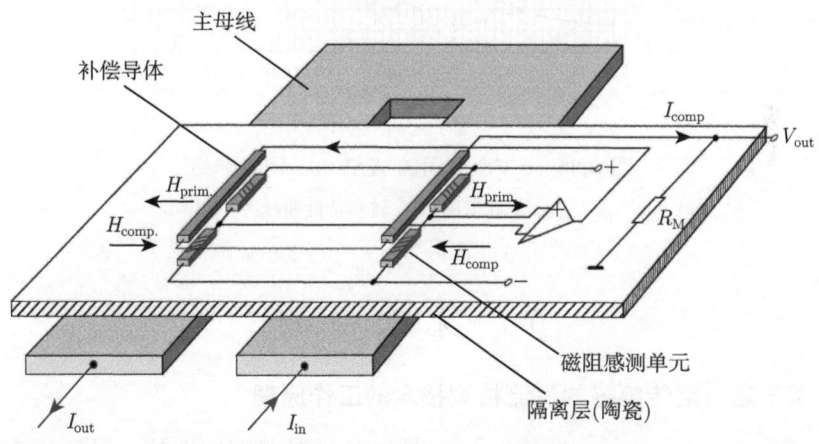

图 5.32 Sensitec 公司电流传感器的原理图

美国 NVE 公司开发了一款用于低电流测量的产品 AAV003-10E,如图 5.33 所示[126]。该产品的线性范围在 $-80\sim+80$mA 之间,灵敏度达 2mV/mA,可以完成交直流电流的测试。该传感器中的感测单元是磁屏蔽的,所以对外部磁场的影响不敏感。但是在必要的情况下,特别是在大磁场环境(大于 5mT)时,加上退磁电路可以保证其可靠工作。

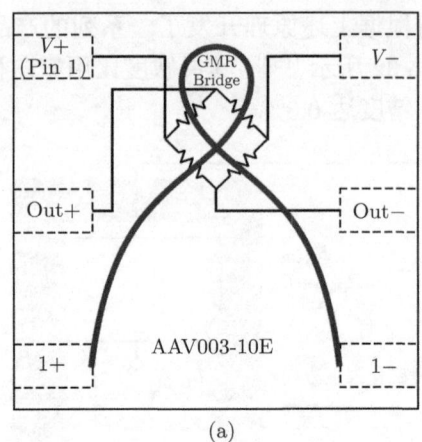

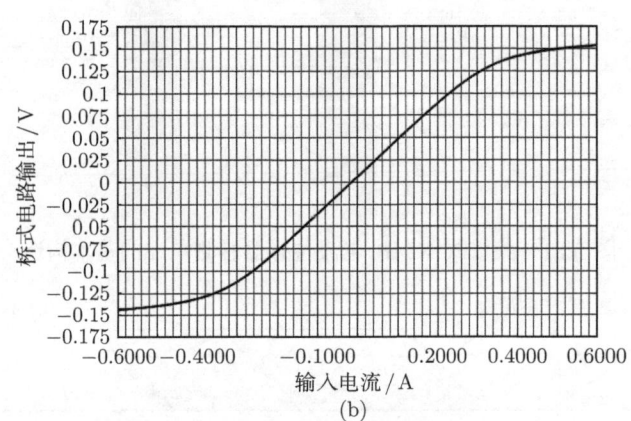

图 5.33 NVE 公司的 AAV003-10E 产品

(a) 功能框图; (b) 转移特性曲线

5.4 无 损 检 测

5.4.1 基于磁电阻传感器的涡流检测技术的工作原理

无损检测 (non-destructive testing) 是指对材料或工件实施一种不损害或不影响其未来使用性能或用途的检测手段. 通过使用无损检测技术, 能发现材料或工件内部和表面所存在的缺陷, 能测量工件的几何特征和尺寸, 能测定材料或工件的内部组成、结构、物理性能和状态等. 无损检测分为常规检测技术和非常规检测技术. 常规检测技术有: 超声检测 (ultrasonic testing, UT)、射线检测 (radiographic testing, RT)、磁粉检测 (magnetic particle testing, MT)、渗透检验 (penetrant testing, PT)、涡流检测 (eddy current testing, ET). 非常规无损检测技术有: 声发射 (acoustic

5.4 无损检测

emission, AE)、红外检测 (infrared, IR)、激光全息检测 (holographic nondestructive testing, HNT) 等 [134].

涡流检测技术是一种基于电磁感应原理的无损检测技术, 适用于导电材料. 其基本原理是: 将交变磁场靠近导体 (被检件) 时, 由于电磁感应在导体中将感生出密闭的环状电流, 此即涡流. 该涡流受激励磁场 (电流强度、频率)、导体的电导率和磁导率、缺陷 (性质、大小、位置等) 等许多因素的影响, 并反作用于原激发磁场, 使探测线圈的阻抗等特性参数发生改变, 从而指示缺陷的存在与否, 如图 5.34 所示 [135]. 一般将这种激励线圈与探测线圈一体的涡流检测技术称为常规涡流检测技术. 常规涡流检测技术通过线圈的电阻抗的变化, 判断材料中的缺陷, 其工作原理框图如图 5.35 所示 [134].

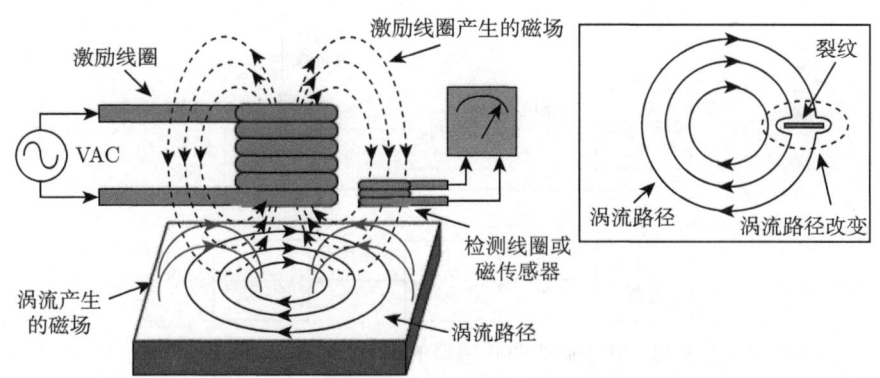

图 5.34 涡流检测的基本原理

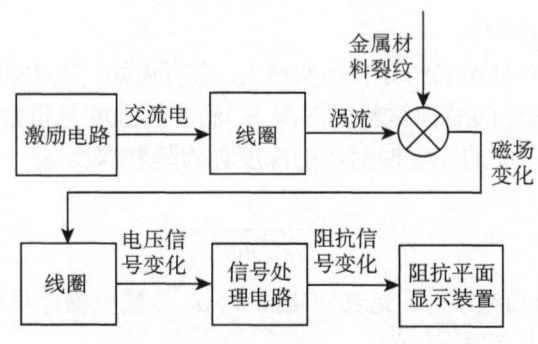

图 5.35 常规涡流检测工作原理框图

常规涡流检测技术以阻抗平面分析技术作为基础, 而探测线圈中的阻抗是一系列影响因素综合作用的结果, 难以消去其他非技术人员关心的因素的作用. 基于新型检测元件的非常规涡流检测技术, 采用激励元件和检测元件相分离的布置, 用于直接检测涡流产生的磁场, 判断由于缺陷导致的涡流变化. 可以更加直观的判断裂纹缺陷的存在. 如基于磁电阻效应的裂纹检测技术就属于此类. 基磁电阻效应的涡流检测技术原理在于: 通过激励线圈在被检测材料中感生出涡流场, 当涡流流经缺陷处时, 由于缺陷的阻碍, 改变了涡流的流动方向, 改变了涡流产生的磁场, 通过磁电阻传感器直接检测涡流磁场的变化, 来判断材料性质变化, 进而判断缺陷的存在. 检测的原理框图如图 5.36[134] 所示. 激励电路向线圈提供电流, 线圈在金属材料中产生涡流, 由于金属裂纹的存在, 线圈的磁场产生变化由磁电阻传感器探测得到, 磁电阻传感器输出电压信号, 该电压信号经过信号处理电路之后在显示装置中显示出来. 与常规涡流检测技术的原理相比, 基于 XMR 效应的裂纹涡流检测技术是一种开拓性的裂纹检测技术, 不依赖于阻抗平面分析法, 检测结果的判断更加直观.

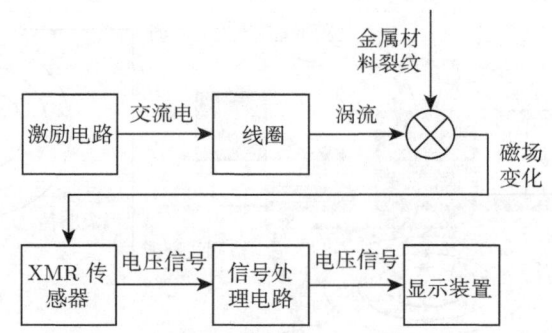

图 5.36　基于磁电阻传感器的涡流检测技术的工作框图

5.4.2　基于磁电阻传感器的涡流检测技术的影响因素 [134]

(1) 激励线圈的频率

激励线圈的频率对涡流的分布影响最大. 众所周知, 涡流实际集中在靠近激励线圈的材料表面附近, 随着向材料内部深入, 涡流的强度呈指数下降. 通常将涡流密度衰减到其表面密度的 $1/e$ 时对应的深度称为趋肤深度 δ,

$$\delta = \frac{1}{\sqrt{\pi f \mu_0 \mu_r \sigma}} \tag{5.33}$$

式中, f 是线圈的激励频率, μ_0 是真空磁导率, μ_r 是被检测件材料的相对磁导率, σ 是被探测件材料的电导率.

由于被检测件表面以下 3δ 处的涡流密度仅为其表面密度的 5% 左右, 因此常将 3δ 作为实际涡流探伤能够达到的极限深度. 故对给定的被检测件, 应根据检测深度的要求合理选择涡流的激励频率.

基于磁电子传感器的涡流检测技术是以涡流形状的对称性作为裂纹存在的判断依据, 对激励频率的要求是: 涡流的渗透深度要能大于待测深度. 这样就可以根据磁传感器感测信号的相位确定裂纹深度, 根据信号的幅值确定裂纹大小, 实现裂纹的定量化分析.

(2) 磁电阻传感器与被测件间的距离

在常规涡流检测技术中, 探测线圈与被测件之间的距离变化对检测结果产生影响, 这是因为该距离的变化引起了磁通量密度的变化, 随着提离距离的增加, 提离引起的磁通量变化将趋缓, 因此灵敏度随着探测线圈到被测件之间的距离而减小, 这被称为 "提离效应". 相对常规涡流检测技术, 提离效应对基于磁电阻的涡流检测技术的检测结果影响不大, 但在精密测量、定量测量或对检测效果要求高的场合, 应该利用常规涡流检测技术中已有的减少 "提离效应" 的成果, 进一步提升检测的效果.

(3) 被检测件上的物理缺陷

被检测件上的物理缺陷包括裂纹、气泡、杂质等. 可以根据缺陷的位置直接分为边缘缺陷和非边缘缺陷. 边缘是常规涡流检测的盲区, 由于涡流在边缘处压缩, 当探测线圈从边缘处移开时, 涡流压缩产生磁场变化超过了缺陷产生的磁场变化, 导致检测失败. 这种现象被称为 "边缘效应". 基于磁电阻传感器的裂纹涡流检测技术以涡流的对称性作为检测对象, 不存在边缘效应, 但是对于平行于边缘的边缘裂纹, 检测效果会降低.

根据对各影响因素的分析, 基于磁电阻传感器的涡流检测技术在进行裂纹检测应用时, 试样的电导率也是固定的, 非铁磁性金属材料的磁导率一般都近似为 1, 被测件与传感器探头之间的距离, 一般通过夹具或探头结构等机械手段在检测过程中控制为恒定值, MR 传感器检测激励线圈中心处 (涡流上方) 的水平磁场分量并输出. 可以将检测的输出表示成如下函数关系式:

$$U = F(r, f, I, X) \tag{5.34}$$

其中, r 表示激励线圈的尺寸和形状, f 表示激励线圈频率, I 表示激励线圈电流, X 表示材料中的裂纹缺陷. 上述函数关系, 可以用于分析基于该技术的磁电阻传感器对涡流磁场的检测性能.

5.4.3 磁电阻涡流传感器探头的设计

(1) 非集成探头

设计的传感器探头结构如图 5.37 所示. 激励线圈缠绕于不导电而且对磁的穿透性很好的材料上, 如有机聚合物. 磁电阻传感器放置于线圈中心, 磁敏感方向在水平面内, 与激励线圈产生的磁场方向垂直, 这样磁电阻传感器只对涡流上方、线圈中心处的涡流磁场水平分量敏感.

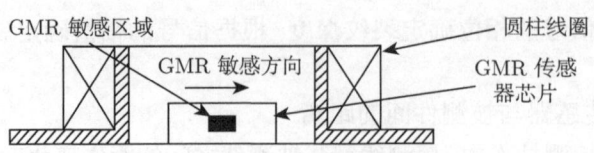

图 5.37 磁电阻传感器探头结构图

对磁电阻传感器的选择,着重要考虑的技术指标是灵敏度、工作磁场量程、对磁场的最小分辨率、转移特性曲线的奇偶形态以及磁滞效应对交变磁场检测影响. 例如采用转移特性曲线为偶函数的传感器 (多层薄膜 GMR) 检测时会失去检测磁场的相位信息,而采用转移特性曲线为奇函数的传感器 (自旋阀型的 GMR/TMR) 则可保留检测磁场的相位信息.

(2) 集成探头

下面要介绍的集成探头是用于印制电路板 (PCB) 探伤[135]. 涡流检测探头由作为激励线圈的平面曲折性线圈和磁性传感器 (SV-GMR) 阵列组成,如图 5.38 所示. 采用平面曲折性线圈作激励线圈的原因是利于采用传感器阵列实现高速扫描,

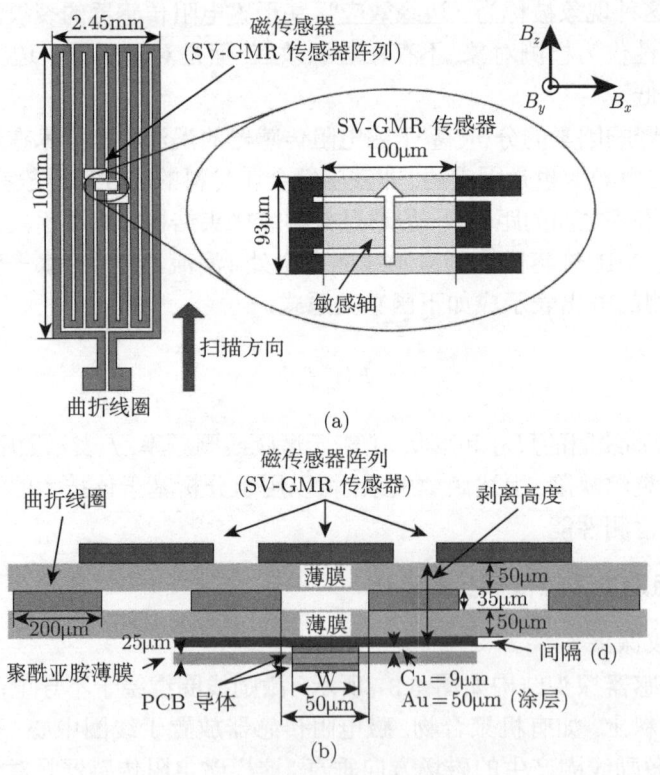

图 5.38 用于 PCB 探伤的集成磁电阻传感器探头结构

(a) 俯视图; (b) 截面图

5.4 无损检测

以及减小待测 PCB 电路板与传感器之间的距离. 平面曲折线圈由 35μm 厚度的铜制作的, 使用聚酰亚胺薄膜在 PCB 电路板、磁传感器阵列和平面曲折线圈之间两两实现电隔离. 平面曲折线圈的二维磁场 B 分布示于图 5.39, 可见平面曲折线圈产生的 B 仅仅分布在 x 和 y 轴方向. 正确放置磁性传感器的位置, 确保仅能感测扫描方向的 B.

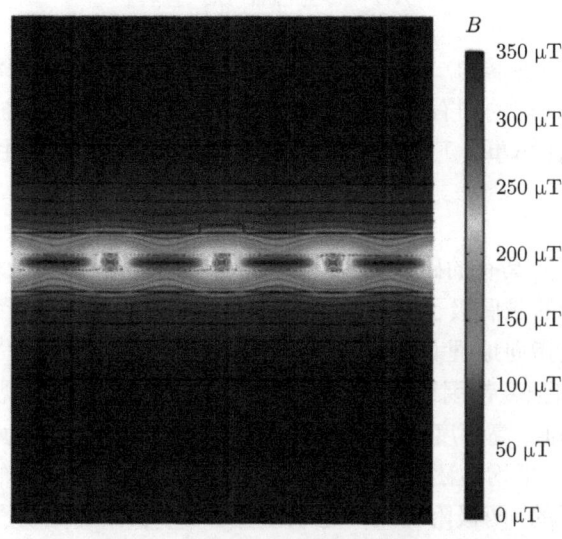

图 5.39 平面曲折线圈产生的磁场分布

高频激励电流馈入平面曲折线圈产生如图 5.40 所示的磁场 B. 激励电流通常沿 z 轴或扫描方向流动. 由高频磁场 B 在 PCB 导体感应的涡流也沿着 z 轴或扫描方向. 因为趋肤效应, 涡流流动非常靠近 PCB 导体的表面或边界. 如果在垂直于

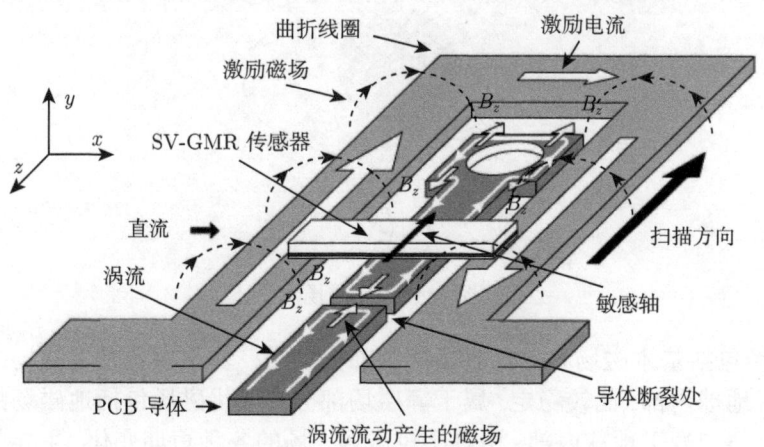

图 5.40 PCB 探伤的工作原理

扫描方向有缺陷或 PCB 导体边界, 涡流将改变其路径并沿着 x 方向形成一个磁通量密度 B_z, 沿着 z 方向流动. 因此如果可以检测到 B_z, 那么就是发现 PCB 导体的缺陷或导体的边界.

5.5 地磁测量

XMR 磁电阻传感器的一个主要应用领域就是微弱磁场的探测. 地磁场是典型的微弱磁场, 作为地球的固有资源和地球系统的基本物理量, 它被视为地球的一种重要的天然磁源, 在军事、工业、医学、探矿等领域中有着重要用途.

5.5.1 地磁场

地磁场是地球所具有的磁性现象, 指地球周围空间分布的磁场. 地磁场近似于一个位于地球中心的磁偶极子的磁场, 可用图 5.41 中所示的双极模型模拟表示. 它的磁南极 (S) 大致指向地理北极附近, 磁北极 (N) 大致指向地理南极附近. 地表各处地磁场的方向和强度都因地而异. 地磁强度由赤道向两极呈现由低到高的态势, 即低纬度地区磁场低, 高纬度地区磁场高. 赤道附近磁场最小 (为 0.3~0.4Gs), 两极最强 (约为 0.7Gs), 平均地磁场强度是 0.5~0.6Gs. 其磁力线分布特点是赤道附近磁场的方向是水平的, 两极附近则与地表垂直, 地球表面的磁场受到各种因素的影响而随时间发生变化, 地磁的南北极与地理上的南北极相反.

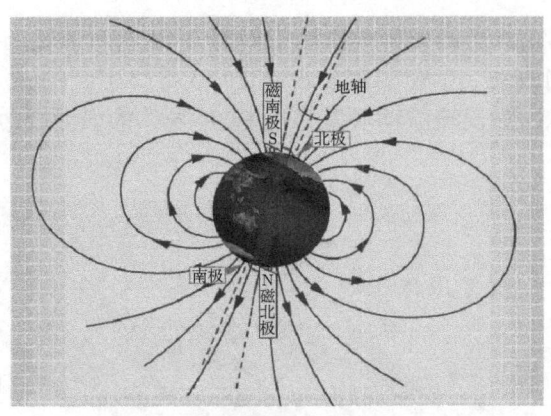

图 5.41 地磁场

地磁场包括基本磁场和变化磁场两个部分 [136]. 基本磁场是地磁场的主要部分, 起源于地球内部, 比较稳定, 属于静磁场部分. 变化磁场包括地磁场的各种短期变化, 主要起源于地球内部, 相对比较微弱. 场的各种短期变化, 主要起源于地球外部, 并且很微弱. 其中地球的基本磁场可分为偶极子磁场、非偶极子磁场和地磁异常几个组成部分. 偶极子磁场是地磁场的基本成分, 其强度约占地磁场总强度的 90%, 产生于地球液态外核内的电磁流体力学过程. 非偶极子磁场主要分布在亚洲东部、非洲西部、南大西洋和南印度洋等几个地域, 平均强度约占地磁场的 10%. 地磁异常又分为区域异常和局部异常, 与岩石和矿体的分布有关. 地球变化磁场可分为平静变化和干扰变化两大类型. 平静变化主要是以一个太阳日为周期的太阳静日变化, 其场源分布在电离层中. 干扰变化包括磁暴、地磁亚暴、太阳扰日变化和地磁脉动等. 场源是太阳粒子辐射同地磁场相互作用在磁层和电离层中产生的各种短暂的电流体系. 磁暴是全球同时发生的强烈磁扰, 持续时间为 1~3 天, 幅度可达 10 nT. 其他几种干扰变化主要分布在地球的极光区内. 除外源场外, 变化磁场还有内源场. 内源场是由外源场在地球内部感应出来的电流所产生的.

地磁场是一个向量场. 为描述地磁场的特征, 通常利用地磁场强度 T 和它的分量 [137]. 如图 5.42 所示, 在观测点建立坐标系 $OXYZ$, 并设观测点为原点 O, 原点处磁场值 T 所在的垂面为磁子午面, X 轴沿地理子午线向北为正, Y 轴沿纬度方向东为正, Z 轴垂直向下为正. T 在 X 轴上的投影 x, 称为北向强度; T 在 Y 轴上的投影 y, 称为东向强度; T 在 Z 轴上的投影 z 称为垂直强度. T 在 OXY 上的投影 H, 称为水平强度. 磁子午面与地理子午面的夹角 D, 称为磁偏角, 并规定 H 向东偏为正, 向西偏为负. T 与水平面的夹角 I, 称为磁倾角, 在北半球, T 指向地平线之下, I 角为正, 在南半球, I 为负. T、H、z、y、x、I 和 D 七个量称为地磁的七要素, 它们之间的关系为

$$\begin{cases} H = T\cos I, Z = T\sin I, I = \arctan\left(\dfrac{z}{H}\right) \\ x = H\cos D, y = H\sin D, D = \arctan\left(\dfrac{y}{x}\right) \\ T^2 = H^2 + z^2 = x^2 + y^2 + z^2 \end{cases} \tag{5.35}$$

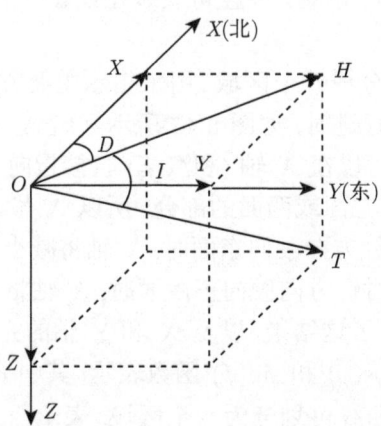

图 5.42 地磁场的坐标系统

5.5.2 磁电阻传感器在地磁测量中的应用举例

1. 电子罗盘

国内外的电子罗盘相关产品根据其测量原理,主要分为三类:霍尔效应式电子罗盘、磁电阻式电子罗盘和磁通门式电子罗盘[138].霍尔效应电子罗盘特别适用于强磁场的测量,且体积小、重量轻、价格便宜、接口简单;缺点是灵敏度低、温度性能差、噪声大等,一般用在对地磁场测量要求不高的场合.该种电子罗盘主要以 PNI 公司的 TCM 系列为代表,在汽车罗盘市场拥有绝对优势.磁通门式电子罗盘,是利用被测磁场中铁磁材料磁芯在交变磁场的饱和励磁下其磁感应强度与磁场强度的非线性关系来测量弱磁场的一种罗盘.该种电子罗盘存在处理电路相对复杂、体积较大和功耗相对较大的问题,其代表产品主要是 KVH 工业公司为工业和军事使用而专门设的 KVH C100DEE,精度达 0.5°.磁电阻式电子罗盘主要利用磁阻传感器,该传感器目前已经能够制作在硅片上形成产品.以美国 Honeywell 公司为代表,该种电子罗盘得到广泛应用.同时,该公司的一项专利(周期性脉冲信号的使用),还解决了磁阻传感器误差消除的问题.磁电阻式电子罗盘以其小体积、轻重量、高精度、强可靠性等优点,在电子盘领域中得到大量的研发.

磁电阻电子罗盘的基本工作原理,是利用罗盘中的磁阻传感器来测量地磁场从而判断使用者所处的方位.对于二维电子罗盘来说,其工作原理是分别测得地磁场的水平分量在与其正交的两个测量轴的分量 X 和 Y,然后计算得到方向角.

现以八点罗盘为例说明[139].简易的八点罗盘指示主要的极点 (N, S, E, W) 和中间极点 (NE, NW, SE, SW).该类罗盘可用于驾驶员需要知道大致行进方向时基本的自动使用.在这应用场合,磁传感器可被缩减为只使用 X 和 Y 轴的双轴传感器.汽车通常行驶在水平表面上,不包括任何小山或深穴,这样 X 和 Y 传感器可直接测量地球的 H_x 和 H_y 磁场.罗盘可安装在仪表板上,板上的 X 轴直指前方,Y 轴指向左方.

设计罗盘时,可将其分成八个区域,用来指示主要方向.为了分析磁电阻传感器的响应,在汽车作环状行进时,如图 5.43 所示标出 X 和 Y 输出值.我们已知道地磁场始终指向北面,就可以在 X 轴 (和汽车) 直接指向北面时,开始进行分析.因为此时地磁场中没有指向左面或西面的部分,所以 X 输出值将为最大值,且 Y 输出值为零.当汽车按顺时针方向驶向东面时,X 轴将减小为零,而 Y 轴将减至其最大负值.当汽车继续以顺时针方向驶向正南面时,X 轴将减至其最大负值,而 Y 轴将还原为零.图 5.43 显示了这结果,以及 X 和 Y 轴的完整环形循环过程.磁力计的 X 和 Y 输出值可用 $\cos(\phi)$ 和 $\sin(\phi)$ 函数表示,其中 ϕ 表示方位角指磁北.

图 5.43 的 X 和 Y 曲线可划分为八个区域,表示四个主要极点和四个中间极点.可将这些曲线组合在一起后以表示每一区域.为判定罗盘的八个航向则需要两

5.5 地磁测量

个转折点, 上转折点和下转折点. 可通过获得 X 和 Y 的满量程 (FS) 值来确定上转折点 V_{upper} 和下转折点 V_{lower} 的值:

$$V_{\text{upper}} = 100 \cdot \sin(22.5°)(\%\text{FS}) = 38\%\text{FS}$$
$$V_{\text{lower}} = -100 \cdot \sin(22.5°)(\%\text{FS}) = -38\%\text{FS}$$
(5.36)

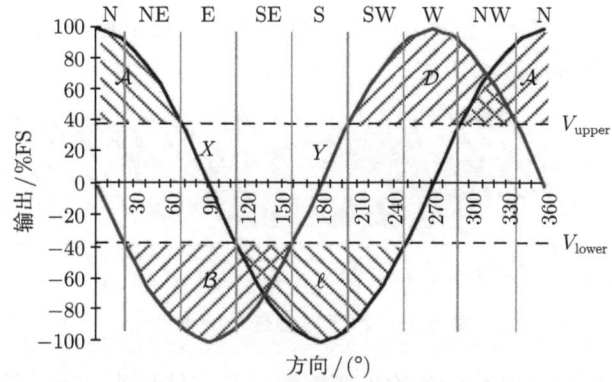

图 5.43　360° 旋转的磁输出值 X 和 Y

可使用电压比较器检测上转折点和下转折点电平, 以便将 X 和 Y 曲线分为四个区域: A, B, C 和 D. 可通过组合 A, B, C 和 D, 及使用 Boolean 逻辑门、四个比较器和图 5.44 所示的双轴磁传感器, 来确定罗盘的八个指针. 这电路需要一个灵敏度为 1~2mGs 的双轴磁传感器. 磁滞和磁线性度必须小于 1~2%FS, 并有好的重复性. 在使用该种设计时必须考虑三个限制因素: ① 因没有倾斜补偿功能, 所以罗盘必须保持水平; ② 附近应没有铁质材料, 以免产生磁干扰; ③ 很难将磁偏角添加到该设计中.

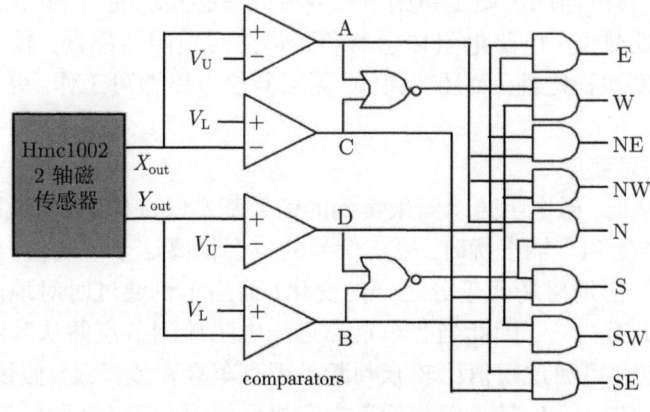

图 5.44　八点罗盘电路

2. 车辆检测原理

地磁场的大小在很广阔的区域内 (大约几公里) 是一定的. 但当有铁磁体存在时, 就会引起地磁场的扰动. 如车辆, 无论它是运动的还是静止的, 由于车辆内部铁磁性物质的存在, 就会导致该区域磁场分布不均匀, 如图 5.45 所示[140]. 磁阻传感器可以检测分辨出地磁场几千分之一的变化, 而当车辆通过时对地磁场的影响将达到地磁场强度的几分之一, 因此, 可以使用一定灵敏度的磁阻传感器, 就能很轻易地检测出地磁场的这种扰动变化.

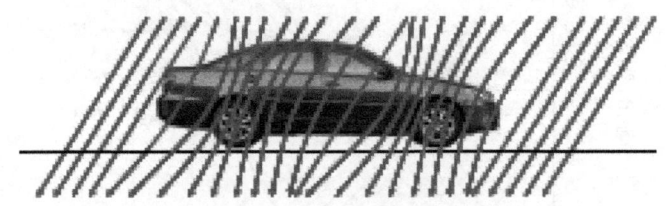

图 5.45 汽车对地磁场的扰动

磁电阻车辆探测器相对传统的车辆探测器具有体积小、功耗低的特点, 非常适合在露天场合和恶劣天气对车辆进行探测, 这是其他车辆检测传感器没有的特性. 磁电阻车辆探测器的优点在于它采用集成芯片技术, 可以高效的应用在电子系统中. 现在磁电阻车辆探测器芯片具有极高的灵敏度, 可以实时的捕捉地球的磁场变化. 基于磁电阻车辆探测器可以安装于露天道路的停车位路面, 解决了线圈探测需要挖开路面的缺点, 同时解决了超声波探测器在露天场合不适用的缺点, 解决了视频探测器在恶劣天气不适用的缺点.

在磁电阻车辆探测器中, 各向异性磁阻传感器已经得到较广的应用, 不足之处在于 AMR 传感器受周围环境强磁场 (大于 10Gs) 的干扰后, 内部的原有磁域会被扰乱, 致使传感器的灵敏度急剧下降或者失去感知功能, 因此在应用中必须使用消磁复位电路恢复. 巨磁电阻传感器和隧道结磁电阻传感器, 较 AMR 传感器有更高的灵敏度和稳定性, 而且功耗低, 无需复位电路即可工作, 更加适合于车辆探测[141].

(1) 车辆信息获取

在没有车辆时, 磁电阻传感器采集到的信号基本保持稳定, 将此时的值作为基线值, 在地磁场受到车辆干扰时, 采集信号的值会偏离这个基线值, 磁阻传感器的灵敏度可以分辨出地磁场几千分之一的变化, 而当车辆通过时对地磁的影响将达到地磁强度的几分之一, 因此当有车辆靠近磁电阻检测节点并从其两边或上方驶过时, 检测节点便可通过阈值比较来判断是否有车存在或经过. 假设传感器 Z 轴指向为垂直地面向上, X 轴指向与行车方向相反, Y 轴指向为垂直车道, 如图 5.46 所示[142].

5.5 地磁测量

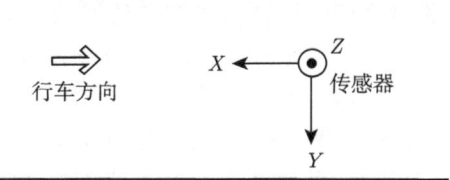

图 5.46 磁电阻传感器敏感轴摆放方向

将车辆经过时三轴磁信号分别记为 X, Y, Z，磁场强度 B 可由下式得到：

$$B = \sqrt{X^2 + Y^2 + Z^2} \tag{5.37}$$

空间磁场强度的大小与车辆距探测传感器的距离有关：随着车辆与探测传感器的距离增加，磁场强度迅速减小，并不是一种线性关系. 图 5.47 是一辆轿车从不同距离经过 HMC 1043 传感器时，最大磁场强度值的曲线，可以看到该轿车距传感器非常接近时取得最大值约 250mGs；在距离为 1m 时减少至约 60mGs；3m 时已减少到约 10mGs. 根据不同的检测车辆的要求，需要的磁场变化的程度和类型将决定传感器如何安放，距离有多远. 如果需要检测车辆速度和对车辆分类，最好将传感器埋入路中，车辆从传感器上方驶过；如果需要检测车辆的存在和方向，最好将传感器以较远距离安装在路边.

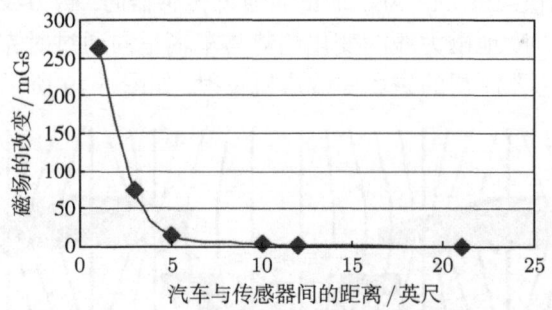

图 5.47 不同测量距离的磁场强度值

判断车辆经过的一般方法是基于传感器单个或多个敏感轴信号的波动情况，当采用单轴传感器检测时通常使用 z 轴的净变化作为车辆的检测特征量，采用三轴传感器时通常观察磁场强度 B 的净变化量. 用磁电阻传感器实地采集到的一辆车经过时所引起的磁场强度变化. 磁电阻传感器采集到的信号不仅包括地磁场信号，还包括由于铁磁性物体干扰时引起的信号，甚至还包括一些噪声干扰信号（这些噪声信号不足以影响检测结果）. 在没有车辆时，磁阻传感器采集到的信号基本保持稳定，将此时的值作为基线值，在地磁场受到干扰时，采集信号的值会偏离这个基线值,因此可以设定一个阈值,当偏离的值超过阈值时,就可以认定地磁场受到铁磁性物体干扰. 通过一定的检测算法监视信号的幅值波动,当变化量超过阈值时可以判定当前为车辆到达时刻 T_{arrive},当信号幅值减小到阈值以下并重新趋于平稳时可以判定当前为车辆离开时刻 T_{left}. 需要注意的是由于地磁场会受到环境、温度等因素的干扰,所以基线值不会永远保持稳定,这就需要对基线值进行自动更新.

得到检测信号后,可采用一些算法通过对采集到的车辆检测信号波形的分析,得到车辆的交通信息. 目前检测车辆存在主要的算法有:固定阈值法、自适阈值法、状态机检测法;检测车速的算法主要是单节点或双节点估算法;检测车型的算法主要是模式识别阈值分类算法 [143].

(2) 车辆方向的确定 [144,145]

车辆在地磁场中可以看作双极性磁铁,当其经过磁场传感器时,对地磁场造成扰动,地磁场的磁力线向车辆方向弯曲. 而且车辆的各个部分对地磁场的扰动特性是可重复的,所以车辆逆向通过传感器与正向通过传感器,磁力线密度和磁场强度的变化特征成镜像对称性.

车辆正向通过传感器时:车辆沿传感轴方向驶来,地磁力线向车辆方向弯曲即向传感轴反向弯曲,磁力线变稀,磁场强度减弱;车辆与传感器正好成一条线时,磁力线密度与开始类似,磁场强度返回到初始值;车辆离开传感器开始,地磁力线向车辆弯曲即向传感轴正向弯曲,磁力线变密,磁场强度增强;车辆完全驶过以后,磁场强度恢复到初始值. 图 5.48 为车辆正向通过传感器时,磁力线变化的示意图. 车辆逆向通过传感器时,地磁力线的变化趋势与车辆正向通过时完全相反,磁场强度先变大后减弱,传感器测得的磁场曲线成镜反射,如图 5.49 所示.

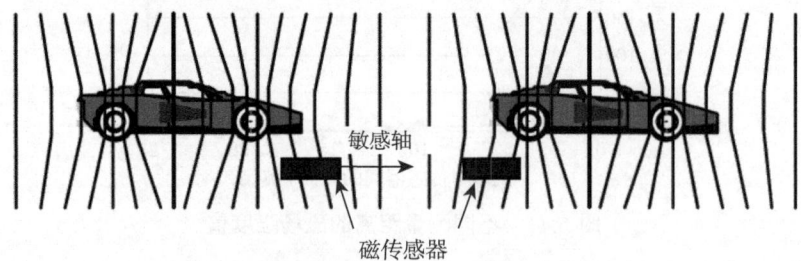

图 5.48 车辆正向通过时的磁力线变化图

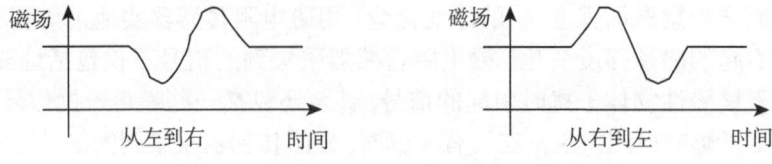

图 5.49 车辆正向和逆向通过时的磁场曲线图

由此可见,当车辆沿某一方向通过传感器时,如果信号首先出现向下的峰值,那么当车辆反方向通过传感器时,信号必定首先出现向上的峰值. 通过对磁场强度变化的简单的检查, 就可以判定车辆行驶的方向.

(3) 车速计算

从前面的介绍可以知道,车辆通过磁电阻传感器时车身各个部分对地磁场的扰动幅度并不相同,其中发动机部分的铁磁性最强,对地磁场扰动幅度最大. 所以采集到的磁场曲线畸变最大处就是车辆发动机部分通过传感器造成的扰动, 据此可以计算车辆经过时的速度. 计算方法如下.

系统的磁场测量模块有两部分, 各有一个 HMC 1043 传感器, 分别安装在相距 30 米的同侧路边, 车辆通过两个传感器, 分别记录磁曲线畸变最大处的时刻 t_1 和 t_2, 即车辆发动机通过两个传感器的时刻. 两个时刻时间差值 $\Delta t = t_2 - t_1$ 就是车辆通过两个传感器间距 (30m 距离) 所用的时间. 忽略车辆在这 30m 中产生的微小加速度, 认为车辆是匀速行驶, 根据匀速运动速度公式 $v = \Delta s / \Delta t$, 可以计算车辆行驶速度.

参 考 文 献

[1] 钟智勇, 唐晓莉, 张怀武. 高频磁性器件. 北京: 电子工业出版社, 2012: 44–46
[2] 宛德福, 马兴隆. 磁学物理. 成都: 电子科技科技大学出版社, 1994: 29–35
[3] 钟文定. 铁磁学. 北京: 科学出版社, 1998: 180–187
[4] 宛德福, 马兴隆. 磁学物理学. 成都: 电子科技大学出版社, 1994: 36–38
[5] 宛德福, 马兴隆. 磁学物理学. 成都: 电子科技大学出版社, 1994: 284–291
[6] S Tumanski. Handbook of Magnetic Measurements. CRC Press and Taylor & Francis Group, 2011: 11
[7] 钟文. 铁磁学. 北京: 科学出版社, 1998: 3–79
[8] 翟宏如, 等. 自旋电子学. 北京: 科学出版社, 2013: 519–520
[9] 焦正宽, 曹光旱. 磁电子学. 杭州: 浙江大学出版社, 2005: 58
[10] 钟文定. 技术磁学 (上册). 北京: 科学出版社, 2009: 7
[11] 李大明. 磁场测量讲座 (第一讲磁场测量概述). 电测与仪表, 1989, 10: 41–47
[12] 李大明. 磁场测量仪器及其发展趋势. 1983, 6: 9–17
[13] 姜智鹏, 赵伟, 屈凯峰. 磁场测量技术的发展及其应用. 电测与仪表, 2008, 45: 1–5
[14] 陈艾. 敏感材料与传感器. 北京: 化学工业出版社, 2004: 333–335
[15] 陈艾. 敏感材料与传感器. 北京: 化学工业出版社, 2004: 283–285
[16] 胡苗苗, 刘海顺, 李端明, 等. 磁场测量方法及其应用. 现代物理知识, 2008, 4: 36–38
[17] 陈晓东. 高温超导磁强计研制. 北京: 中国地质大学, 2006
[18] 李大明. 磁场测量讲座之第七讲磁光效应法. 电测与仪表, 1990, 5: 42–46
[19] 李杨. 基于磁电效应的磁场传感器输出特性响应特性的研究. 武汉: 华中科技大学, 2012
[20] 陈洁, 黄庆安, 秦明. MEMS 磁场传感器的研究进展. 电子器件, 2006, 29(4): 1384–1388
[21] S Tumanski. Handbook of Magnetic Measurements. CRC Press, Taylaor &Francis Group, 2011: 160
[22] National Institute of Standard and Technology, Magnetic Field Sensors Roadmap. 内部资料, 2003
[23] 翟宏如, 等. 自旋电子学. 北京: 科学出版社, 2013: 456–457
[24] 程志奇. 磁传感器及其应用技术讲座 (第四讲磁敏电阻传感器 (一)). 自动化仪表, 1988, 8: 39–44
[25] N Garcia, M Munoz, Y W Zhao. Magnetoresistance in excess of 200% in ballistic Ni noncontact at room temperature and 100 Oe. Physics Review Letter, 1996, 82(14): 2923–2926

[26] S Tumanski. Handbook of Magnetic Measurements. CRC Press, Taylaor &Francis Group, 2011: 189

[27] 过壁君. 薄膜磁阻传感器. 福州: 福建科学出版社, 1993: 27–35

[28] S Tumanski. Thin film magnetoresistive sensors. Institue of Physics Publsihing, 2001: 99

[29] 杨军, 戴斌飞, 李霞. 自旋轨道耦合效应及其应用研究. 大学物理, 2011, 30(8): 9–12

[30] R C 奥汉德利. 现代磁性材料原理和应用. 北京: 化学工业出版社, 2002: 564–569

[31] U Dibbern. Magnetic field sensors using the magnetoresistive effect. Sensors and Actuators , 1986, 10(1-2): 127–140

[32] F Nguyen Van Dau, A schuhl, J R childress, et al. Magnetic sensors for nanotelsa detection using planar hall effect. Sensors and Actuators A: Physical, 1996, 53(1-3): 256–260

[33] S Tumanski. Thin film magnetoresistive sensors. Institute of Physics Publishing, 2001: 27–82

[34] P Ripka. Magnetic sensors and magnetometers. Artech House, 2001: 136–143

[35] 董雨. 基于 HMC1022 的双轴磁阻传感器的研究和应用. 长春: 吉林大学, 2009: 16–18

[36] Honeywell. Cross axis effect for AMR magnetic sensors. Application Note AN215

[37] K Mohamadabadi, C Coillot, M Hillion. New compensation method for cross-axis effect for three-axis AMR sensors. IEEE Sensors Journal, 2013, 13(4): 1355–1362

[38] 焦正宽, 曹光旱. 磁电子学. 杭州: 浙江大学出版社, 2005: 26–27

[39] 赖武彦. 自旋极化的电流 ——2007 年度诺贝尔物理奖评述. 物理, 2007, 36(2): 897–902

[40] 翟宏如, 等. 自旋电子学. 北京: 科学出版社, 2013: 5–8

[41] 焦正宽, 曹光旱. 磁电子学. 杭州: 浙江大学出版社, 2005:57-93

[42] 王利. Co/Cu 多层膜层间耦合作用的调节. 北京: 首都师范大学, 2008

[43] R Jansen. The spin-valve transistor: a review and outlook. Journal of Physics D: Apply Physics, 2003, 36: 289–308

[44] 蔡建旺, 赵见高, 詹文山, 等. 磁电子学中的若干问题. 物理学进展, 1997, 17(2): 119–149

[45] S S P Parkin. Giant magnetoresistance in magnetic multilayers and granular alloys. Materials letters, 1994, 20(1-2): 1–4

[46] H Sato, Y Aoki, Y Kobayashi, et al., Giant magnetoc field effect on themal conductivity of magntic multilayers Cu/Co/Cu/NiFe. Journal of Physics Society Japanese, 1993, 62: 431–435

[47] 麦振洪, 徐明. 金属磁性多层膜的结构及其对巨磁电阻效应的影响. 物理, 1999, 28(5): 302–307

[48] 姜宏伟. 磁性金属多层膜中的巨磁电阻效应. 物理, 1997, 26(9): 562–567

[49] W P Pratt, Jr S F Lee, J M Slaughter, et al., Perpendicular giant magnetoresistance of Ag/Co multilayers. Physical Review Letter, 1991, 66: 3060–3063

[50] S Tumanski. Handbook of Magnetic Measurements. CRC Press Taylor & Francis Group, 2011: 198

[51] B Dieny, V S Speriosu, S Metin, et al. Magnetotransport properties of magnetically soft spin-valve structures. Journal of Applied Physics, 1991, 69: 4774–4779

[52] 刘华瑞. 自旋阀结构及 GMR 传感器研究. 北京: 清华大学, 2006

[53] 卢正启. 磁电子学讲座 (第七讲 自旋阀巨磁电阻效应及其应用). 物理, 1998, 27(6): 373–376

[54] M Johnson. Magnetoelectronics. Elesvier Academic Press, 2004: 67–150

[55] K H J Buschow. Handbook of Magnetic Materials, Elsevier North-Holland, 2003, 15: 29–77

[56] S S P Parkin. Origin of enhanced magnetoresistance of magnetic multilayers: spin-dependent scattering from magnetic interface states. Physical Review Letter, 1993, 71: 1641–1644

[57] H Kanai, M Kanamine, A Hashimoto, et al. PdPtMn/CoFeB synthetic ferrimagnet spin-valve heads. IEEE Transactions on Magnetics, 1999, 35: 2580–2582

[58] B A Gurney, V S Speriosu, J P Nozieres, et al. Direct measurement of spin-dependent conduction-electron mean free paths in ferromagnetic metals. Physical Review Letter, 1993, 71: 4023–4026

[59] K M H Lessen, A E Kuiper, J J van den Broek, et al. Sensor properties of a robust giant magnetoresistance material system at elevated temperatures. Journal of Applied Physics, 2000, 87: 6665–6667

[60] K Li, Y Wu, J Qiu, et al. Suppression of interlayer coupling and enhancement of magnetoresistance in spin valves with oxide layer. Applied Physics Letter, 2001, 79: 3663–3665

[61] 陈艾, 敏感材料与传感器, 北京: 化学工业出版社, 2004: 304–317

[62] S Tumanski. Thin film magnetoresistive sensros. IOP publishing Ltd, 2001: 221

[63] S Tumanski. Thin film magnetoresistive sensors. Insitute of Physics Publishing, 2001. 199–203

[64] http://www.nve.com, GMR sensor Catalog, NVE Corporation

[65] 焦正宽, 曹光旱. 磁电子学. 杭州: 浙江大学出版社, 2005: 30

[66] A Bernieri, G Betta, L Ferrigno et al. Improving performance of GMR sensors. IEEE Sensors Journal 13(11), 2013: 4513–4520

[67] P S Mease, R R Krchanavek, J T Kephart, et al. Sensor saturation for hysteresis reduction in GMR magnetometers. 2010 IEEE Sensors Applications Symposium, 2010: 230–234, 2010.2.23–25, Limerick

[68] I Jedlicska, R Weiss, R Weigel. Linearizing the output characteristic of GMR current sensors through hysteresis modeling. IEEE Transactions on Industrial Electronics, 2010, 57(5): 1728–1734

[69] 冯端, 金国钧. 凝聚态物理学. 北京: 高等教育出版社, 2003: 250–260

[70] 温戈辉, 蔡建旺, 赵见高. 磁电子学讲座 (第五讲 自旋极化输运和隧道巨磁电阻效应). 物理, 1997, 26(1): 690–693

[71] Y M Lee, J Hayakawa, S Ikeda, et al. Effect of electrode composition on the tunnel magnetoresistance of pseudo-spin-valve magnetic tunnel junction with a MgO tunnel barrier. Applied Physics Letter, 2007, 90(3): 212507

[72] M Julliere. Tunneling between ferromagnetic films. Physics Letter A, 1975, 54: 225–226

[73] E Hirota. Giant Magnetoresistance Devices Berlin: Springer, 2002: 115–135

[74] 张佩佩. 磁性隧道结的隧穿磁电阻研究. 四川师范大学硕士论文, 2011

[75] 翟宏如, 等. 自旋电子学. 北京: 科学出版社, 2013: 109–141

[76] 金克新, 陈长乐, 赵省贵, 等. 磁隧道结的研究进展. 材料导报, 2007, 21(3): 32–35

[77] 李彦波, 魏福林, 杨正. 磁性隧道结的隧穿磁电阻效应及其研究进展. 物理, 2009, 38(6): 420–426

[78] J S Moodera, J Nassar, G Mathon. Spin-tunneling in ferromagnetic junctions. Annual Reviews Materials Science, 1999, 29: 381–432

[79] R A de Groot, F M Mueller, P G van Engen, et al. New class of materials: half-metallic ferromagnets. Phys. Rev. Lett, 50, 1983: 2024

[80] 唐晓莉. 自旋阀中的极化输运及相关自旋新材料、结构研究. 成都: 电子科技大学, 2007

[81] http://www.aist.go.jp/aist_e/latest_research/2004/20040907/20040907.html

[82] S Ikeda, J Hayakawa, Y M Lee, et al. Magnetic tunnel junctions for spintronic memories and beyond. IEEE Transactions on Electron Devices, 2007, 54(5): 991–1002

[83] R Y Gu, D Y Xing, J M Dong. Spin-polarized tunneling between ferromagnetic films. Journal of Applied Physics, 1996, 80: 7163–7165

[84] T Miyazaki, N Tezuka N. Giant magnetic tunneling effect in Fe/Al2O3/Fe junction. J. Magn. Magn. Mater, 1995, 139: 231–234

[85] A Lopes. MgO magnetic tunnel junction sensors in full wheatstone bridge configuration for electrical current detection[Dissertation]. Portugal: Instituo de Sistemas e Computadores-Microsistemas e Nanotecnologias(INESTC-MN), 2012

[86] P Wiśiowski, J M Almeida, S Cardoso, et al. Effect of free layer thickness and shape anisotropy on the transfer curves of MgO magnetic tunnel junctions. J. Appl. Phys, 2008 103, 07A910

[87] J S Moodera, J Nassar, G Mathon. Spin-tunneling in ferromagnetic junction. Annual Review of materials Science, 1999, 29: 381–432

[88] 翟宏如, 等. 自旋电子学. 北京: 科学出版社, 2013: 142–91

[89] S Colis, G Gieres, T Dimopoulos, et al. Large magnetoresistcance at high bias voltage in double magnetic tunnel junctions. IEEE Transactions on Magnetics, 2004, 40(4): 2287–2289

[90] R J Janeiro, L Gameiro, A Lopes, et al. Linearization and field detectivity in magnetic tunnel junctions sensors connected in series incorporating 16nm thick NiFe Free layers. IEEE Transactions on Magnetics, 2012, 48(11): 4111–4114

[91] R Guerrero, M P Lecoeur, C Fermon, et al. Low frequency noise in arrays of magnetic tunnel junctions connected in serials and parallel. Journal of Applied Physics, 2009, 105: 113922

[92] 田民波. 磁性材料. 北京: 清华大学出版社, 2001: 49

[93] 孙光飞, 强文江. 磁功能材料. 北京: 化学工业出版社, 2007: 1–26

[94] Marinho Zita. 3D magnetic flux concentrators with improved efficiency for magnetoresistive sensors[dissertation]. Protugal: Universidada Tecnica de lisboa, 2010

[95] J Chen, M C Wurz, S Belski, et al. Designs and characterizations of soft magnetic flux guides, in a 3-D magnetic field sensor. IEEE Transactions on Magnetics, 2012, 48(4): 1481–1483

[96] D C Leitao, L Gameiro, A V Silva, et al. Field dection in spin vavle sensors using CoFeB/Ru synthentic-antiferromagnetic multilayers as magnetic flux concentrators. IEEE Transactions on Magnetics, 2012, 48(11): 3847–3850

[97] S S P Parkin. Systematic variation of the strength and oscillation period of indirect magnetic exchange coupling through the $3d$, $4d$, and $5d$ transition metals. Physical Review Letter, 1991, 67(25): 3598

[98] Sy-Hwang Liu. Magnetic sensors with picotesla magnetic field sensitivity at room temperature. SERDP project MM-1569, final report

[99] D C Leitao, L Gameiro, A V Silva, et al. Field dection in spin vavle sensors using CoFeB/Ru synthentic-antiferromagnetic multilayers as magnetic flux concentrators. IEEE Transactions on Magnetics, 2012, 48(11): 3847–3850

[100] S Tumanski. Handbook of magnetic measurements. CRC Press, Taylor & Francis Group, 2011

[101] 王以真. 实用磁路设计 (第 2 版). 北京: 国防工业出版社, 2008: 1–24

[102] http://www.magnetsales.com/design/DesignG.htm

[103] W J Ku, F Silva, J Bernardo, et al. Integrated giant magnetoresitance bridge sensors with transverse permanent magnet biasing. Journal of Applied Physics, 2000, 87(9): 5363–5365

[104] 吴少兵, 陈实, 李海, 等. TMR 与 GMR 传感器 1/f 噪声的研究进展. 物理学报, 2012, 61(9): 097504

[105] 李建伟, 于广华, 藤蛟. 磁电阻薄膜材料噪声研究进展. 磁性材料及器件, 2012, 43(4): 7–13

[106] Daniel E Endean. The orgin of magnetic noise in nanoscale square dots[Dissertation]. USA: The University of Minnesota. 2014

[107] J Y Chen, N Carroll, J F Feng, et al. Yoke-shaped MgO barrier magnetic tunnel junction sensors. Applied Physics Letters, 2012, 101, 262402

[108] A S Edelstein, G A Fischer, M Pedersen, et al. Progress toward a thousand folde reduction in 1/f noise in magnetic sensors using an ac microelectromechanical system flux concentrator. Journal of Applied Physics, 2006, 99: 08B317

[109] J F Hu, M C Pan, W G Tian. 1/f noise suppression of giant magnetoresistive sensors with vertical motion flux modulation. Applied Physics Letters, 2012, 100: 244102

[110] J F Hu, W G Tian, J Q Zhao, et al. Remedying magnetic hysteresis and 1/f noise for magnetoresistive sensors. Appl. Phys. Lett., 2013, 102: 054104

[111] 田武刚, 胡佳飞, 潘孟春, 等. MEMS 磁力线聚集和垂动调制磁场传感器. 国防科技大学学报, 2014, 36(4): 129–133

[112] N A Stutzke, S E Russek, D P Pappas. Low-frequency noise measurements on commercial magnetoresistive magnetic field sensors. Journal of Applied Physics, 2005, 97: 10Q107

[113] 李建伟, 藤蛟. 磁性薄膜噪声测量系统研制. 磁性材料与器件, 2012, 43(2): 56–59

[114] 王超. 基于 AMR 效应的磁阻角度传感器的设计. 西北工业大学硕士论文, 2007

[115] http://www.cn.nxp.com/products/sensors/angular_sensors/#overview

[116] Philips semiconductors, Contactless angle measurement using KMZ41 and UZZ900, Application note AN00023, Philips Electronics N.V.2000

[117] A Johnson. Spin valve systems for angle sensor applications, PhD dissertation. Darmstadt University of Technology, Darmstadt, Germany, 2004

[118] Infineon, Angle sensor: GMR-based Angle sensor TLE5012B, User's Manual V.10, 2014.04

[119] C Reig, S C de Freitas, S C Mukhopadhyay, Giant magnetoresitance (GMR) sensors. Springer, 2013: 143–147

[120] Infineon, Angle sensors GMR-based angular sensor Magnet Design, application note, Rev. 1.0, 2010-04-12

[121] 窦珂. 宽测量间距巨磁阻齿轮转速传感器的研制. 杭州: 杭州电子科技大学, 2012

[122] www.nxp.com/documents/application_note/AN98087.pdf, application note Rotation Speed sensors KMI15/16

[123] 窦珂, 钱正洪, 于晓东, 等. 宽测量间距巨磁阻齿轮转速传感器的研制. 仪表技术与传感器, 2012, 11: 13–15

[124] S Butzman, R Buchhold. A new differntial magnetoresistive gear wheel sensor with high suppression of external magnetic fields. Proceeding of IEEE Sensors, 2004, 1: 2004: 16–19

[125] S Butzmann, R Buchhold. A new differential magnetoresistive gear wheel sensor with high suppression of external magnetic fields. Proceedings of IEEE sensors, 2004, 1: 16–19

[126] http://www.nve.com

[127] Philips semiconductors. Rotational speed sensors KMI15/16. Application Note AN98087, 1999

[128] S Ziegler, R C Woodward, H H Iu, et al. Current sensing techniques: A review. IEEE Sensors Journal, 2009, 9: 354–275

[129] 陈庆. 基于霍尔效应和空芯线圈的电流检测新技术. 武汉: 华中科技大学, 2008

[130] 张健, 及洪泉, 远振海, 等. 光学电流互感器及其应用评述. 高电压技术, 2007, 33(5): 32–36

[131] 何金良, 嵇士杰, 刘俊, 等. 基于巨磁电阻效应的电流传感器技术及在智能电网中的应用前景. 电网技术, 2011, 35(5): 8–14

[132] http://www.ssec.honeywell.com, Honeywell, Magnetic current sensing, AN-209

[133] http://www.sensitec.com

[134] 刘英沛. 基于 GMR 效应的非铁磁金属材料裂纹涡流检测技术及其系统研究. 杭州: 浙江大学, 2010

[135] C. Reig, S C Freitas, S C Mukhopadhyay. Giant magnetoresistance (GMR) sensors. Springer-Verlag Berlin Heidelberg, 2013: 214–239

[136] 王帅英. 用于地磁测量的各向异性磁阻传感器研究. 武汉: 华中科技大学, 2008

[137] 杨晓东, 王炜. 地磁导航原理, 北京: 国防工业出版社, 2009, 3–4

[138] 刘晓棠. 具有自补偿功能的双坐标系磁阻式电子罗盘设计. 南京: 南京理工大学, 2013

[139] Honeywell, Michael J. Caruso. Applications of magnetoresistive sensors in navigation systems

[140] Honeywell. Vehicle detection using AMR sensors, Application note-AN218

[141] 张星波. 基于 GMR 传感器的无线车位探测器设计. 杭州: 杭州电子科技大学, 2013

[142] 王玮. 基于磁阻传感器的低功耗车辆检测技术研究. 杭州: 浙江大学, 2014

[143] 朱强. 基于磁阻效应的车型自动识别算法研究及其应用. 广州: 华南理工大学, 2013

[144] Honeywell. Vehicle detection using AMR senors, Application note-AN218

[145] 马飞. 基于 AMR 传感器的车辆检测系统设计. 太原: 太原理工大学, 2011

附录 1 各种磁电阻传感器的性能及应用领域

表 A1.1 各种磁电阻传感器的性能及应用领域

磁传感器类型	灵敏度/磁场范围	工作频率	工作温度	最小传感器尺寸	矢量/标量	价格	优点	缺点	状态
探测线圈	30fT	>1Hz	室温	1mm	矢量	中等	线性好	只能探测交变磁场,对外磁场的角度变化敏感,随着尺寸减小灵敏度急剧下降	商品化
霍尔(Hall)	100nT/1nT	<1kHz	室温	<1μm	矢量	中等	工作范围宽、线性好	温漂严重	商品化
磁通门	1pT/Hz$^{1/2}$@1Hz	<1kHz	室温	随着尺寸减小,S/N 急剧降低	矢量	中等	高灵敏度	功耗大,尺寸大	商品化
SQUID	1fT	<1kHz	<77K	<1μm (但系统很大)	矢量	昂贵	灵敏度高	需要低温	商品化
各向异性磁电阻(AMR)	50~100pT	0~5GHz	室温	<1μm	矢量	中等	$1/f$ 噪声低	—	商品化
巨磁电阻(GMR)	20nT	0~5GHz	室温	<1μm	矢量	便宜	量大时便宜	—	商品化
隧道结磁电阻(TMR)	1nT	0~1GHz	室温	<1μm	矢量	便宜	量大时便宜,且 MR 比值大	高 $1/f$ 噪声,磁滞	部分商品化
巨磁阻抗(GMI)	100pT	<500kHz	室温	1mm	矢量	中等	无电气连接	功耗大	实验室
磁光共振	100pT	0~5GHz DC	室温	0.1mm	矢量和标量	中等 昂贵	对角度变化不敏感	—	—
光泵浦	10~1000fT	<100Hz	室温	10mm	标量和矢量	昂贵	对角度变化不敏感	功耗大,高频时灵敏度下降	—
磁致伸缩/磁电	1nT	—	室温	10μm	矢量	中等	低功耗,输出电压高	对振动敏感	实验室

附录 2 各种电流传感器性能比较与选型指南

电流传感器,能感受到被测电流的信息,并能将检测感受到的信息,按一定规律变换成为符合一定标准需要的电信号或其他所需形式的信息输出,以满足信息的传输、处理、存储、显示、记录和控制等要求. 在家用电器、智能电网、电动车、风力发电等领域得到了广泛的应用. 电流传感器是磁性传感器中应用最广的领域,表 A2.1 和表 A2.2 分别是各种电流传感器的性能比较与选型指南.

表 A2.1 各种电流传感器性能比较

	带宽	直流测量能力	精度	热漂移(ppm/K)	电隔离	测量范围	功耗
分流电阻		有	0.1%~2%	25~300	没有		
● 共轴型	MHz					kA	W~kW
●SMD 型	kHz~MHz					mA~A	mW~W
铜线 *	kHz	有	0.5%~5%	50~200	没有	A~kA	mW
电流变压器	kHz~MHz	没有	0.1%~1%	<100	有	A~kA	mW
罗氏线圈	kHz~MHz	没有	0.2%~5%	50~300	有	A~MA	mW
开环/闭环霍尔传感器 *	kHz	有	0.5%~5%	50~1000	有	A~kA	mW
磁通门传感器	kHz	有	0.001%~5%	<50	有	mA~kA	mW~W
闭环无磁芯 AMR 传感器 *	MHz	有	0.5%~2%	100~200	有	A	mW
无磁芯开环 GMR/AMR 传感器 *	MHz	有	1%~10%	200~1000	有	mA~kA	mW
光纤电流传感器 *	kHz~MHz	有	0.1%~1%	<100	有	kA~MA	W

* 考虑了温度补偿电路

表 A2.2　各种电流传感器的应用指南

	尺寸/mm³	局限性
分流电阻 ● 共轴型 ●SMD 型	>25	过流会永久性地损坏分流电阻，高的功率损耗使得其不适于测量大电流，无电隔离使得测量高电压困难
铜线	>25	放大电路的放大能力提高会降低测量精度，带宽受放大器的增益－带宽乘积的限制
电流变压器	>500	直流偏移可能会使磁芯饱和，大电流测量时需要增大磁芯的截面积，高电压测量时要注意绕组间的隔离，绕组匝数增加会提高寄生电容，从而减小测量带宽和共模印制比
罗氏线圈	>1000	测量的精度取决于导体的位置；由于灵敏度低，难于测量微小电流，匝数增加降低测量带宽
开环/闭环 霍尔传感器 *	>1000	高频交流可能会引起磁芯过热；过流会导致磁芯饱和，需要退磁电路消磁；使用时要特别注意对热漂移的补偿
磁通门传感器	>1000	控制电路复杂，线圈匝数增加会减小测量带宽
闭环无磁芯 AMR 传感器 *	>1000	对杂散场敏感
无磁芯开环 GMR/ CMR/AMR 传感器 *	>25	对杂散场敏感；如果传感器靠近带电导体，趋肤效应会限制频率响应
光纤电流 传感器	$>10^6$	由于制备复杂，不适于测量小电流. 光纤的弯曲应力会破环测试精度

* 考虑了温度补偿电路

附录 3 部分磁电阻传感器生产厂商的产品与性能

1 霍尼韦尔 (Honeywell) 公司 (www.honeywell.com)

霍尼韦尔国际是一家多元化、高科技的先进制造企业. 在全球, 其业务涉及航空产品和服务、楼宇、家庭和工业控制技术、汽车产品、涡轮增压器, 以及特殊材料. 霍尼韦尔提供磁场传感器和磁力计, 提供完整的磁场传感解决方案, 它是率先研发基于霍尔效应的磁传感器技术产品的公司, 随着工业需求的变化与技术的发展, 研发了磁电阻传感器. 霍尼韦尔的磁电阻传感器和元器件多采用各向异性磁电阻薄膜技术, 具有各种大小尺寸和混合电路, 具有高灵敏性, 被用来替换常用的磁通门传感器, 可用于多种领域, 包括: 车内罗盘、GPS 接收机及 PDA、远程车辆监测、交通和车辆检测、位置传感、安保系统和医疗仪器等.

2014 年 5 月 19 日, 霍尼韦尔在业内率先引入超低功耗各向异性 nanopower 系列磁阻传感器, 这些传感器能耗极低, 仅为 360 nA, 却能提供最高等级的磁灵敏度. nanopower 系列磁阻传感器集成电路专为多种蓄电池驱动装置而设计, 包括水表、煤气表、电表、工业烟雾警报器、健身设备、安防系统、手持式计算机、扫描仪、大型家用电器 (如洗碗机、微波炉、洗衣机、冰箱和咖啡机)、医疗设备 (如病床、药物分发柜和输液泵) 以及消费性电子产品 (如笔记本电脑、平板电脑和无线扬声器). 产品有两个系列, 一是超高灵敏度 SM351LT: 典型应用为 7 Gs, 最高为 10 Gs, 超低电流消耗 (典型应用为 360 nA; 二是高灵敏度 SM353LT: 典型应用为 14 Gs, 最高为 20 Gs, 超低电流消耗 (典型应用为 360 nA).

表 A3.1、表 A3.2 和表 A3.3 分别给出了该公司的主要磁电阻产品型号、选型指南和产品的主要性能.

表 A3.1 Honeywell 公司的磁电阻产品

	产品系列	产品型号	说明
器件	线性模式传感器, 常用于罗盘与磁场强度检测	高灵敏度 HMC1001	单轴
		HMC1002	双轴
		宽线性范围 (±6Gs) HMC1021S	单轴, SOIC 封装
		HMC1021Z	单轴, SIP 封装
		HMC1021D	单轴, 高温环境应用
		HMC1022	双轴

续表

	产品系列	产品型号	说明
器件	宽线性范围,小尺寸	HMC1041Z	单轴
		HMC1043	三轴
		HMC1051Z	单轴
		HMC1051ZL	单轴
		HMC1052L	双轴
		HMC1053	三轴
	饱和模式传感器	HMC1501	单轴
		HMC1512	双轴
	线性模式集成传感器,用于罗盘	HMC5883L	三轴
		HMC6052	集成罗盘传感器
		HMC6352	带有算法的双轴罗盘
		HMC6343	带有算法的三轴罗盘
模块	线性模式,主要应用于罗盘和磁场强度检测	模拟输出 HMC2003	三轴
		数字输出 HMR2300	智能数字磁强计
		HMR2300r	圆型智能数字磁强计
		罗盘 HMR3000	3 轴, ±0.5°, 倾斜范围 ±40°
		HMR3300	3 轴, ±1°, 倾斜范围 ±60°
		HMR3400	3 轴, ±1°, 倾斜范围 ±60
		HMR3500	3 轴, ±1°, 倾斜范围 ±80°
		HMR3600	3 轴, ±0.5°, 倾斜范围 ±80°
		HMC6352	2 轴, ±2.5°
		HMC6343	3 轴, ±2.5°, 倾斜范围 ±80°
	惯性导航模块	DRM4000	个人惯性导航模块

表 A3.2 Honeywell 公司的磁电阻传感器选择指南

应用领域	尺寸 (小/更小/最小)	价格 (低/更低/最低)	性能 (好/更好/最好)
通用罗盘	HMC1022/1043, 1052L/5883L	HMC1043/1022, 1052L/5883L	HMC1052L/1022, 1042/1002
汽车用罗盘	HMC1022/1052L	HMC1022/1052L	HMC1052L/1022
手持式/GPS 用罗盘	HMC1022/1043, 1052L/5883L	HMC1043/1022, 1052L/5883L	HMC1052L/1022, 1043/5883L
移动电话/消费类电子用罗盘	HMC5883L	HMC5883L	HMC5883L
姿态测量	HMC1002/1022/ 1043,1052L	HMC1002,1043/ 1022/1052L	HMC1052L/1022/ 1002,1043
金属探测	HMC1021S/ 1041Z/1052L	HMC1021S, 1041Z/1052L	HMC1021S, 1041Z,1052L
车辆/交通探测	HMC1021S/ 1041Z/1052L	HMC1041Z/ 1021S/1052L	HMC1052L/1041Z, 1021S/1001

续表

应用领域	尺寸 (小/更小/最小)	价格 (低/更低/最低)	性能 (好/更好/最好)
电流测量	HMC1021S/1052L	HMC1041Z/ 1021S/1052L	HMC1052L/1041Z, 1021S/1001
垂直(Z 轴)方向测量	HMC1001,1021Z, 1051Z/1041Z	HMC1001/1051ZL, 1051Z/1021Z,1041Z	HMC1051Z,1051ZL/ 1021Z,1041Z/1001
位置测量	HMC1501,1512	HMC1512/1501	HMC1501,1512

注：各型号中的最后一位数字表示感应轴的数量.

表 A3.3　Honeywell 公司的主要磁电阻传感器性能

	HMC100X	HMC102X	HMC104X	HMC105X	单位
灵敏度	3.2	1.0	1.0	1.0	mV/V/Gs
测试磁场范围	±2	±6	±6	±6	Gs
测试精度	27	85	120	120	μGs
线性度 (±1Gs)	0.1	0.05	0.05	0.05	%FS
电源电压	5～12	5～25	1.8～25	1.8～25	V
置位/复位电流	3.0	0.5	05	0.5	A
漂移补偿线圈常数	51	4.6	10	10	mA/Gs
正交轴定位角	1.5	1	<0.01	<0.01	度
垂直轴效应	0.5	0.3	0.3	3	%
尺寸	12.7×7.3×2.5	10×3.9×1.5	3×3×0.8	3×3×1	mm
芯片面积 (2 轴)	128	60	10	15	mm²

2　NVE 公司 (www.nve.com)

NVE 公司是由 James M. Daughton 博士 (Honeywell 公司前执行官) 在 1989 年创建的. 公司设立在美国明尼苏达州 (Minnesota). 公司的全称为 Nonvolatile Electronics,Inc. 公司的产品采用的是自旋电子来实现对于信息的获取、存储和传输, 主要产品包括巨磁电阻传感器和耦合器, 近年也涉足磁隧道结传感器. 传感器产品主要有模拟传感器、数字传感器、角度传感器、齿轮转速传感器、电流传感器以及医学用传感器等.

表 A3.4、表 A3.5 和表 A3.6 分别给出了 NVE 公司产品主要产品类型与性能、AA/AB 系列产品的主要特性和 AD 系列产品的命名规则.

表 A3.4　NVE 公司产品主要产品类型与性能

GMR 材料	%GMR	饱和场/Oe	应用温度范围/°C	磁滞	产品型号首字母
标准多层膜	12%～16%	250～450	−40～+150	中等	AA, AB, AD
高温多层膜	8%～10%	60～100	−40～+200	高	AAH, ABH, ADH
低磁滞高温多层膜	8%～10%	160～200	−40～+200	低	ABL
自旋阀	4%～5%	20～30	−40～+200	低	AAV

附录 3 部分磁电阻传感器生产厂商的产品与性能

表 A3.5 NVE 公司 AA/AB 系列产品的主要特性

产品代号	线性范围/Oe		灵敏度/(mV/V·Oe)		饱和场/Oe	最大非线性度/%	最大磁滞/%	最高工作温度/°C	典型电阻值/kΩ	封装
	最小	最大	最小	最大						
AA002-02	1.5	10.5	3.0	4.2	15	2	4	125	5	SOIC8
AA003-02	2.0	14	2	3.2	20	2	4	125	5	SOIC8
AA004-00	5.0	35	0.9	1.3	50	2	4	125	5	MSOP8
AA004-02	5.0	35	0.9	1.3	50	2	4	125	5	SOIC8
AA005-02	10.0	70	0.45	0.65	100	2	4	125	5	SOIC8
AA006-00	5.0	35	0.9	1.3	50	2	4	125	30	MSOP8
AA006-02	5.0	35	0.9	1.3	50	2	4	125	30	SOIC8
AAH002-02	0.6	3.0	11.0	18.0	6	6	15	150	2	SOIC8
AAH004-00	1.5	7.5	3.2	4.8	15	4	15	150	2	MSOP8
AAL002-02	1.5	10.5	3.0	4.2	15	2	2	150	5.5	SOIC8
AB001-02	20	200			250	2	4	125	2.5	SOIC8
AB001-00	20	200			250	2	4	125	2.5	MSOP8
ABH001-00	5	40			70	4	15	150	2.5	MSOP8

注：最大非线性度和最大磁滞均是在单极输出模式下测得，双极输出模式会增加这两项指标的数值

表 A3.6 NVE 公司 AD 系列产品的命名规则

第 1 位数字表示输出类型 ADXXX-XX		第 2、3 位数字表示触发磁场、敏感方向 ADXXX-XX		最后两位数字表示封装类型 ADXXX-XX	
数字	含义	数字	含义	数字	含义
0	20mA 电流沉	04	20Gs, 标准敏感方向	00	MSOP8
1	20mA 电流源	05	40Gs, 标准敏感方向	02	SOIC8
2	独立的 20mA 电流沉和 20mA 电流源	06	80Gs, 标准敏感方向	10	TDFN6
3	双独立的 20mA 电流沉	20	28Gs, 标准敏感方向		
4	20mA 电流沉 + 稳定输出电压	21	20Gs, 垂直敏感方向		
5	20mA 电流源 + 稳定输出电压	22	40Gs, 垂直敏感方向		
6	独立的 20mA 电流沉和 20mA 电流源 + 稳定输出电压	23	80Gs, 垂直敏感方向		
7	双独立的 20mA 电流沉 + 稳定输出电压	24	28Gs, 垂直敏感方向		
8	双独立的 20mA 电流沉 + 稳定输出电压 + 短路检测	25	10Gs, 垂直敏感方向		
9	独立的 20mA 电流沉和 20mA 电流源 + 稳定输出电压 + 短路检测	81	20Gs, 垂直敏感方向, 低电压		
		82	40Gs, 垂直敏感方向, 低电压		
		83	80Gs, 垂直敏感方向, 低电压		
		84	28Gs, 垂直敏感方向, 低电压		

注：1. 标准敏感方向是指磁场的敏感方向平行于封装引脚边的方向，而垂直敏感方向则是指磁场的敏感方向垂直于封装引脚边的方向

2. 低电压，指传感器的工作电压为 3.0V

3 Sensitec 公司 (www.sensitec.com)

Sensitec 公司成立于 1999 年, 位于德国的 Lahnau, 是一家制造传感器、角度传感器、非接触式激光距离传感器、非接触式激光测速传感器以及长度传感器的制造商. 该公司同时拥有基于 AMR 和 GMR 的磁电阻传感器, 在它们的磁电阻传感器产品中采用了许多专利技术, 如 Freepitch、Fixpitch、Purepitch、Smartfit 和 Perfectwave 等, 来提高传感器产品的性能. 表 A3.7 是该公司的主要产品类型.

表 A3.7 Sensitec 公司的主要产品类型

功能	产品型号系列			
	器件	模块	配套器件	系统
角度测量	AA700 AL700 GLM700 MWI MWR	EBx7800 EBx7800	EKW01 GLAM700	
长度与位置测量	AA700 AL700 GLM700 MLI MLR	EBx7800 EBx7900	EKL01 GLM700	
电流测量		CFS1000	CFK1000 CMK2000 CMK3000 CDK4000	CM52000 CM53000 CDS4000
磁场测量	AFF700 GF700			

4 恩智浦半导体 (NXP Semiconductors) 公司 (www.nxp.com)

恩智浦半导体 (NXP Semiconductors) 是全球前十大半导体公司, 创立于 2006 年, 先前由飞利浦于 50 多年前创立. 公司总部位于荷兰 Eindhoven, 以其领先的射频、模拟、电源管理、接口、安全和数字处理方面的专长, 提供高性能混合信号和标准产品解决方案. 其生产的磁电阻传感器专注于汽车应用, 有两种类型: 角度/位置传感器和转速传感器.

4.1 角度/位置传感器

恩智浦磁阻式 (MR) 角度传感器采用真角度测量技术, 测量结果准确可靠, 不受磁场强度变化影响. 磁阻式传感器几乎不受任何因老化、温度和机械应力产生的

附录 3 部分磁电阻传感器生产厂商的产品与性能

磁偏移和漂移影响. 恩智浦磁阻式角度传感器具有出色的线性度和温度漂移特性, 测量准确性高.

与采用其他测量方法的产品相比, 恩智浦磁阻式角度传感器具有明显优势. 磁阻式传感器输出信号几乎不受任何磁铁误差、磁铁温度系数、磁铁-传感器距离以及定位误差影响.

恩智浦 KMA 传感器系统采用多芯片封装, 集磁阻式探头与信号整定芯片于一身; 每件装置都经过预校准, 可以针对具体应用实现特定输出特性编程控制, 其产品性能如表 A3.8 所示. 此外, KMZ 型传感器还提供磁电阻传感元件, 帮助客户实现高精度角度测量. 根据具体应用, 正弦原始输出信号可以外部电路处理, 其系列产品性能如表 A3.9 所示.

表 A3.8 NXP 公司的 KMA 系列产品性能

	KMA200	KMA199E	KMA199	KMA210	KMA220	KMA221	KMA215
最大工作温度	+160°C	+160°C	+160°C	+160°C	+160°C	+160°C	+160°C
外磁场强度	>35kA/m	>35kA/m	>35kA/m	>35kA/m	>35kA/m	>35kA/m	>35kA/m
工作电压	4.5~5.5V	4.5~5.5V	4.5~5.5V	4.5~5.5V	4.5~5.5V	4.5~5.5V	4.5~5.25V
最大工作电流	12mA	10mA	10mA	10.5mA	21mA	10.5mA	12mA
直流保护过压	+26.5V	+6V	+6V	+16V	+16V	+16V	+16V
角度误差	±1.65°		±1.35°	±1.35°	±1.35°	±1.35°	±1.2°
线性误差		±1.55°	±1.0°	±1.0°	±1.0°	±1.0°	±0.9°
温度漂移	±0.64	±0.8	±0.65	±0.65	±0.65	±0.65	±0.65
角度精度	±0.05°	±0.04°	±0.04°	±0.04°	±0.04°	±0.04°	±0.04°

表 A3.9 NXP 公司的 KMZ 系列产品性能

	KMZ41	KMZ43T	KMZ49	KMZ60
最大工作温度	+150°C	+150°C	+150°C	+150°C
外磁场强度	>100kA/m	>25kA/m	>25kA/m	>25kA/m
工作电压	最大 9V	最大 9V	最大 9V	2.7V~5.5V
峰值输出电压	73~89mV@5V	60~75mV@5V	60~75mV@5V	0.46Vdd~0.7Vdd@25°
电压偏移	±2mV/V	±2mV/V	±2mV/V	±0.08Vdd@25°C
温度漂移	±2μV/V/K	±4μV/V/K	±2μV/V/K	

4.2 转速传感器

恩智浦磁阻式转速传感器结构紧凑、设计方便, 为客户提供了简单、经济、高效的转速测量解决方案. 产品采用特殊的多芯片封装, 内置传感器、先进的信号整定芯片和反偏压磁铁, 随购随用. KMI1xx 系列产品 (表 A3.10) 在转速传感器领域已有近 10 年的应用历史, 产品可靠, 值得信赖, 具有出色的抗大磁场和高温能力, 不受温度和老化影响, 性能稳定. 出色的抗抖动性能保证了测量精度, 此外, 该系列传感器还支持宽气隙测量.

恩智浦该系列传感器提供 3 种不同的偏置永磁体, 用于检测各种主动或被动目标, 其中 8mm×8mm×4.5mm 用于传感器与齿轮距离较宽情形检测被动目标, 5.5mm×5.5mm×3mm 用于传感器与齿轮距离受限的情形检测被动目标, 3.8mm×2mm×0.8mm 用于检测主动目标时对磁电阻传感器偏置起稳定作用. KMI1xx 传感器系列自带信号处理集成电路, 其中 KMI15 传感器采用两线电流输出技术, KMI16 和 KMI18 系列则使用三线集电极开路输出.

表 A3.10　NXP 公司的 KMI1xx 系列产品性能

型号	典型传感距离 /mm	齿轮频率 /Hz	应用方式	接口	偏置永磁体尺寸/mm³
KMI15/1	0.9~2.9	0~25000	被动	电流	8×8×4.5
KMI15/2	0.5~2.7	0~25000	主动	电流	3.8×2×0.8
KMI15/4	0.5~2.3	0~25000	被动	电流	5.5×5.5×3
KMI18/1	0.9~2.9	0~25000	被动	集电极开路输出	8×8×4.5
KMI18/2	0.5~2.7	0~25000	主动	集电极开路输出	3.8×2×0.8
KMI18/4	0.5~2.3	0~25000	被动	集电极开路输出	5.5×5.5×3
KMI20/1	0.9~3.5	0~2500	被动	电流	8×8×4.5
KMI20/2	0.5~3.2	0~2500	主动	电流	3.8×2×0.8
KMI20/4	0.5~2.8	0~2500	被动	电流	5.5×5.5×3

5　英飞凌 (Infineon) 科技股份公司 (www.infineon.com)

总部位于德国 Neubiberg 的英飞凌科技股份公司, 为现代社会的三大科技挑战领域 —— 高能效、连通性和安全性提供半导体和系统解决方案. Infineon 公司的磁性传感器主要用于汽车、工业和消费应用的速度、转速、线性位移、线性角度和位置测量. 其磁性传感器基于霍尔效应技术以及磁电阻技术. 英飞凌公司的磁电阻传感器主要是利用巨磁电阻效应, 是全球批量生产集成巨磁阻传感器 (iGMR) 的半导体供应商之一, 主要应用于汽车工业. 英飞凌的传感器可异常精确地测量 0° 到 360° 的转向角度, 包含两个 GMR 全桥、一个温度传感器、两个模数转换器、数个稳压器、滤波器以及在运行过程中能连续监控这些组件的内部机制.

为了满足不同角度检测应用, 英飞凌巨磁阻角度传感器系列提供多种型号以满足不同需求. 角度传感器 TLE5009 和 TLE5012B 可在 0°~360° 范围内, 测量与封装表面平行的磁场的方向. TLE5009 是一个具有模拟接口的经济型解决方案, 可实现轻松部署, 而高度集成的通用型 TLE5012B 则扩展了数据处理功能, 并有数个用户可选的接口. 凭借 42μs 的更新率, TLE5012B 在短延迟时间和高信号分辨率方面设定了新标准. 它可在整个功能范围内提供 15 位分辨率以及 1° 的精度. 这使得 TLE5012B 适合用于在动态应用中精确记录转子位置, 比如机器人或电动助力转向系统. 为了实现较高的功能可靠性, TLE5012B 传感器具有先进的自检和状态监控功能, 采用了特殊的架构, 比如两个集成式 Wheatstone 桥传感器中的每一个都有独立的数据通道. TLE5009 和 TLE5012B 都可以 3.3V 或 5V 的电压工作, 并采用 DSO(双小外形尺寸)-8 封装.

英飞凌传感器芯片 TLE 5011 具备两个数值角度分量 —— 正弦函数和余弦函数. 通过 SPI 接口连接传感器的 8 位微控制器利用这些分量计算实际的角度信号. 传感器与微控器之间采用数值方式传输数据, 提高了抗干扰性, 此外, 集成的温度传感器还可起到补偿的作用, 确保在 −40°C 至 +150°C 的温度范围内获得非常精确的转向角度.

6 村田制作所 (www.murata.com)

2013 年村田制作所收购了日本电气株式会社 (NEC) 及 NEC 的全资子公司山梨日本电气公司的磁电阻传感器业务. 原 NEC 的磁电阻传感器被用于手机和笔记本电脑的开关检测、热水器、水表与燃气表的流量检测等广泛领域, 在此基础上进一步成功地完成了能够进行 360 度全方位同感度磁场检测传感器的开发. 360 度检测型 3D AMR 传感器改变以往以单颗传感器只能检测单一方向磁场的常识, 大幅度改善和解决了为实现全方位检测的多颗使用带来的空间、功耗、管控等多方面问题. 主要应用于电表、水表、气表、安防装置等非正常外部磁场的检测; 助听器和手机之间的接近检测等.

表 A3.11 和表 A3.12 分别是村田公司的通用型和高性能型位置/旋转传感器的产品及性能.

表 A3.11 通用型位置/旋转传感器产品与性能

产品型号	类型/特征	电源/V	平均电流消耗/μA	灵敏度/mT	封装类型	工作温度/°C
MRMS201A	标准性能	1.6~3.5	5(@Vcc3.0V)	0.5~2.5	3Pin MM	−40~+85
MRMS301A	标准性能	1.6~3.5	3(@Vcc1.8V)	0.5~2.5	3Pin FLP	−40~+85
MRMS501A	标准性能	1.6~3.5	3(@Vcc1.8V)	0.5~2.5	Mini 3Pin FLP	−40~+85
MRMS601A	标准性能	1.6~3.5	5(@Vcc3.0V)	0.5~2.5	4PinLLP	−40~+85
MRMS211H	高精度	1.6~3.5	5(@Vcc3.0V)	0.8~1.4	3Pin MM	−40~+85
MRMS211M	高精度	1.6~3.5	5(@Vcc3.0V)	1.2~1.8	3Pin MM	−40~+85
MRMS211L	高精度	1.6~3.5	5(@Vcc3.0V)	1.6~2.2	3Pin MM	−40~+85
MRMS511H	高精度	1.6~3.5	3(@Vcc1.8V)	0.8~1.4	Mini 3Pin FLP	−40~+85
MRMS511M	高精度	1.6~3.5	3(@Vcc1.8V)	1.2~1.8	Mini 3Pin FLP	−40~+85
MRMS511L	高精度	1.6~3.5	3(@Vcc1.8V)	1.6~2.2	Mini 3Pin FLP	−40~+85
MRMS611H	高精度	1.6~3.5	3(@Vcc1.8V)	0.8~1.4	4Pin LLP	−40~+85

续表

产品型号	类型/特征	电源/V	平均电流消耗/μA	灵敏度/mT	封装类型	工作温度/°C
MRMS611M	高精度	1.6~3.5	3(@Vcc1.8V)	1.2~1.8	4Pin LLP	−40~+85
MRMS611L	高精度	1.6~3.5	3(@Vcc1.8V)	1.6~2.2	4Pin LLP	−40~+85
MRMS205A	5V 工作	3.0~5.5	8(@Vcc5.0V)	0.5~2.5	3PinMM	−40~+85
MRMS215H	5V 工作, 高精度	3.0~5.5	8(@Vcc5.0V)	0.8~1.4	3Pin MM	−40~+85
MRMS215M	5V 工作, 高精度	3.0~5.5	8(@Vcc5.0V)	1.2~1.8	3Pin MM	−40~+85
MRMS215L	5V 工作, 高精度	3.0~5.5	8(@Vcc5.0V)	1.6~2.2	3Pin MM	−40~+85

表 A3.12 高性能型位置/旋转传感器产品与性能

产品型号	类型/特征	电源/V	平均电流消耗	灵敏度/mT	封装类型	工作温度/°C
MRSS27H	高电压, 高速度	3.5~30	1.5mA(@Vcc12.0V)	0.8~2.2	3Pin MM	−40~+100
MRSS29D	高电压, 高速度	3.5~30	1.5mA(@Vcc12.0V)	0.8~2.5	3Pin MM	−40~+100
MRMS541D	高速度, 高精度	2.4~3.8	220μA (@Vcc3.3V)	1.0~2.5	Mini 3Pin FLP	−40~+85
MRUS72S	高速度, 低功耗	2.4~3.6	2.5mA(@Vcc3.0V)	0.5~2.5	Mini 4Pin FLP	−40~+85
MRUS73C	高速度, 2 端输出	2.4~3.8	250μA (@Vcc3.3V)	输出 1: 1.4~2.8 输出 2: 1.6~3.0	Mini 4Pin FLP	−40~+85
MRUS74S	高速度, 特低功耗	1.6~3.5	2.5mA(@Vcc3.0V)	>2.5	Mini 4Pin FLP	−40~+105
MRMS571A	开−漏输出	2.4~5.5	8μA (@Vcc5.0V)	0.8~1.8	Mini 3Pin FLP	−40~+85
MRSS29DR	高电压, 高速度	3.5~30	1.5mA(@Vcc12.0V)	>3.2	3Pin MM	−40~+85
MRUS72X	低功耗, 高速度	2.4~3.6	2.5mA(@Vcc3.0V)	>1.5	Mini 4Pin FLP	−40~+85
MRUS74X	特低功耗, 高速度	2.0~3.6	2.5mA(@Vcc3.0V)	>1.5	Mini 34in FLP	−40~+105

7 多维科技有限公司 (www.dowaytech.com)

江苏多维科技有限公司, 成立于 2010 年 5 月, 总部位于江苏省张家港市保税区. 该公司是全球第一家量产高性能隧道结磁电阻传感器的供应商, 拥有国际领先的磁性器件制造设备,目前已建成国内第一条完整的磁传感器生产线,专门为客户提供磁传感器设计与制造、AMR/GMR/TMR 晶圆设计与规模化制造、知识产权授权的专业服务.公司第一代研发的 TMR 磁传感器产品有四个系列,包括开关、线性、角度和齿轮,同时,针对客户的实际需求,产品应用团队设计了十多种 TMR 磁传感器应用方案并提供强有力的技术支持.表 A3.13、表 A3.14 分别是该公司的开关/角度/齿轮和线性传感器产品情况.

表 A3.13 多维科技有限公司的开关/角度/齿轮传感器产品

产品名称	简介	典型应用
MMS1X1H 超低功耗全极磁开关	该产品是集成了隧道磁阻 (TMR) 传感器和 CMOS 技术的双极性开关,全时供电下业界最低的 1.5μA 超低功耗,>1kHz 频响,采用 SOT23 和 TO-92 封装形式	■计量仪表 (水、气和热表) ■接近开关 ■液位传感器 ■线性及旋转位置检测
MMS2X1H 超低功耗全极磁开关	该产品是集成了隧道磁阻 (TMR) 传感器和 CMOS 技术的全极性开关,全时供电下业界最低的 1.5μA 超低功耗,>1kHz 频响,采用 SOT23 和 TO-92 封装形式	■计量仪表 (水、气和热表) ■接近开关 ■液位传感器 ■线性及旋转位置检测
MMS201H 低功耗全极磁开关	隧道结磁电阻 (TMR) 技术,锁存型全极磁开关;<5μA 超低功耗,>1kHz 频响,SOT23-3 和 TO-92S 两种封装	■计量仪表 (水、气、热表) ■接近开关 ■电机控制 ■液位传感器 ■线性及旋转位置检测
MMS101H 低功耗双极磁开关	隧道结磁电阻 (TMR) 技术,锁存型双极磁开关;<5μA 超低功耗,>1kHz 频响,SOT23-3 和 TO-92S 两种封装	■计量仪表 (水、气、热表) ■接近开关 ■电机控制 ■线性及旋转位置检测
MMA233F 角度传感器	隧道结磁电阻 (TMR) 技术;超大输出信号,无需信号放大;高频响;双轴	■旋转编码器 ■旋转位置传感器 ■无刷直流电机控制 ■非接触式电位器
MMA253F 角度传感器	隧道结磁电阻 (TMR) 技术;超大输出信号,无需信号放大;超低功耗;双轴	■旋转编码器 ■旋转位置传感器 ■无刷直流电机控制 ■非接触式电位器
MMA133F 角度传感器	各向异性磁电阻 (AMR) 技术;超大输出信号,无需信号放大;双轴	■旋转编码器 ■旋转位置传感器 ■无刷直流电机控制 ■非接触式电位器
MMG 系列齿轮传感器	MMG 系列梯度磁场传感芯片采用了独特的推挽式惠斯通电桥设计,包括四 (八) 个非屏蔽高灵敏度 (TMR) 传感元件.当外加梯度磁场沿平行于传感器敏感方向变化时,惠斯通电桥提供差分电压输出	■磁编码器 ■磁栅尺读头 ■齿轮齿检测

表 A3.14　多维科技有限公司的线性传感器产品与性能

		垂直方向敏感			水平方向敏感						
	产品 性能	TMR501	TMR503	TMR505	MMLP57F	MMLP57H	TMR703F	TMR703H	TMR705F	TMR901	TMR903
封装	内部结构	全桥	全桥	全桥	全桥	半桥	全桥	半桥	全桥	全桥	全桥
	封装	TO-94/SSIP-4	SOT143	TO-94	SOP8/DFN8	SOP8	SOP8/DFN8	SOP8/DFN8	SOP8/DFN8	SOP8/DFN8	SOP8/DFN8
性能特点	电流消耗/(μA@1V)	200	200	1	11/22	5	11	170	14	14	14
	阻抗/(kOhm)	4.5~7	4.5~7	1k	90/45	200	60	6	65	65	65
	磁滞/Gs	<1	<1.5	<0.5	<0.2	<0.1%FS	<0.3	<0.2	<0.3	<0.1	<0.1
	感应区间/Gs	+/-500	+/-200	+/-100	+/-90	+/-70	+/-25	+/-25	+/-18	+/-10	+/-5
精度	非线性度	~10	~10	~10	~10	~10	~10	~10	~10	~1	~0.1
	零点电压输出偏差/(mV/V)	+/-0.5%	+/-0.5%	+/-0.3%	1% FS	1% FS	3% FS	3%FS	3% FS	2% FS	1% FS
		+/-10	+/-5	+/-5	+/-20	+/-2.5	+/-5	+/-4	+/-5	+/-5	+/-5
	敏感度/(mV/V/Gs)	0.25~0.375	0.8~1.0	2.5	4.9	3	13.5	5.6	20	~35	~50

索 引

B
巴贝电极　46
白噪声　127
饱和磁化强度　2
被动式磁电阻转速传感器　152
比磁化强度　3
表面和界面磁各向异性　15
布洛赫壁　9

C
重复性　108
畴壁　9
垂直轴效应　52
磁场强度　2
磁畴　9
磁畴壁位移磁化过程　11
磁畴转动磁化过程　11
磁电阻效应　33
磁感应强度　2
磁化强度　1
磁化曲线　5
磁晶各向异性　12
磁晶各向异性常数　3
磁矩　1
磁偶极子　1
磁屏蔽体　110
磁通　2
磁通导向器　110
磁通调制技术　135
磁通聚集器　110
磁通门传感器　24
磁性半金属　95
磁性超晶格　58

磁致伸缩纵向系数　3
磁滞　108
磁滞回线　7
磁阻　113

D
弹道磁电阻　36
低频噪声　127
地磁测量　172
地磁场　172
电流传感器　157
电子罗盘　174
多层薄膜的巨磁电阻效应　62

E
二流体模型　60

F
反铁磁性　4
分辨率　107

G
感生磁各向异性　12
高磁导率软磁材料　110
各向异性磁电阻　34

H
霍尔效应　27

J
集成式 XMR 电流传感器　164
交换各向异性　13
交换耦合　58
角度测量原理　143
角度传感器　141
居里温度　2
巨磁电阻　35

K

抗磁性　5
颗粒膜的巨磁电阻效应　77

L

量程　107
灵敏度　106
零点漂移　109
铝镍钴合金　120

N

奈尔壁　9

P

庞磁电阻　36
平面霍尔效应　42

R

热噪声　127
人工合成反铁磁　75
软磁合金　110
软磁铁氧体，110　散离噪声　127

S

势垒层　96
顺磁性　5
随机电报噪声　127
隧穿磁电阻效应　90
隧道结磁电阻　35

T

梯度传感器　153
铁磁性　4
铁氧体永磁材料　120
退磁场　17

退磁曲线　119

W

伪自旋阀　69
温度漂移　109
涡流检测技术　167
无损检测　166

X

稀土永磁材料　121
线性度　107

Y

亚铁磁性　4
永磁材料　119

Z

正常磁电阻　34
置位与复位　51
主动式磁电阻转速传感器　153
转速传感器　150
自发磁化　8
自旋阀结构　68
自旋轨道耦合作用　38
自旋极化　57
自旋滤波自旋阀　73
自旋相关散射　57
自旋相关隧穿过程　89

其他

$1/f$ 噪声　127
Julliere 模型　92
Slonczewski 模型　92
XMR 分离式电流传感器　161